中学受験

西村 [illegible]

すらすら解ける魔法(まほう)ワザ

算数・合否を分ける120問

実務教育出版

はじめに

このたび、「魔法ワザ　算数」シリーズの実戦編にあたる『魔法ワザ　算数・合否を分ける120問』を刊行する運びになりました。おかげさまで、既刊の「魔法ワザ　算数」の３部作、「図形問題」「計算問題」「文章題」は、多くの方に使っていただいて版を重ねています。

既刊の「魔法ワザ　算数」は、中堅校から難関校に合格するために必要な基本知識や解き方を、もれなく身につけてもらうことをめざしたものです。

入学試験の問題は通常、

1　必ず正解しなければいけない基本的な問題

2　できれば正解したい応用問題

3　上位合格をめざす受験生にだけ必要な問題

の３つに分けることができます。本書の８ページにあるように、既刊の「魔法ワザ　算数」は中堅上位校から難関校の一般的な入試問題において、１の「必ず正解しなければいけない基本的な問題」と、２の「できれば正解したい応用問題」の中で出題頻度が高いものを網羅することで、60点を取ってもらうことを目的にしました。それができると、残り40点分から10点～15点だけを獲得すれば合格最低点はおろか合格者平均点にも達することができます。

本書は、まさにこの「合格を決定づける10点」を、上乗せしていただくための問題集です。

入試問題は、毎年少しずつ変化を続けています。特に近年の変化は大きいと感じています。これ見よがしな難問・奇問はほとんど姿を消しました。それに変わって、思考の過程が大切な問題や、条件の読み取りに慎重さを必要とする問題が増加しています。それらの“応用問題”は、問題用紙の後半に配置されその１問が解けるかどうかで合否が決することになります。

それらの問題の特徴は、次の３点にまとめられます。

1　大問形式であること

　最初に、前提条件を示す数行の説明があり、その後３個～４個の小問が続く形式です。そして多くの場合、小問１は小問２を解くためのヒントになり、小問２は小問３を解くヒントになっています。

2　文章量が多いこと

　何がわかっているか（仮定）、何を聞かれているか（結論）をしっかりと読み取る習慣を身につけることが大切です。

3　標準的な解法テクニックで充分に対応できること

　近年、特殊な尖ったテクニックが必要な問題はめっきり少なくなり、標準的なテクニックで解ける問題ばかりになりました。その反面、「何をどのように書いて解いていくのか」という、思考と処理の順序と書き表し方が大切になっています。

以上から、本書は下記の事柄に留意しました。

① 基本解法を生かした、必ず効果が上がる実戦形式の40テーマの大問で構成しました。

② 例題はサブノート形式として、子ども自身が、考え方や書き表し方の確認ができるようにしました。

③ 近年の実際の入試問題を元に問題を作成し、変化しつつある入試問題に対応しました。

本書は、偏差値（四谷大塚や日能研の合否判定模試の偏差値）が50～65あたりの中学校を志望する子どもたちを念頭に作成しました。基本事項の総復習を終え、過去問対策を通じて得点力を高めていくべき時期にぜひ使ってください。過去問演習を始めてみて、あと10点～15点上げたいと感じたときが本書の出番です（20点以上上げることを目的とする場合は、既刊の「魔法ワザ　算数」の３部作、「図形問題」「計算問題」「文章題」から始められることをお勧めしておきます）。１日に４テーマずつすすめると、わずか10日で終わらせることができますから、入試直前時期の最終確認にもご利用いただけます。

本書を使う際、一つだけお願いがあります。できるかぎりゆったりと落ち着いた気持ちで取り組ませていただきたいのです。問題文を正しく解釈し、解き方を正しく予測して、正確に計算を積み重ねることで応用問題の得点率は高まります。それには、気持ちの安定が大切なのです。早く早くとせき立てることなく、「じっくり丁寧にやっていいんだよ」という声掛けをお願いします。

本書を手に取ってくれた子どもたちが、貴重な10点～15点を積み上げて、合格を勝ち取ってくれることを心から祈っています。

2020年５月　西村則康

読者のみなさんへの特典

難関校から中堅校まで、数多くの受験生を合格に導いてきた
カリスマ講師の特別解説動画を公開中！
本書の中でも特に重要な項目をわかりやすく説明しています！

パソコンやスマホで見てね。
動画に関係するページには がついているよ！

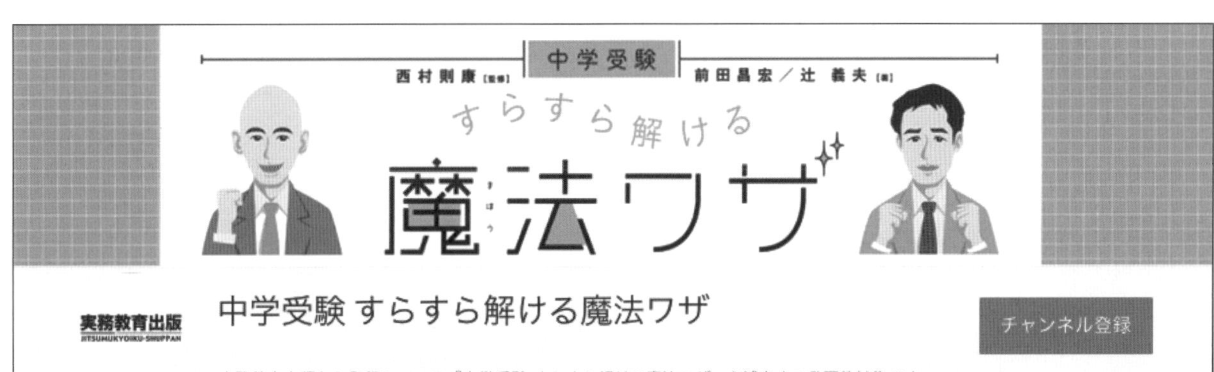

アクセスはこちら

本書の5つの特長と使い方

① これまでの「魔法ワザ」の実戦編として近年の中学入試から頻出の40テーマを厳選！

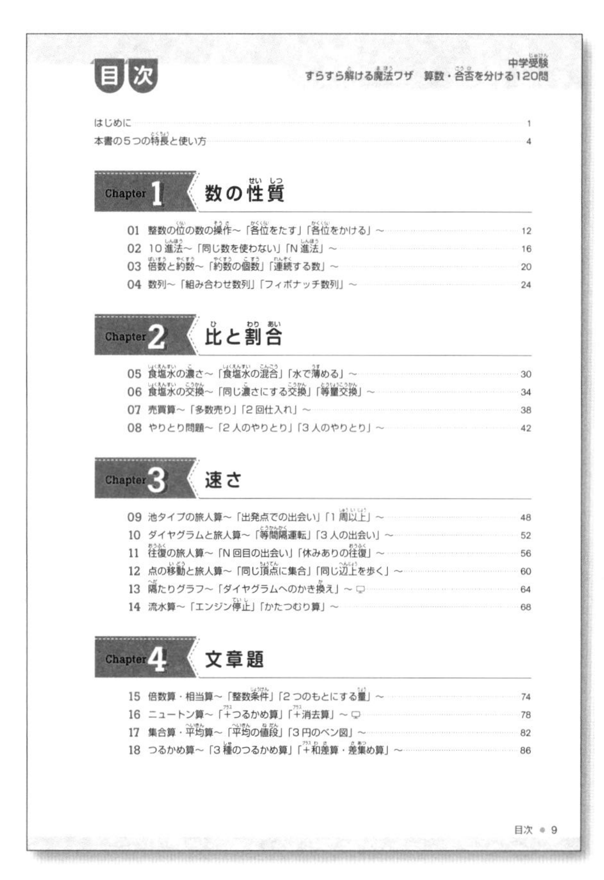

目次

中学受験 すらすら解ける魔法ワザ　算数・合否を分ける120問

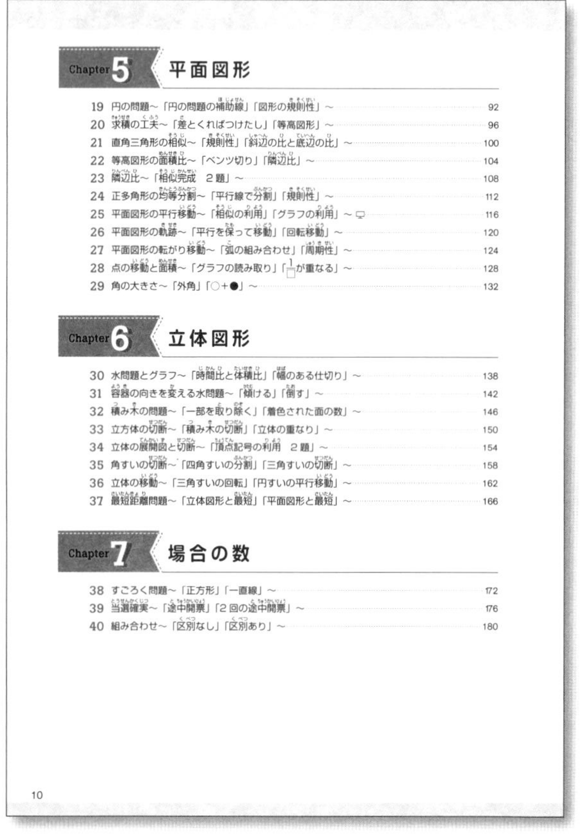

2017年以降の中学入試でよく出されている単元を中心に、40のテーマを選びました。1つのテーマは例題1問と練習問題2問に絞り込まれていますので、限られた時間でも実戦的な問題に取り組むことが可能です。

② 本書は「大問形式」の問題を収録！

『魔法ワザ　算数・文章題』(既刊)の「流水算」の場合

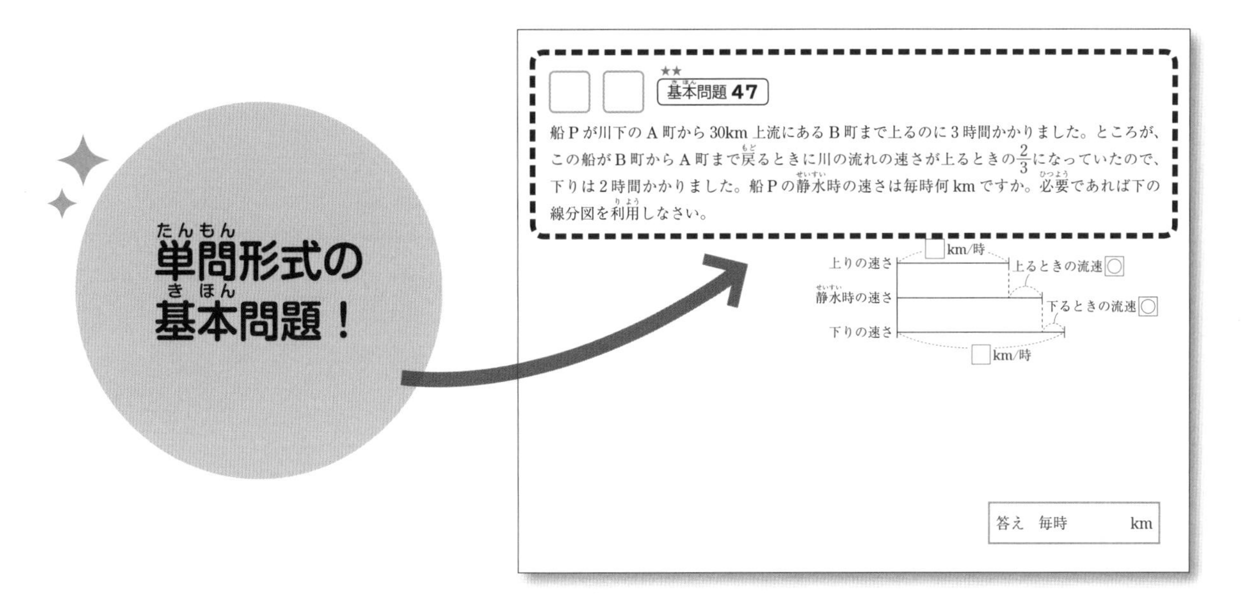

『魔法ワザ　算数・合否を分ける120問』(本書)の「流水算」の場合

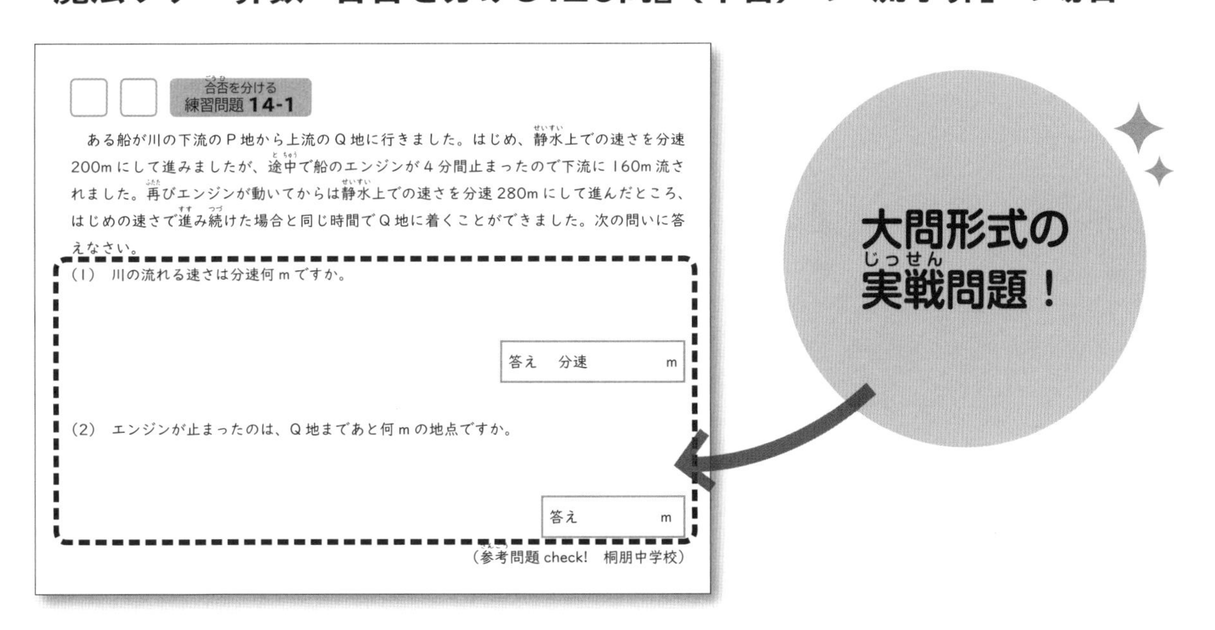

既刊の「魔法ワザ　算数」シリーズで身に付けた基本解法などを活かした、より実戦的な大問形式の応用問題の演習ができます。

③ 各Chapterの前半にサブノート形式の例題！

例題は、
サブノート
形式！

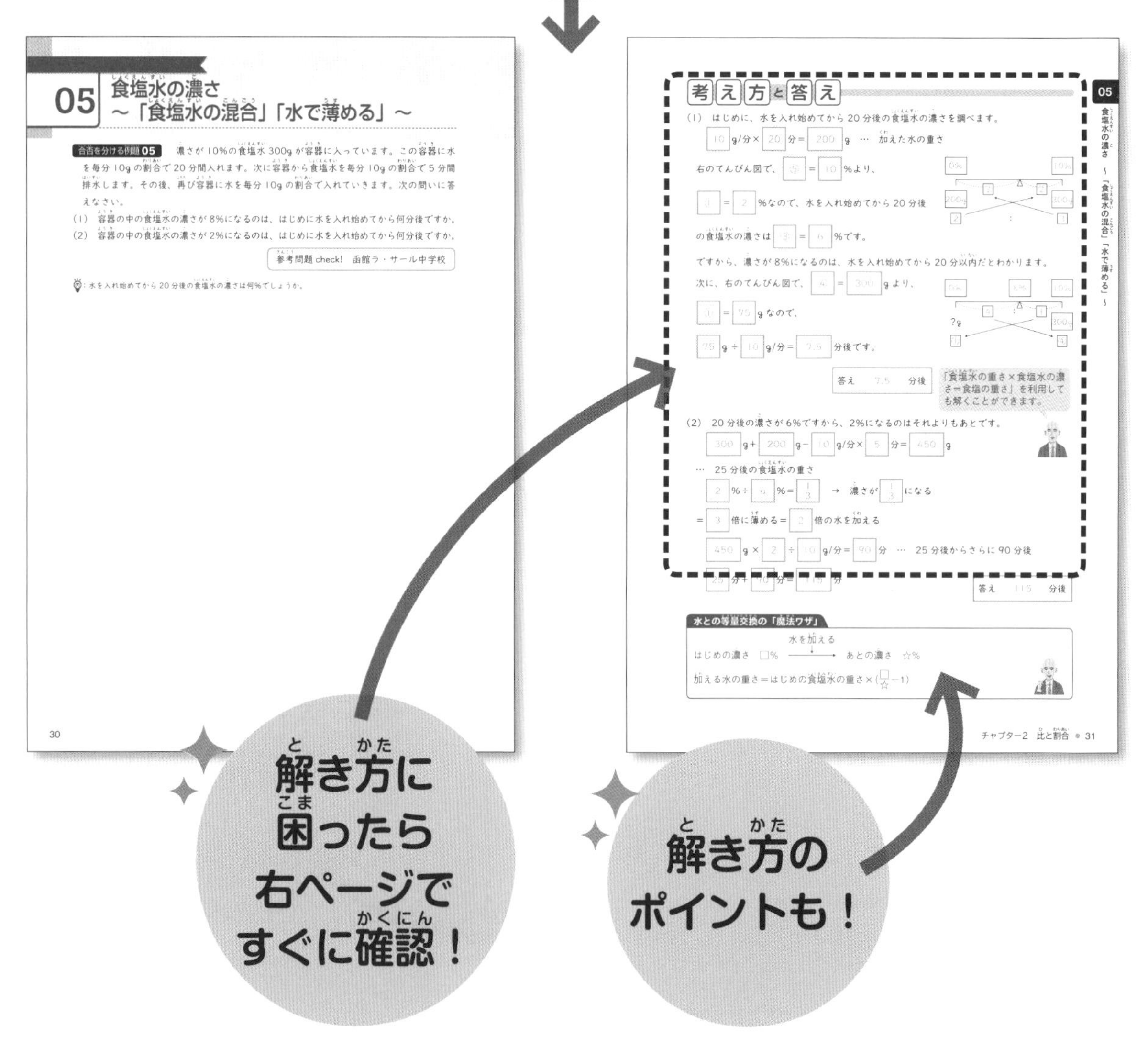

【解き方と考え方】は、説明を読みながら□にあてはまる言葉や数値をなぞっていくことで問題の解き方を確認、習得することができる「お助けページ」です。
「お助けページ」のまちがった部分は、市販のチェックセット（赤ペンと緑シート）を使って振り返り学習をすることもできます。

④ 各Chapterの後半は練習問題！

書き込み式の練習問題！

合否を分ける 練習問題 05-1

10gの食塩を2つの空の容器A、Bに適当に分けて入れました。その後、それぞれの容器に水を加えてかき混ぜたところ、容器Aには濃さが7%の食塩水100g、容器Bには濃さが2%の食塩水ができました。次の問いに答えなさい。

(1) それぞれの容器に加えた水の量を求めなさい。

答え A g、B g

(2) 2つの容器A、Bの食塩水を空の容器Cに移して濃さが5%の食塩水100gを作ります。A、Bの容器から何gの食塩水を容器Cに移せばよいですか。

答え A g、B g

（参考問題 check! 成蹊中学校）

合否を分ける 練習問題 05-2

容器Aには濃さが15%の食塩水400g、容器Bには濃さが8%の食塩水300gが入っています。次の問いに答えなさい。

(1) 容器Aに容器Bの食塩水を全て移してよくかき混ぜると何%の食塩水ができますか。

答え %

(2) (1)でできた容器Aの食塩水に水を加えて濃さが2%の食塩水を作ります。加える水の量を求めなさい。

答え g

（参考問題 check! 安田学園中学校）

32

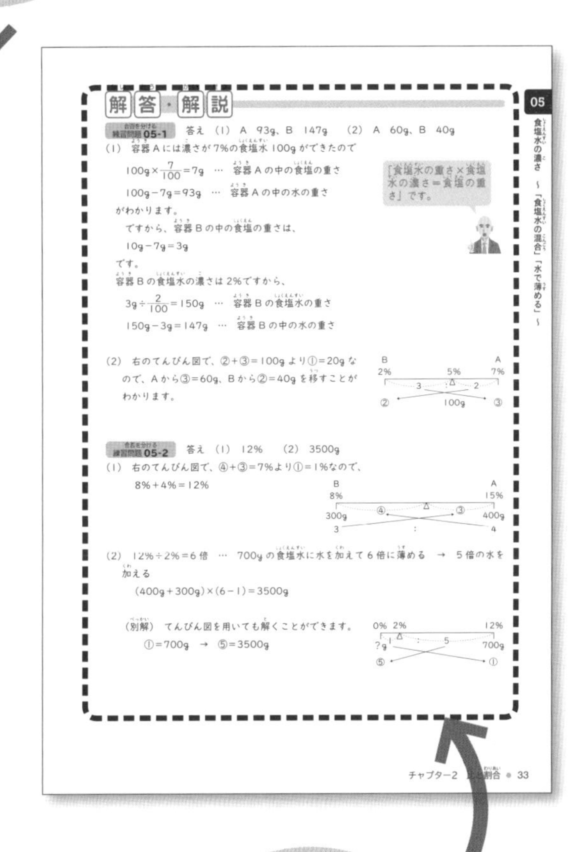

解答・解説

合否を分ける 練習問題 05-1　答え (1) A 93g、B 147g　(2) A 60g、B 40g

(1) 容器Aには濃さが7%の食塩水100gができたので

$100g \times \frac{7}{100} = 7g$ … 容器Aの中の食塩の重さ

$100g - 7g = 93g$ … 容器Aの中の水の重さ

がわかります。

ですから、容器Bの中の食塩の重さは、

$10g - 7g = 3g$

です。

容器Bの食塩水の濃さは2%ですから、

$3g \div \frac{2}{100} = 150g$ … 容器Bの食塩水の重さ

$150g - 3g = 147g$ … 容器Bの中の水の重さ

(2) 右のてんびん図で、②+③=100gより①=20gなので、Aから③=60g、Bから②=40gを移すことがわかります。

合否を分ける 練習問題 05-2　答え (1) 12%　(2) 3500g

(1) 右のてんびん図で、④+③=7%より①=1%なので、

8%+4%=12%

(2) 12%÷2%=6倍 … 700gの食塩水に水を加えて6倍に薄める → 5倍の水を加える

(400g+300g)×(6−1)=3500g

（別解） てんびん図を用いても解くことができます。

①=700g → ⑤=3500g

チャプター2 比と割合 ● 33

書き込み式なので すぐに演習ができる！

答え合わせも右ページでラクラク！

例題、練習問題とも、近年の中学入試問題をもとにしたものです。問題下に学校名も添えてありますので、受験勉強の参考にすることができます。

5 合格者平均点をクリアするための問題！

一般的な中学入試問題の構成・配点と「魔法ワザ」シリーズの関係

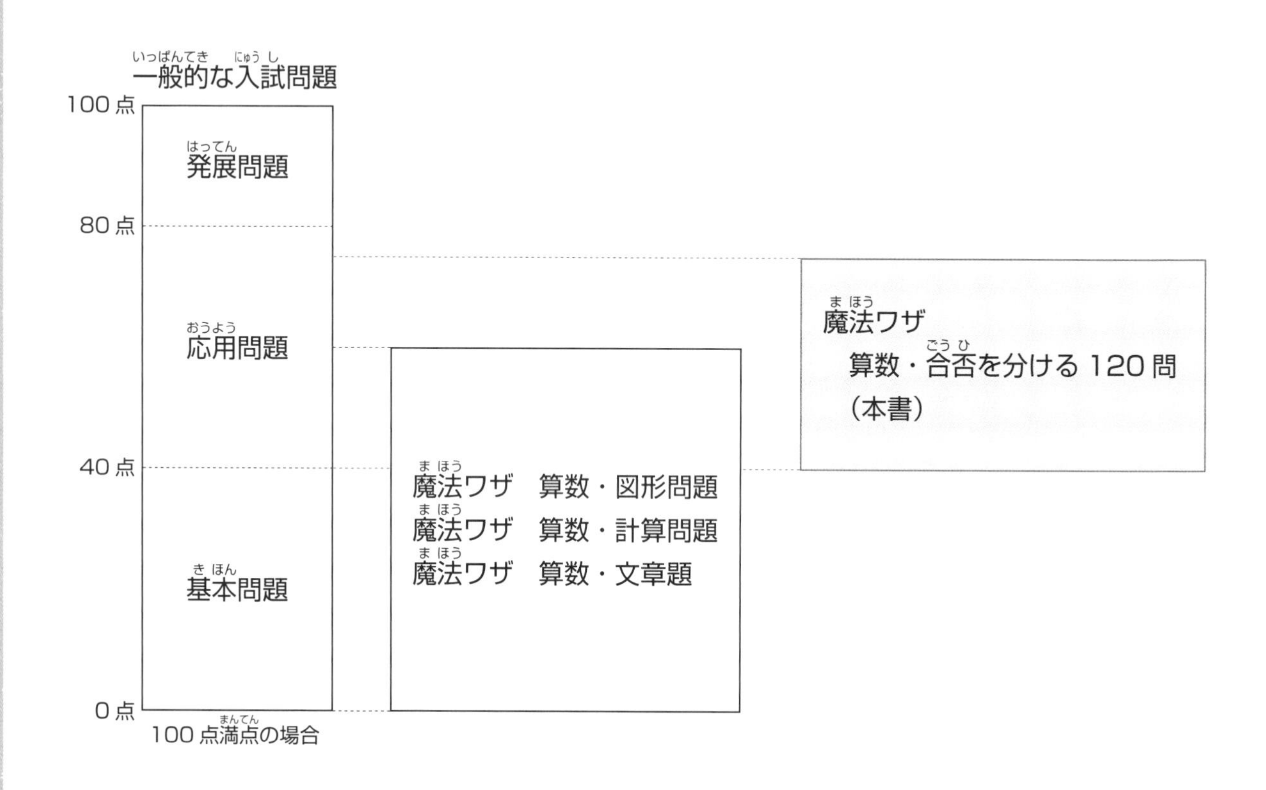

既刊の「魔法ワザ　算数・図形問題」、「魔法ワザ　算数・計算問題」、「魔法ワザ　算数・文章題」は、一般的な中学入試問題で出される「一行問題」のような基本問題から定番の応用問題が解けるようになることを主眼としてつくられています。
本書は定番の応用問題とそれよりもやや難度の高い応用問題が解けるようになることを目的としています。
算数が苦手なお子様は、まず100点満点のテストの60点程度の得点ができるように、既刊の「魔法ワザ」シリーズを利用して基本的な解き方と定番の問題に慣れると良いと思います。
一方、本書は、「基本問題は大丈夫！」というお子様が、あと10点～15点得点を増やして合格者平均点に達することを目指してつくられました。
現在の学力や成績、目標に応じて「魔法ワザ」シリーズをご利用いただければ幸いです。

Chapter 5 平面図形

Chapter 6 立体図形

Chapter 7 場合の数

Chapter 1

数の性質

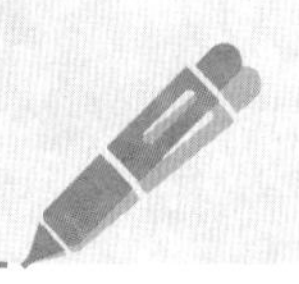

01 整数の位の数の操作 ～「各位をたす」「各位をかける」～

合否を分ける例題 01 10以上99以下の整数について、〔A〕は「①整数Aの十の位の数と一の位の数をかける、②積が9以下の整数になるまでくり返す」とします。例えば、〔23〕は2×3＝6ですから〔23〕＝6、〔45〕は4×5＝20 → 2×0＝0ですから〔45〕＝0です。次の問いに答えなさい。

(1) 〔A〕＝1となる整数Aを求めなさい。

(2) 〔B〕＝3となる整数Bは全部で何個ありますか。

(3) 〔C〕＝4となる整数Cのうち、最も小さい数と最も大きい数を求めなさい。

(4) 〔D〕＝0となる整数Dは全部で何個ありますか。

参考問題 check!　吉祥女子中学校

：題意がわかりにくいときは、〔46〕4×6＝24 → 2×4＝8　など具体例を追加してみましょう。

考え方と答え

(1) 各位の数は9以下の整数ですから、2数の積が1となるかけ算は［1］×［1］の1組だけです。

答え　11

(2) 2数の積が3となるかけ算は［1］×［3］の1組ですから、Bは［13］と［31］です。

答え　2　個

(3) 2数の積が4となるかけ算は［1］×［4］と［2］×［2］の2組ですから、十の位の数と一の位の数をかけた答えが4となる整数は、［14］と［41］と［22］です。

2 数の積が 14 となるかけ算は 2 × 7 の 1 組ですから、十の位の数と一の位の数をかけた答えが 14 となる整数は 27 と 72 です。

2 数の積が 27 となるかけ算は 3 × 9 の 1 組ですから、十の位の数と一の位の数をかけた答えが 27 となる整数は 39 と 93 です。

2 数の積が 72 となるかけ算は 8 × 9 の 1 組ですから、十の位の数と一の位の数をかけた答えが 72 となる整数は 89 と 98 です。

これらのことは、次のように整理することができます。

1 つずつ前に戻っていく考え方を「巻き戻し」と呼ぶことがあります。

```
4 ──┬── 14 ──┬── 27 ──┬── 39
    │        │        └── 93
    │        └── 72 ──┬── 89
    │                 └── 98
    ├── 41
    └── 22
```

答え　最小　14　、最大　98

（4）（3）と同じように整理します。

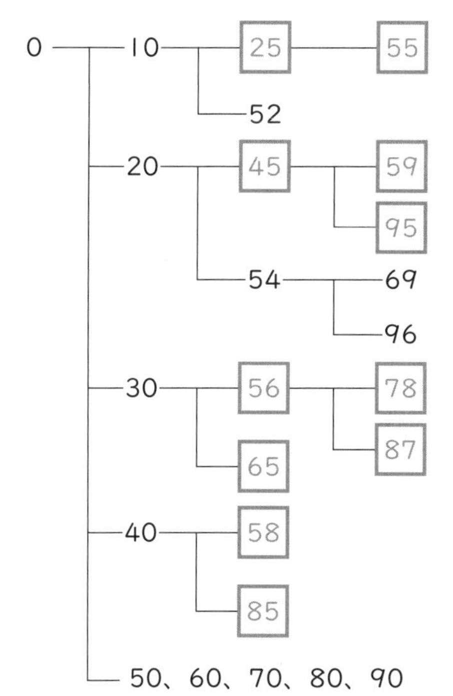

答え　24　個

操作をくり返す問題の「魔法ワザ」

操作をくり返す問題は「巻き戻し」の図をかくと整理しやすくなります。

合否を分ける
練習問題 01-1

10 以上の整数 A について、【A】は「①整数 A の各位の数をたす、②和が 9 以下の整数になるまでくり返す」と約束します。例えば、【345】は 3＋4＋5＝12 → 1＋2＝3 ですから【345】＝3 です。次の問いに答えなさい。

（1）【A】＝7 となる整数 A を全て求めなさい。ただし、整数 A は 180 以上 200 以下です。

答え

（2）【【B】×【6532】】＝1 となる【B】を求めなさい。

答え

（参考問題 check!　鎌倉女学院中学校）

合否を分ける
練習問題 01-2

ある 2 桁の整数について十の位の数と一の位の数をかけ合わせた数を考えます。その数が 2 桁ならば同じ操作をくり返し、得られる積が 1 桁になるまでこの操作を行います。この操作を、23 は 2×3＝6 ですから〈23〉＝6、98 は 9×8＝72 → 7×2＝14 → 1×4＝4 ですから〈98〉＝4 のように表すものとします。このとき、〈A〉×〈B〉＝4 となるような整数 A、B の組（A、B）は全部で何組ありますか。ただし、A は B より小さい整数とします。

答え　　　　組

（参考問題 check!　高槻中学校）

合否を分ける 練習問題 01-1　答え　(1)　187、196　　(2)　4

(1)　A が 180 以上 189 以下のとき

　　　1＋8＋□＝16　だけなので、□＝7　→　187

　A が 190 以上 199 以下のとき

　　　1＋9＋□＝16　だけなので、□＝6　→　196

(2)　【B】は 1 以上 9 以下、【6532】＝7 ですから、【B】×7 は 7、14、21、28、35、42、49、56、63 の 9 個です。

　このうち各位の数の和が 1 になるのは 28 だけですから、【B】＝28÷7＝4　です。

合否を分ける 練習問題 01-2　答え　37 組

〈A〉、〈B〉は 1 桁の整数ですから、〈A〉×〈B〉＝1×4、2×2、4×1 の 3 通りがあります。

〈A〉＝1 のとき A＝11 の 1 個、〈B〉＝4 のとき B＝14、22、27、39、41、72、89、93、98 の 9 個です。

　A は B より小さいので、(A、B) は 1×9＝9 組あります。

〈A〉＝〈B〉＝2 のとき　A、B＝12、21、26、34、37、43、62、73 の 8 個です。

　A は B より小さいので、(A、B) は $_8C_2$＝8×7 ÷ 2＝28 組あります。

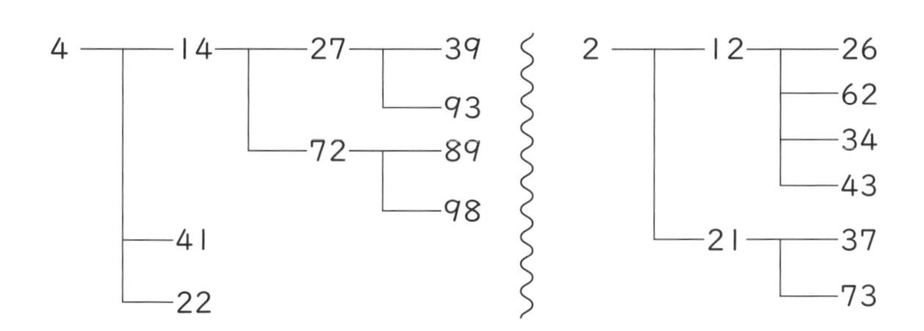

〈A〉＝4 のとき A＝14、22、27、39、41、72、89、93、98 の 9 個、〈B〉＝1 のとき B＝11 の 1 個です。

　A は B より小さいので、(A、B) は 0 組です。

　9 組＋28 組＝37 組

「巻き戻し」の図をかくと見つけやすいです。

02 10進法 ～「同じ数を使わない」「N進法」～

合否を分ける例題02 2桁の異なる整数A、Bがあります。AはBより大きく、Aの一の位の数と十の位の数を入れ換えるとBになります。次の問いに答えなさい。

(1) A+B=99 となる整数A、Bの組は何組ありますか。

(2) A−B=54 となる整数Aを全て求めなさい。

参考問題check!　東邦大学付属東邦中学校

	ア	イ
+	イ	ア
	9	9

：上の筆算のようにする方法もありますが、例えば 23=2×10+3 のように表して筆算すると…。

考え方と答え

(1) 整数Aの十の位の数を⑩、一の位の数を□1とすると、整数Aは ⑩ ＋ □1 、整数B

は □10 ＋ ① のように表せます。

⑩ ＋ □1 … 整数A

＋ ① ＋ □10 … 整数B

⑪ ＋ □11 ＝ 99

① ＋ □1 ＝ 9

整数Aは整数Bより大きいので①＞□1ですから、(①、□1) の組は (8、1)、(7、2)、(6、3)、(5、4) の 4 組です。

答え 4 組

(2) (1) と同じように整数A、Bを表します。

⑩ ＋ □1 … 整数A

－ ① ＋ □10 … 整数B

⑨ － □9 ＝ 54

① － □1 ＝ 6

ですから、(①、□1) の組は (9、3)、(8、2)、(7、1) の 3 組です。

答え 93、82、71

10進法の「魔法ワザ」

10進法の3桁の整数ABCは、A×100＋B×10＋Cのように表すことができます。

合否を分ける 練習問題 02-1

9、80、753、2468 のような同じ数字を 2 回以上用いないで表される整数を、1 から小さい順に並べていきます。次の問いに答えなさい。

(1) 19 は何番目ですか。

答え　　　　　番目

(2) 876 は何番目ですか。

答え　　　　　番目

(参考問題 check!　ラ・サール中学校)

合否を分ける 練習問題 02-2

整数をある規則に従って、下の図のように○、△、☆を使って表すことにします。

1…○○○○　2…○○○△　3…○○○☆　4…○○△○　5…○○△△
6…○○△☆　7…○○☆○　8…○○☆△　9…○○☆☆　10…○△○○

(1) ○△○△が表す整数を求めなさい。

答え

(2) ☆☆☆☆が表す整数を求めなさい。

答え

(3) 50 を○、△、☆を使って表しなさい。

答え

(参考問題 check!　須磨学園中学校)

合否を分ける 練習問題 02-1　答え　(1)　18番目　(2)　657番目

(1)　1以上9以下…9個、10以上19以下…11以外の9個

9個＋9個＝18個

1桁の場合、2桁の場合、3桁の場合のように「場合分け」をします。

(2)　1以上9以下　…　9個、

10以上99以下　…　81個、

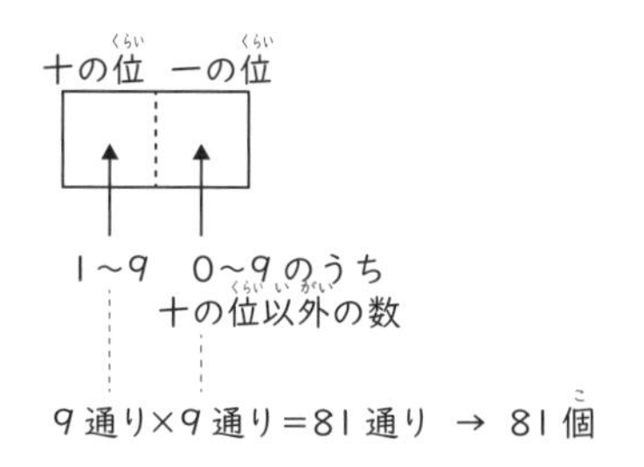

100以上899以下　…　576個、

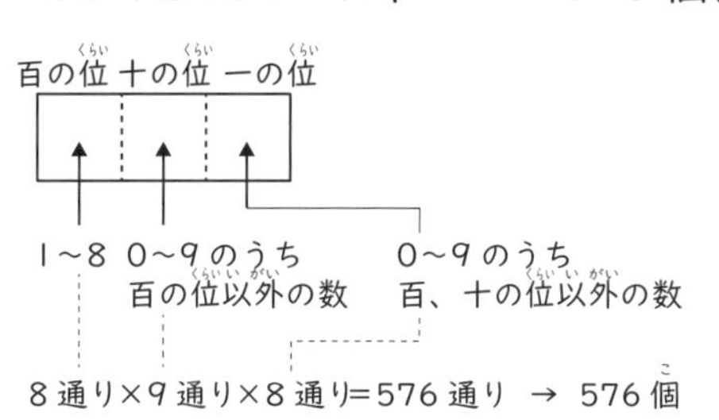

これらのうち、876より大きい879、890、891、…、897の9個を除きます。

9個＋81個＋576個－9個＝657個

合否を分ける 練習問題 02-2　答え　(1)　11　(2)　81　(3)　△☆△△

問題文で表されている整数から1を引き、場合分けをします。

1桁　0…○○○○　1…○○○△　2…○○○☆

2桁　3…○○△○　4…○○△△　5…○○△☆　6…○○☆○　7…○○☆△　8…○○☆☆

3桁　9…○△○○

上の0～2(1桁)に着目すると、○が0、△が1、☆が2を表していますから、上の数は、

1桁　0…0000　1…0001　2…0002

2桁　3…0010　4…0011　5…0012　6…0020　7…0021　8…0022

3桁　9…0100

のように書き直せますので、3進法の問題であることがわかります。

(1)　○△○△　→　○△○△　→　0101　→　27×0＋9×1＋3×0＋1＝10

これは問題で表された数から1を引いて考えていますから、

○△○△＝10＋1＝11です。

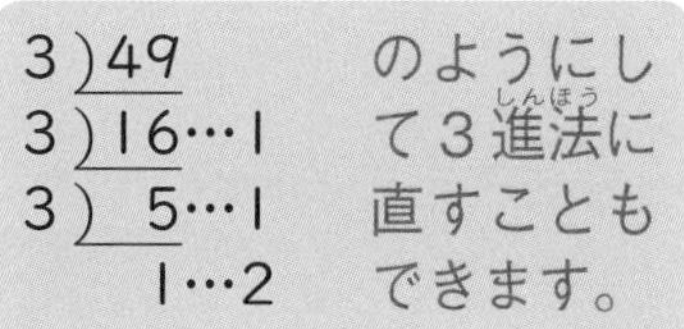

(2)　☆☆☆☆　→　☆☆☆☆　→　2222　→

27×2＋9×2＋3×2＋2＝80

これも問題で表された数から1を引いて考えていますから、

☆☆☆☆＝80＋1＝81です。

(3)　10進法の50から1を引いた49を3進法で表します。

49＝27×1＋9×2＋3×1＋1　→　1211　→　△☆△△

03 約数と倍数 ～「約数の個数」「連続する数」～

合否を分ける例題03　1から30の整数が書かれたカードが1枚ずつ、合計30枚あります。次の問いに答えなさい。

(1)　1枚のカードを取り出すとき、その数が3でも4でも割り切れないものは何通りありますか。

(2)　2枚のカードを同時に取り出すとき、その数の和が3の倍数になるのは何通りありますか。

参考問題check!　東京都市大学等々力中学校

：(2)は「整数は余りでグループ分けできる」という重要な知識が使えます。

考え方と答え

(1) 右のベン図の色のついた部分を求めます。

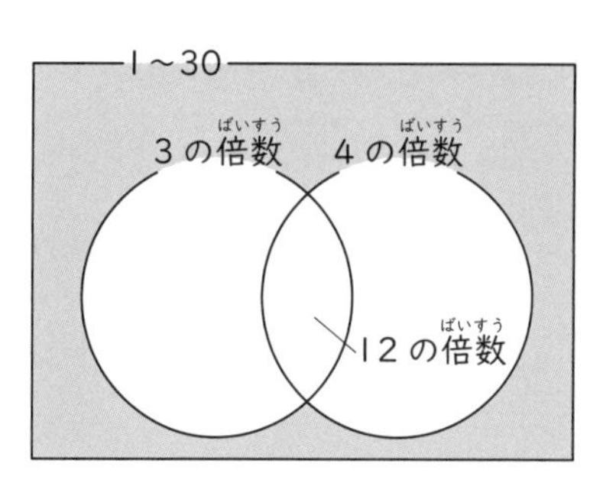

30 ÷ 3 = 10 …3の倍数の個数は 10 個

30 ÷ 4 = 7 余り 2 …4の倍数の個数は 7 個

30 ÷ 12 = 2 余り 6 …12の倍数の個数は 2 個

10 + 7 − 2 = 15

30 − 15 = 15

ベン図の交わり部分は「3と4の公倍数」です。

答え 15 通り

(2) 30以下の整数を 3 で割った 余り で分類します。

余り	1	2	0
整数	1、4、7、10、…、28	2、5、8、11、…、29	3、6、9、12、…、30
個数	10 個	10 個	10 個

① 3で割ると1余る数＋3で割ると2余る数＝3の倍数の場合

10 通り × 10 通り ＝ 100 通り

② 3で割り切れる数＋3で割り切れる数＝3の倍数の場合

$_{10}C_2$ ＝ 10 通り × 9 通り ÷ 2 ＝ 45 通り

②は10個の整数から2個を選ぶ組み合わせです。

ですから、全部で 100 通り ＋ 45 通り ＝ 145 通りです。

答え 145 通り

2つの整数の和がNの倍数になる「魔法ワザ」

Nで割った余り＋Nで割った余り＝Nの倍数（Nで割った余りが0）と
Nの倍数＋Nの倍数＝Nの倍数の2つの場合があります。

合否を分ける 練習問題 03-1

50 以下の整数について、［A］は A の約数の個数を表すものとします。例えば、6 の約数は 1、2、3、6 の 4 個ですから、［6］＝4 です。次の問いに答えなさい。

(1)　［36］を求めなさい。

答え

(2)　［A］が奇数になるとき、整数 A は全部で何個ですか。

答え　　　　個

(3)　［B］×［C］＝15 のとき、整数 B と C の組は全部で何個ありますか。ただし、B＜C とします。

答え　　　　個

（参考問題 check!　横浜雙葉中学校）

合否を分ける 練習問題 03-2

図のようなかけ算九九の表の中の 81 個の数について、横に隣り合う 3 つの数の和について考えます。例えば、図の中の四角で囲まれた 3 つの数の和は 18 です。次の問いに答えなさい。

	かける数								
かけられる数	1	2	3	4	5	6	7	8	9
1	1	2	3	4	5	6	7	8	9
2	2	4	6	8	10	12	14	16	18
3	3	6	9	12	15	18	21	24	27
4	4	8	12	16	20	24	28	32	36
5	5	10	15	20	25	30	35	40	45
6	6	12	18	24	30	36	42	48	54
7	7	14	21	28	35	42	49	56	63
8	8	16	24	32	40	48	56	64	72
9	9	18	27	36	45	54	63	72	81

(1)　和が 15 以下になる 3 つの数の組は何個ありますか。

答え　　　　個

(2)　和が 21 でも 27 でも割り切れないような 3 つの数の組は何個ありますか。

答え　　　　個

（参考問題 check!　慶應義塾中等部）

解答・解説

合否を分ける 練習問題 03-1　答え　(1)　9　(2)　7個　(3)　4個

(1)　36を素因数分解すると、$36=2^2\times3^2$ です。
36の約数を作るとき、「2」の選び方は0〜2個の3通り、「3」の選び方も0〜2個の3通りありますから、3通り×3通り＝9通りの約数が作れます。

(2)　約数の個数が奇数個になる整数は平方数（＝整数^2）です。
50以下の平方数は、1^2、2^2、3^2、…、7^2 の7個です。

(3)　[B]＝1、[C]＝15 または、[B]＝15、[C]＝1 の場合
50以下の整数で、約数が15個ある整数はありません。

[B]＝3、[C]＝5 の場合または、[B]＝5、[C]＝3 の場合
約数が3個の整数　→　$2^2=4$、$3^2=9$、$5^2=25$、$7^2=49$
約数が5個の整数　→　$2^4=16$
→　(B、C)＝(4、16)、(9、16)　(16、25)、(16、49)　の4個

合否を分ける 練習問題 03-2　答え　(1)　5個　(2)　38個

(1)　3つの数の平均は3つの数の真ん中の数です。

$15\div3=5$

真ん中の数は5以下なので、右の表の赤字の数が真ん中になる3つの数の組です。

かけられる数＼かける数	1	2	3	4	5	6	7	8	9
1	1	2	3	4	5	6	7	8	9
2	2	4	6	8	10	12	14	16	18
3	3	6	9	12	15	18	21	24	27
4	4	8	12	16	20	24	28	32	36
5	5	10	15	20	25	30	35	40	45
6	6	12	18	24	30	36	42	48	54
7	7	14	21	28	35	42	49	56	63
8	8	16	24	32	40	48	56	64	72
9	9	18	27	36	45	54	63	72	81

(2)　3つの数の和＝真ん中の数×3＝3の倍数ですから、真ん中の数は7でも9でも割り切れない数です。（右下の表の太枠内の数で、×を除いた数）

63個－25個＝38個

かけられる数＼かける数	1	2	3	4	5	6	7	8	9
1	1	2	3	4	5	6	7×	8	9
2	2	4	6	8	10	12	14×	16	18
3	3	6	9×	12	15	18×	21×	24	27
4	4	8	12	16	20	24	28×	32	36
5	5	10	15	20	25	30	35×	40	45
6	6	12	18×	24	30	36×	42×	48	54
7	7	14×	21×	28×	35×	42×	49×	56×	63
8	8	16	24	32	40	48	56×	64	72
9	9	18×	27×	36×	45×	54×	63×	72×	81

04 数列 ～「組み合わせ数列」「フィボナッチ数列」～

合否を分ける例題 04 ある規則に従って、次の A、B、C のように数を並べます。ただし、C は次のような規則で数を並べます。

・C の奇数番目は、A と B の同じ奇数番目の和（A＋B）とする。

・C の偶数番目は、A と B の同じ偶数番目の差（A－B）とする。

	1番目	2番目	3番目	4番目	5番目	6番目	7番目	8番目	…
A	1	3	5	7	9	11	13	15	…
B	1	2	3	4	5	6	7	8	…
C	2	1	8	3	14	5	20	7	…

次の問いに答えなさい。

(1) C の 1 番目から 10 番目までの数の和を求めなさい。

(2) C の数が初めて 100 を超えるのは何番目ですか。

(3) C に並んでいる数のうち、ある連続した 2 つの数の和を求めると 161 でした。この 2 つの数は何番目と何番目ですか。

参考問題 check!　攻玉社中学校

：2 段以上の数列問題では表を追加したり作り直したりすると規則性を見つけやすくなります。

考え方と答え

(1) C は A と B の和、差をくり返しているので [2] 個を 1 組として [和] を調べます。

	1番目	2番目	3番目	4番目	5番目	6番目	7番目	8番目	…
C	2	1	8	3	14	5	20	7	…
和	3		11		19		27		…

上の表より、[2] 個 1 組の [和] は [8] ずつ増えていますから、C の 9 番目と 10 番目の数の和＝[5] 組目の和＝[35] です。

([3]＋[35])×[5] 組÷[2]＝[95]

答え　95

(2) C の [奇数] 番目の数は A と B の和なので、[偶数] 番目の数より先に 100 を超えます。

Cの［奇数］番目の数は［2］から［6］ずつ増えていますから、2から並ぶ奇数番目の数の□番目の数が100を超えるとすると、

［2］＋［6］×(□番目－1)＞［100］

(［100］－［2］)÷［6］＝［16.3…］ → □番目－1＝［17］番目

従って、2から並ぶ奇数番目の数の［18］番目の数が100を超えるので、

［1］番目＋［2］×(［18］番目－1)＝［35］番目

答え　35　番目

(3)　Cについて連続する2つ数の和を調べます。

	1番目	2番目	3番目	4番目	5番目	6番目	7番目	8番目	…
C	2	1	8	3	14	5	20	7	…
和	2＋1＝3		8＋3＝11		14＋5＝19		20＋7＝27		…
		1＋8＝9		3＋14＝17		5＋20＝25		…	

上の表で、［3］から始まる上段は［8］ずつ増え、［9］から始まる下段も［8］ずつ増えています。

①　［3］＋［8］×(□組目－1)＝［161］ → □組目－1＝19.75

→　整数にならないので×

②　［9］＋［8］×(□組目－1)＝［161］ → □組目－1＝19 → □＝20

(2番目＋3番目)、(4番目＋5番目)…と並ぶ下段の20組目なので、

［2］×［20］組目＝［40］番目　と［41］番目です。

答え　40　番目と　41　番目

組み合わせ数列の「魔法ワザ」

2個1組の組み合わせ数列は、上下に並べると規則が使いやすくなります。

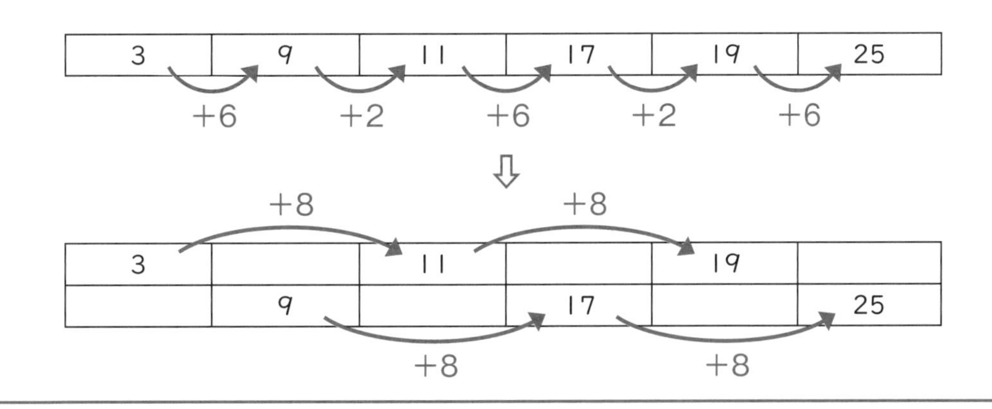

合否を分ける 練習問題 04-1

ある規則に従って、次のように数を並べます。

100、99、102、101、104、103、106、…

次の問いに答えなさい。

(1) 10 番目の数を求めなさい。

答え

(2) ある連続した 3 つの数の和を求めると 385 でした。この 3 つの数の最初の数を求めなさい。

答え

(参考問題 check! 田園調布学園中等部)

合否を分ける 練習問題 04-2

ある規則に従って、次のように数を並べます。

1、1、2、3、5、8、13、21、34、55、…

次の問いに答えなさい。

(1) 1 番目の数から 20 番目の数までに 3 で割り切れる数は何個ありますか。

答え 個

(2) 1 番目の数を 100、2 番目の数を 101 に変え、同じ規則で整数を並べたとき、1 番目の数から 100 番目の数までに 3 で割り切れる数は何個ありますか。

答え 個

(参考問題 check! サレジオ学院中学校)

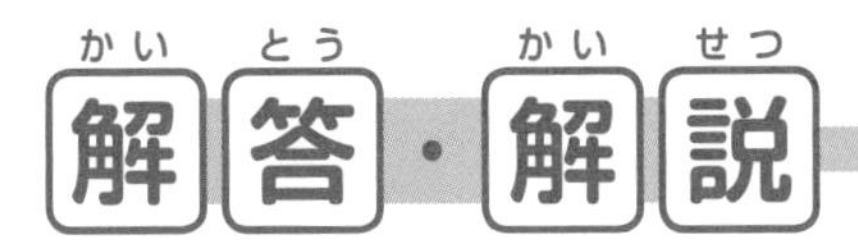

合否を分ける 練習問題 04-1　答え　(1)　107　　(2)　128

(1)　隣り合う 2 つの数の差が、－1、＋3、－1、＋3、…をくり返す組み合わせ数列です。

1 番目	2 番目	3 番目	4 番目	5 番目	6 番目	7 番目	…
100		102		104		106	…
	99		101		103		…

元の数列の 10 番目の数は偶数番目の数ですから、上の表の下段の数列の 5 番目の数です。

99 ＋ 2 ×（5 － 1）＝ 107

(2)　連続する 3 つ数の和を調べます。

1 番目＋2 番目＋3 番目　…　100＋99＋102＝301

2 番目＋3 番目＋4 番目　…　99＋102 ＋ 101＝302

3 番目＋4 番目＋5 番目　…　102＋101 ＋ 104＝307

4 番目＋5 番目＋6 番目　…　101＋104 ＋ 103＝308

5 番目＋6 番目＋7 番目　…　104＋103 ＋ 106＝313

「連続する 3 つの数の和」は、2 数の差が＋1、＋5、＋1、＋5、…をくり返す組み合わせ数列です。

	1 番目	2 番目	3 番目	4 番目	5 番目	…
和	301		307		313	…
		302		308		…

上段の場合　301＋6×(□－1)＝385　→　□＝15

下段の場合　302＋6×(□－1)＝385　→　□＝14.8…　→　割り切れないので×

従って、385 は和の上段にある 15 番目の数とわかります。

和の 15 番目の数は、(1) の表の 15 番目の数から連続する 3 つの数の和ですから、

100＋2×(15－1)＝128

が最初の数です。

合否を分ける 練習問題 04-2　答え　(1)　5 個　　(2)　25 個

(1)　この規則（前の 2 数をたす）に従って並ぶ数を 3 で割り、余りを順に並べます。

1、1、2、0、2、2、1、0、1、1、2、0、2、2、1、0、1、…

余りは「1、1、2、0、2、2、1、0」の 8 個 1 組をくり返していますから、

20 個÷8 個＝2 組あまり 4 個

1 組の中で 3 で割り切れる数は 4 番目と 8 番目の 2 個ありますから、

2 個×2 組＋1 個＝5 個です。

(2)　(1) より、3 で割った余りの数列も前の 2 数をたしてできる数列ですから、(2) の数列を 3 で割った余りは、「1、2、0、2、2、1、0、1」の 8 個 1 組をくり返します。

100 個÷8 個＝12 組あまり 4 個　→　2 個×12 組＋1 個＝25 個

Chapter 2

比と割合

05 食塩水の濃さ ～「食塩水の混合」「水で薄める」～

合否を分ける例題 05　濃さが10%の食塩水300gが容器に入っています。この容器に水を毎分10gの割合で20分間入れます。次に容器から食塩水を毎分10gの割合で5分間排水します。その後、再び容器に水を毎分10gの割合で入れていきます。次の問いに答えなさい。

(1)　容器の中の食塩水の濃さが8%になるのは、はじめに水を入れ始めてから何分後ですか。

(2)　容器の中の食塩水の濃さが2%になるのは、はじめに水を入れ始めてから何分後ですか。

参考問題 check!　函館ラ・サール中学校

：水を入れ始めてから20分後の食塩水の濃さは何%でしょうか。

考え方と答え

(1) はじめに、水を入れ始めてから 20 分後の食塩水の濃さを調べます。

[10] g/分×[20] 分＝[200] g … 加えた水の重さ

右のてんびん図で、[⑤]＝[10] %より、

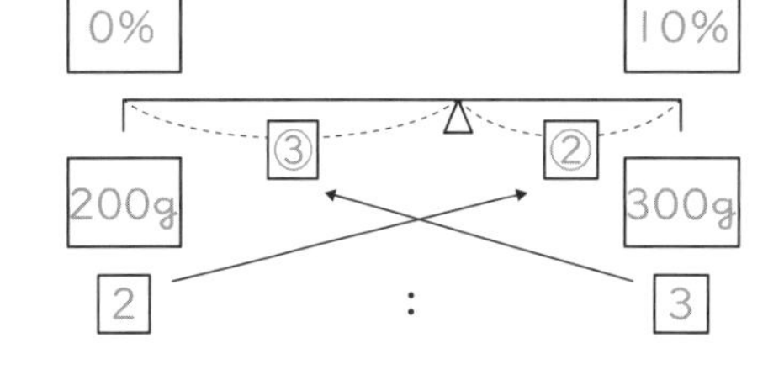

[①]＝[2] %なので、水を入れ始めてから 20 分後

の食塩水の濃さは [③]＝[6] %です。

ですから、濃さが 8%になるのは、水を入れ始めてから 20 分以内だとわかります。

次に、右のてんびん図で、[④]＝[300] g より、

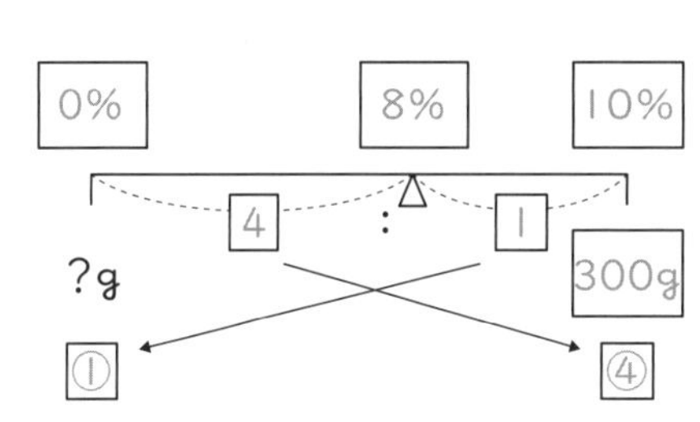

[①]＝[75] g なので、

[75] g ÷ [10] g/分＝[7.5] 分後です。

答え 7.5 分後

(2) 20 分後の濃さが 6%ですから、2%になるのはそれよりもあとです。

[300] g＋[200] g−[10] g/分×[5] 分＝[450] g

… 25 分後の食塩水の重さ

[2] %÷[6] %＝[$\frac{1}{3}$] → 濃さが [$\frac{1}{3}$] になる

＝[3] 倍に薄める＝[2] 倍の水を加える

[450] g ×[2] ÷[10] g/分＝[90] 分 … 25 分後からさらに 90 分後

[25] 分＋[90] 分＝[115] 分

答え 115 分後

水との等量交換の「魔法ワザ」

はじめの濃さ □% ―(水を加える)→ あとの濃さ ☆%

加える水の重さ＝はじめの食塩水の重さ×$\left(\frac{□}{☆}-1\right)$

合否を分ける
練習問題 05-1

10gの食塩を2つの空の容器A、Bに適当に分けて入れました。その後、それぞれの容器に水を加えてかき混ぜたところ、容器Aには濃さが7%の食塩水100g、容器Bには濃さが2%の食塩水ができました。次の問いに答えなさい。

(1) それぞれの容器に加えた水の量を求めなさい。

答え　A　　　　g、B　　　　g

(2) 2つの容器A、Bの食塩水を空の容器Cに移して濃さが5%の食塩水100gを作ります。A、Bの容器から何gの食塩水を容器Cに移せばよいですか。

答え　A　　　　g、B　　　　g

(参考問題check!　成蹊中学校)

合否を分ける
練習問題 05-2

容器Aには濃さが15%の食塩水400g、容器Bには濃さが8%の食塩水300gが入っています。次の問いに答えなさい。

(1) 容器Aに容器Bの食塩水を全て移してよくかき混ぜると何%の食塩水ができますか。

答え　　　　%

(2) (1)でできた容器Aの食塩水に水を加えて濃さが2%の食塩水を作ります。加える水の量を求めなさい。

答え　　　　g

(参考問題check!　安田学園中学校)

解答・解説

合否を分ける 練習問題 05-1　答え　(1)　A　93g、B　147g　　(2)　A　60g、B　40g

(1)　容器Aには濃さが7%の食塩水100gができたので

$100\text{g}\times\frac{7}{100}=7\text{g}$　…　容器Aの中の食塩の重さ

$100\text{g}-7\text{g}=93\text{g}$　…　容器Aの中の水の重さ

がわかります。

ですから、容器Bの中の食塩の重さは、

$10\text{g}-7\text{g}=3\text{g}$

です。

容器Bの食塩水の濃さは2%ですから、

$3\text{g}\div\frac{2}{100}=150\text{g}$　…　容器Bの食塩水の重さ

$150\text{g}-3\text{g}=147\text{g}$　…　容器Bの中の水の重さ

「食塩水の重さ×食塩水の濃さ＝食塩の重さ」です。

(2)　右のてんびん図で、②＋③＝100gより①＝20gなので、Aから③＝60g、Bから②＝40gを移すことがわかります。

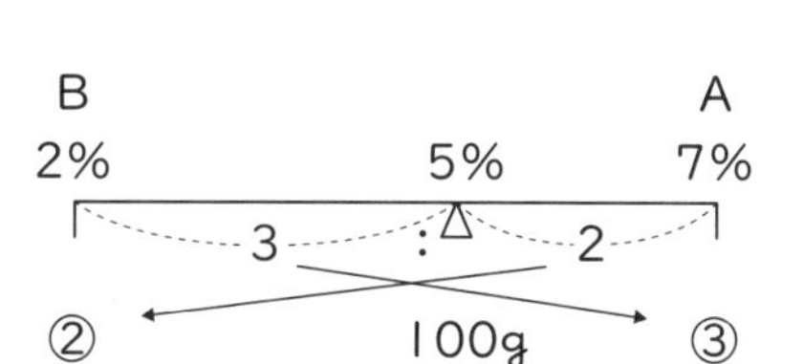

合否を分ける 練習問題 05-2　答え　(1)　12%　　(2)　3500g

(1)　右のてんびん図で、④＋③＝7%より①＝1%なので、

$8\%+4\%=12\%$

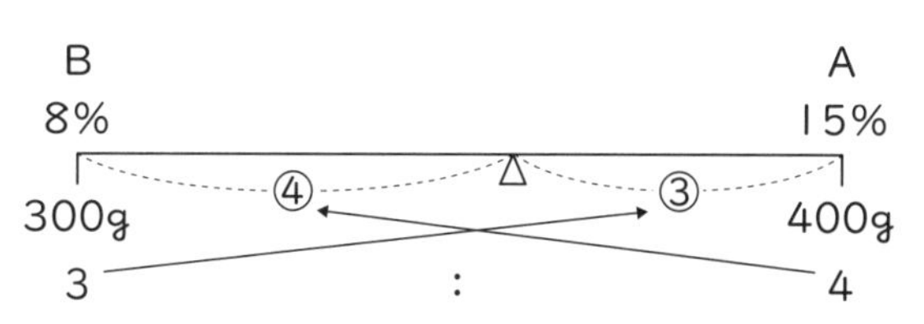

(2)　12%÷2%＝6倍　…　700gの食塩水に水を加えて6倍に薄める　→　5倍の水を加える

$(400\text{g}+300\text{g})\times(6-1)=3500\text{g}$

(別解)　てんびん図を用いても解くことができます。

①＝700g　→　⑤＝3500g

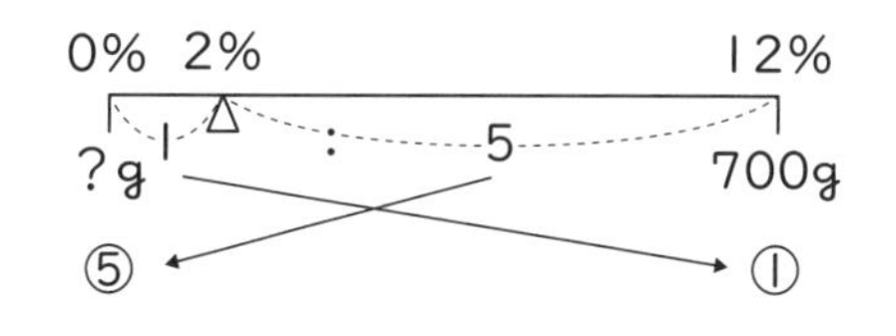

06 食塩水の交換 ～「同じ濃さにする交換」「等量交換」～

合否を分ける例題 06 容器Aには濃さが4%の食塩水200g、容器Bには濃さが6%の食塩水300g、容器Cには濃さが9%の食塩水500gが入っています。はじめに、容器AとCから同じ重さの食塩水を取り出してそれぞれに移し替えました。次に、容器BとCから同じ重さの食塩水を取り出してそれぞれに移し替えると、3つの容器の中の食塩水の濃さが同じになりました。次の問いに答えなさい。

(1) 3つの容器の中の食塩水の濃さは何%になりましたか。

(2) はじめに容器AとCから同じ重さの食塩水を取り出してそれぞれに移し替えたとき、容器Cの中の食塩の重さは何g減りましたか。

参考問題 check!　吉祥女子中学校

：食塩水をやりとりしても、食塩水の重さの和や食塩の重さの和は変わりません。

考え方と答え

(1) 入れ替えをして濃さが□%になった3つの容器の中の食塩水を、さらに1つの容器にまとめても濃さは□%のままです。ですから、入れ替えをする前の3つの容器の中の食塩水を1つの容器にまとめた食塩水の濃さも□%です。

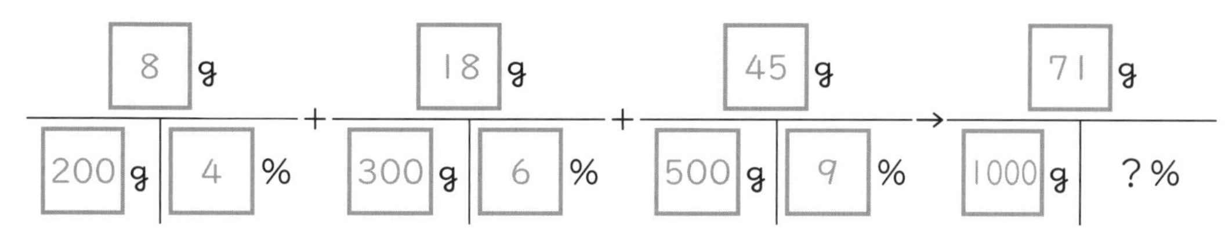

71g÷1000g＝0.071 → 7.1%

答え 7.1 %

「塩分数」は、

食塩の重さ / 食塩水の重さ | 食塩水の濃さ

です。

(2) やりとりを流れ図に整理します。

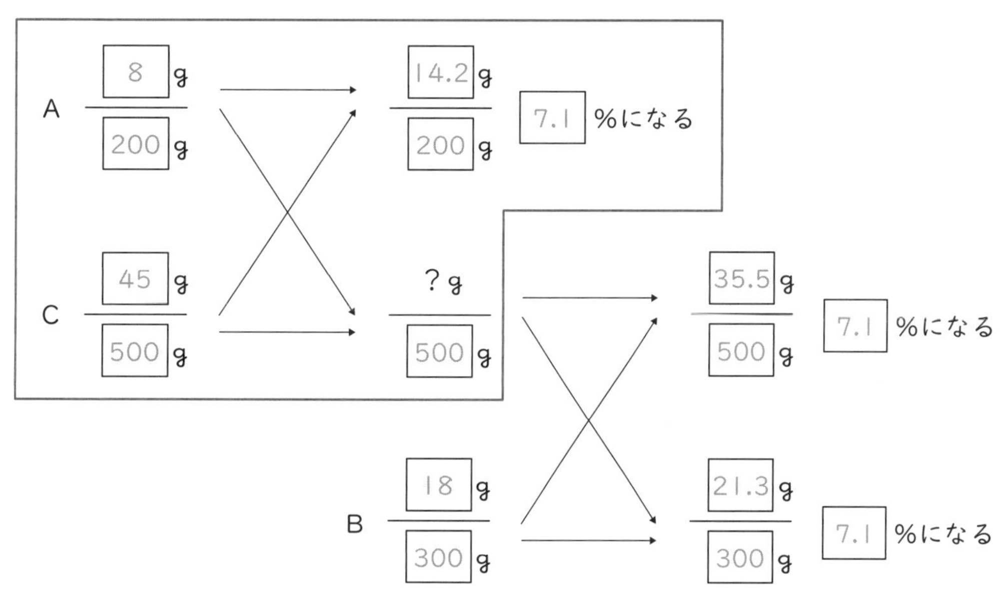

上の流れ図の赤線枠に着目すると、容器Aの食塩は、14.2 g－8 g＝6.2 g

増えています。AとCで食塩水のやりとりをしても、食塩の重さの 和 は変わりませんから、

Aで増えた分だけ、Cで減ることになります。

答え 6.2 g

交換後に濃さが同じになるときの「魔法ワザ」

2つの食塩水を交換すると濃さがどちらも同じになるとき、その濃さは食塩水を全て混ぜたときの濃さと等しくなります。

合否を分ける
練習問題 06-1

容器Aには濃さが4%の食塩水が200g、容器Bには濃さが6%の食塩水が300g入っています。次の問いに答えなさい。

(1) 2つの容器から同じ重さの水を蒸発させて濃さを等しくします。それぞれ水を何g蒸発させるとよいですか。

答え　　g

(2) 2つの容器から2：3の重さで食塩水を取り出して移し替え、2つの容器の濃さを同じにします。容器Aから何gの食塩水を取り出すとよいですか。

答え　　g

（参考問題 check!　洗足学園中学校）

合否を分ける
練習問題 06-2

容器Aには濃さが4%の食塩水400g、容器Bには濃さが8%の食塩水600gが入っています。次の問いに答えなさい。

(1) 容器Aから食塩水200gを取り出して容器Bに入れよくかき混ぜます。次に容器Bから食塩水を200g取り出して容器Aに入れてよくかき混ぜます。容器Aの食塩水の濃さは何%になりましたか。

答え　　%

(2) (1)のあと、2つの容器から同じ重さの食塩水を取り出して移し替えると、2つの容器の濃さは同じになりました。それぞれ何gの食塩水を取り出しましたか。

答え　　g

（参考問題 check!　法政大学第二中学校）

解答・解説

合否を分ける 練習問題 06-1　答え　(1)　120g　　(2)　100g

(1)　$200g \times \frac{4}{100} = 8g$　…　容器Aの中の食塩の重さ

$300g \times \frac{6}{100} = 18g$　…　容器Bの中の食塩の重さ

水を蒸発させても食塩の重さは変わりませんから、水を蒸発させた後は、

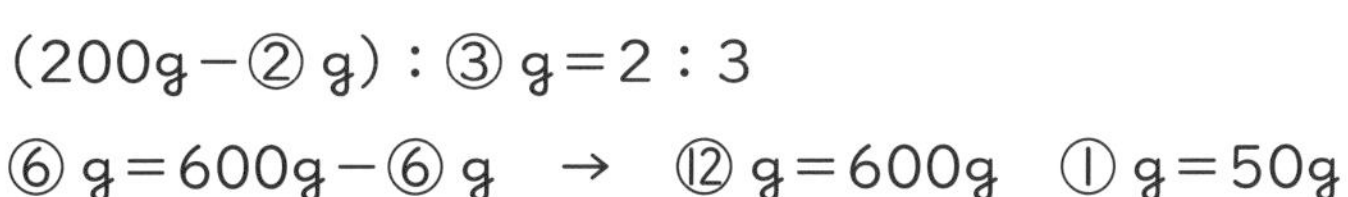

	A		B
食塩の重さ	8g		18g
	4		9
食塩水の濃さ	1	:	1
食塩水の重さ	④	:	⑨

となります。

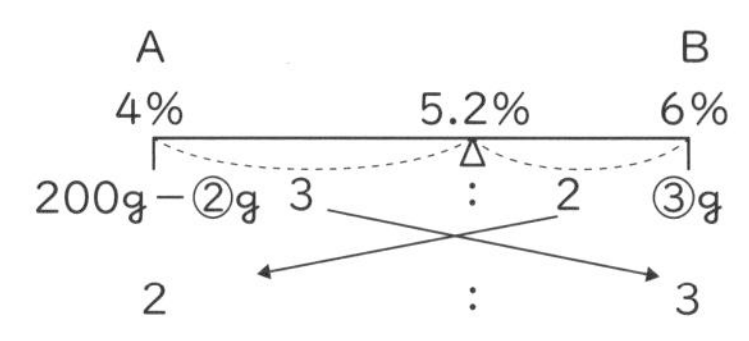

同量の水を蒸発させても2つの容器の食塩水の重さの差は変わりませんから、

⑨－④＝300g－200g　→　①＝20g　200g－20g×4＝120g

(2)　同じになったときの濃さは、2つの容器の食塩水全てを混ぜ合わせたときの濃さと同じです。

(8g＋18g)÷(200g＋300g)＝0.052　→　5.2%になります。

容器Aから②g取り出し、容器Bから③g取り出したとすると、容器Aは右のてんびん図のようになります。

(200g－②g)：③g＝2：3

⑥g＝600g－⑥g　→　⑫g＝600g　①g＝50g

50g×2＝100g

合否を分ける 練習問題 06-2　答え　(1)　5.5%　　(2)　240g

(1)　やりとりを流れ図に整理します。

22g÷400g＝0.055　→　5.5%

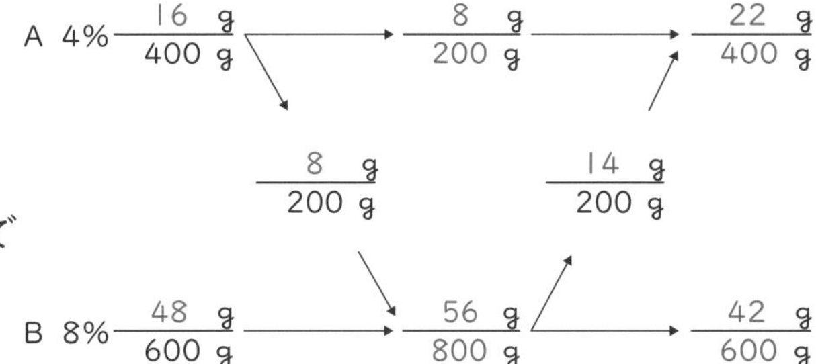

(2)　等量交換すると濃さが同じになったので

$$\frac{400g \times 600g}{400g + 600g} = 240g$$

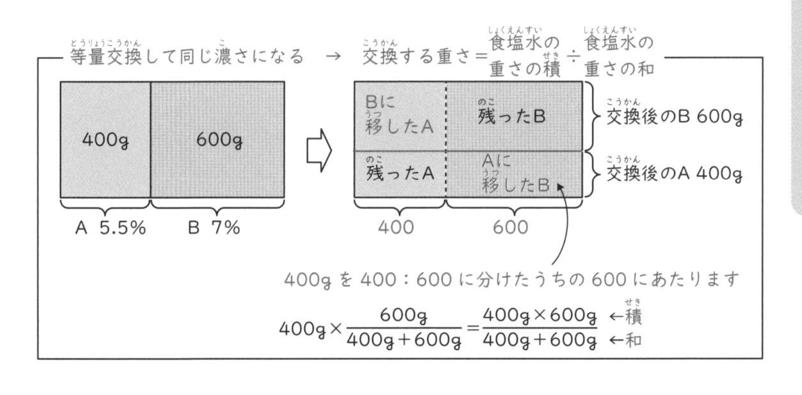

等量交換して同じ濃さになるとき、

$$\text{交換する食塩水の重さ} = \frac{\text{はじめの食塩水の重さの積}}{\text{はじめの食塩水の重さの和}}$$

です。

07 売買算 〜「多数売り」「2回仕入れ」〜

合否を分ける例題07 ある店で、200個の品物を1個1000円で仕入れて2割の利益を見込んで定価をつけたところ、1日目は100個売ることができました。2日目は定価の1割引きで売りましたが、売れ残ったので、3日目は2日目の売り値の100円引きで売ったところ、全部売れました。また、3日間の利益は26000円でした。次の問いに答えなさい。

(1) この品物の3日目の売り値を求めなさい。

(2) 1日目の利益を求めなさい。

(3) 3日目に売った品物の個数を求めなさい。

参考問題check! 東京女学館中学校

：売買算は消去算やつるかめ算が問題の中に隠れていることがあります。

考え方と答え

(1) 1000円×(1＋0.2)＝1200円 … 定価

1200円×(1－0.1)＝1080円 … 2日目の売り値

1080円－100円＝980円

答え 980円

(2) 1000 円×0.2＝200 円 … 定価で売ったときの1個当たりの利益

200 円×100 個＝20000 円

答え 20000 円

(3) 「多数売り」問題なので条件を表に整理して見やすくします。

		値段	個数	計
仕入れ	原価	1000 円	200 個	ア
売り上げ	1日目の売価（定価）	1200 円	100 個	イ
	2日目の売価	1080 円	ウ	エ
	3日目の売価	980 円		
利益				26000 円

上の表より、

1000 円×200 個＝200000 円 … ア（仕入れ総額）

1200 円×100 個＝120000 円 … イ（1日目の売り上げ）

200 個－100 個＝100 個 … ウ（2日目と3日目の個数）

200000 円＋26000 円－120000 円＝106000 円

… エ（2日目と3日目の売り上げ）

1080 円の売価と 980 円の売価で合わせて 100 個売れると 106000 円になるので、

（1080 円×100 個－106000 円）

÷（1080 円－980 円）＝20 個

答え 20 個

最後は、つるかめ算です。

多数売りの「魔法ワザ」

多数売りは、縦に「原価・定価・売価」、横に「値段・個数・計」の表に整理します。

合否を分ける 練習問題 07-1

A 商店では 3 日間のセールを行います。1 日目は商品を 1 個 600 円で 50 個仕入れ、20%の利益を見込んで定価をつけて売り出したところ、全部売れました。そこで、2 日目にも同じ商品を 1 個 600 円で 50 個仕入れ、1 日目につけた定価の 50 円引きで売りましたが、10 個売れ残りました。次の問いに答えなさい。

(1) 1 日目に得た利益は何円ですか。

答え　　　　円

(2) 2 日目に売れ残った商品を 3 日目に何円以上で売れば、3 日間の利益の合計が 9000 円以上になりますか。ただし、3 日目には新しく商品は仕入れず、2 日目に売れ残った商品を全て売り切るものとします

答え　　　　円以上

（参考問題 check!　恵泉女学園中学校）

A 商店では、原価 400 円の商品に 20%の利益を見込んで定価をつけています。この商品を 1 日目は 200 個仕入れ、そのうちの 120 個が定価で売れました。2 日目は、1 日目の商品の売り上げを全て使って同じ商品を仕入れ、定価の 1 割引きで 1 日目に売れ残った分と合わせて全てを売り切りました。次の問いに答えなさい。

(1) 2 日目に仕入れた商品の個数は何個ですか。

答え　　　　個

(2) 2 日間の利益の合計は何円ですか。

答え　　　　円

（参考問題 check!　成蹊中学校）

合否を分ける練習問題 07-1　答え　(1)　6000円　(2)　620円以上

(1)　600円×0.2＝120円　…　1日目の1個当たりの利益

120円×50個＝6000円

(2)　600円×(1＋0.2)－50円＝670円　…　2日目の売価

670円－600円＝70円　…　2日目の1個当たりの利益

50個－10個＝40個　…　2日目に売れた個数

9000円－6000円＝3000円　…　2日目と3日目の利益総額

(3000円－70円×40個)÷10個＝20円　…　3日目の1個当たりの利益

600円＋20円＝620円

※表に整理して解くこともできます。

1個当たりの利益で考えると、小さな値で計算ができます。

	値段	個数	合計
2日間の仕入れ	600円	100個	
1日目の売り上げ	720円	50個	
2日目の売り上げ	670円	40個	
3日目の売り上げ	？円以上	10個	
3日間の利益			9000円以上

合否を分ける練習問題 07-2　答え　(1)　144個　(2)　16768円

(1)　400円×(1＋0.2)＝480円　…　定価

480円×120個＝57600円　…　1日目の売り上げ

57600円÷400円＝144個

(2)　「2日間の利益総額＝2日間の売り上げ－2日間の仕入れ」ですから、

400円×(200個＋144個)＝137600円　…　2日間の仕入れ

480円×(1－0.1)×(200個－120個＋144個)＝96768円　…　2日目の売り上げ

57600円＋96768円＝154368円　…　2日間の売り上げ

154368円－137600円＝16768円

わかりにくいときは表に整理してみましょう。

		値段	個数	合計
仕入れ	1日目	400円	200個	80000円
	2日目	400円	144個	57600円
売り上げ	1日目	420円	120個	57600円
	2日目	432円	224個	96768円

08 やりとり問題 ～「2人のやりとり」「3人のやりとり」～

合否を分ける例題 08 3つの容器A、B、Cがあり、容器Aにはその容積の$\frac{5}{7}$、容器Bにはその容積の$\frac{2}{5}$、容器Cにはその容積の$\frac{5}{9}$の水が入っています。容器Aの水の$\frac{1}{5}$を容器Bに、残りを全て容器Cに入れると、容器Bの水はその容積の$\frac{1}{2}$、容器Cはちょうどいっぱいになりました。次の問いに答えなさい。

(1) 容器AとBの容積の比を最も簡単な整数の比で求めなさい。

(2) 容器AとBをちょうどいっぱいにするには、あと28Lの水が必要です。容器Cの容積は何Lですか。

参考問題 check! 愛光中学校

：何をもとにした割合かに気をつけましょう。

考え方と答え

(1) 問題の条件(じょうけん)を図に表して関係(かんけい)を見やすくします。

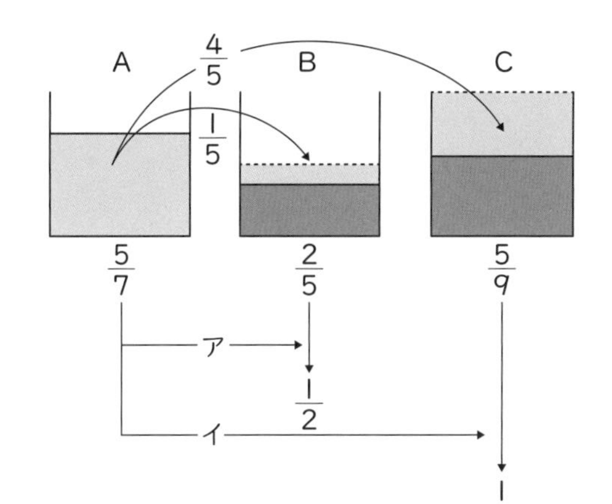

右の図より、

Aの容積(ようせき)の $\frac{5}{7}$ × $\frac{1}{5}$ ＝Aの容積(ようせき)の $\frac{1}{7}$ … ア

Bの容積(ようせき)の $\frac{1}{2}$ － $\frac{2}{5}$ ＝Bの容積(ようせき)の $\frac{1}{10}$

↓

Aの容積(ようせき)× $\frac{1}{7}$ ＝Bの容積(ようせき)× $\frac{1}{10}$ なので、

Aの容積(ようせき)：Bの容積(ようせき)＝ 7 ： 10

答え　7：10

(2) 上の図より、

Aの容積(ようせき)の $\frac{5}{7}$ × $\frac{4}{5}$ ＝Aの容積(ようせき)の $\frac{4}{7}$ … イ

Cの容積(ようせき)の 1 － $\frac{5}{9}$ ＝Cの容積(ようせき)の $\frac{4}{9}$

↓

Aの容積(ようせき)× $\frac{4}{7}$ ＝Cの容積(ようせき)× $\frac{4}{9}$ なので、Aの容積(ようせき)：Cの容積(ようせき)＝ 7 ： 9

また、Aの容積(ようせき)：Bの容積(ようせき)＝ 7 ： 10 より、Aの容積(ようせき)＝ ⑦ とすると、

⑦ ＋ ⑩ ×(1 － $\frac{1}{2}$)＝ 28 L → ①＝ $\frac{7}{3}$ L

$\frac{7}{3}$ L× 9 ＝ 21 L

答え　21　L

やりとり問題の「魔法(まほう)ワザ」

やりとり問題は、流れ図などに整理して「等しい関係(かんけい)」、「○倍の関係(かんけい)」を見やすくします。

□ □ 合否を分ける 練習問題 08-1

Aさんと B さんはそれぞれ黒石と白石を持っています。次の問いに答えなさい。

(1) Aさんが持っている黒石の$\frac{1}{2}$をBさんに渡しました。次に、Bさんが持っている黒石の$\frac{1}{2}$をAさんに渡すと、Aさんの持っている黒石はBさんの持っている黒石より5個多くなりました。Aさんがはじめに持っていた黒石は何個でしたか。

答え　　　個

(2) Aさんが持っている白石の中から4個をBさんに渡しました。次に、Bさんが持っている白石の$\frac{1}{3}$をAさんに渡すと、Aさんの持っている白石ははじめより1個少なくなりました。Bさんがはじめに持っていた白石は何個でしたか。

答え　　　個

(参考問題 check!　学習院中等科)

□ □ 合否を分ける 練習問題 08-2

3つの箱A、B、Cにそれぞれ同じ個数のボールが入っています。AからBとCに同じ個数のボールを移したら、Aに入っているボールとBに入っているボールの個数の比は1:2になりました。

(1) Aからボールを移したあと、Aに入っているボールの個数はAからBに移したボールの個数の何倍ですか。

答え　　　倍

(2) 次に、BからAとCに5個ずつボールを移し、さらに、CからAとBに同じ個数のボールを移したら、A、B、Cに入っているボールの個数の比は5:2:3になりました。A、B、Cに入っているボールの個数の合計は何個ですか。

答え　　　個

(参考問題 check!　桐朋中学校)

解答・解説

合否を分ける練習問題 08-1　答え　(1)　10個　　(2)　5個

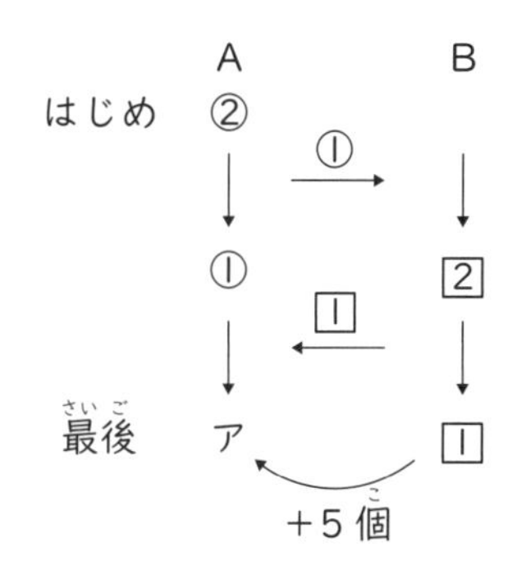

(1)　やりとりの様子を流れ図で整理します。

　右の流れ図のアに着目すると、

　①+[1]=[1]+5個　→　①=5個

　5個×2=10個

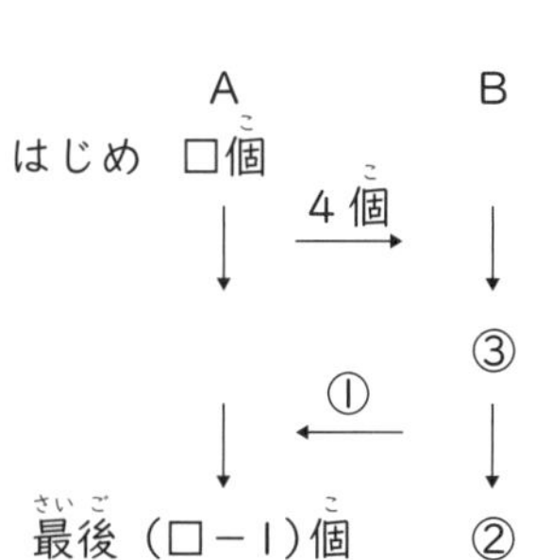

(2)　やりとりの様子を流れ図で整理します。

　右の流れ図のAに着目すると、はじめに4個減り、次に①増え、その結果1個減ったのですから、①=3個です。

　3個×3−4個=5個

合否を分ける練習問題 08-2　答え　(1)　3倍　　(2)　30個

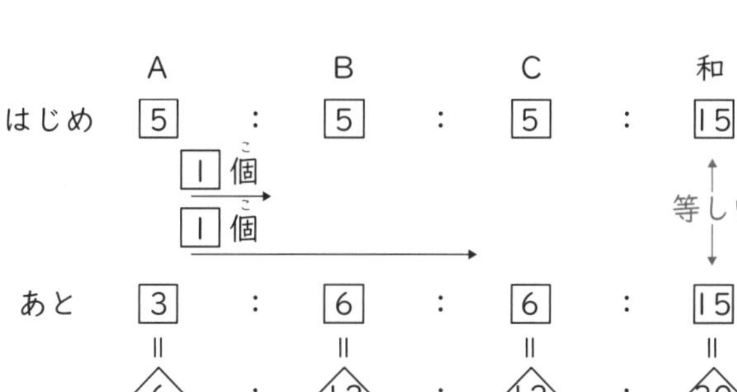

(1)　やりとりの様子を流れ図で整理します。

　移した個数の□個を[1]個とすると

　(①+[2]):(②−[1])=1:1　→　①=[3]

　ですから、移した個数=[1]個、あとのA=[3]個です。

(2)　やりとりの様子を流れ図で整理します。

　また、やりとりをしても3つの箱に入っているボールの個数の和は変わりませんから、はじめの和[15]=最後の和10=◇30とします。AとBに着目すると、

　　◇9 = ☆個+5個…Aの増加分

+　◇6 = 10個−☆個…Bの減少分

　　◇15 = 15個

　なので、◇1=1個

1個×30=30個

	A		B		C		和
はじめ	[5]	:	[5]	:	[5]	:	[15]
	[1]個 →						↕ 等しい
	[1]個 →						
あと	[3]	:	[6]	:	[6]	:	[15]
	‖		‖		‖		‖
	◇6	:	◇12	:	◇12	:	◇30
	← 5個		5個				↕ 等しい
					☆個 ←		
					☆個 ←		
最後	5	:	2	:	3	:	10
	‖		‖		‖		‖
	◇15	:	◇6	:	◇9	:	◇30

やりとりをしても和は一定です。

Chapter 3

速さ

がついているテーマには、動画を用意しています。

09 池タイプの旅人算 ～「出発点での出会い」「1周以上」～

合否を分ける例題 09 1周2400mの池の周りをA、B、Cの3人が歩きます。A、Bは右回りに、Cは左回りに、同じ場所から同時に歩き始めます。A、B、Cの歩く速さはそれぞれ分速100m、80m、60mです。正面から出会った2人は出会うたびに、たがいにその地点で折り返して反対回りに進みます。ただし、追い越すときはそのまま進みます。次の問いに答えなさい

(1) AとCが初めて出会うのはスタートしてから何分後ですか。

(2) AとBが初めて出会うのはスタートしてから何分後ですか。

(3) AとCが2回目に出会うのはスタートしてから何分後ですか。

参考問題check! 関西学院中学部

：(3) 3人のうちのどの2人が出会うかを丁寧に調べましょう。

考え方と答え

(1) 3人が歩く様子を円形の線分図に表します。

2400 m÷(100 m/分＋ 60 m/分)＝ 15 分後

答え 15 分後

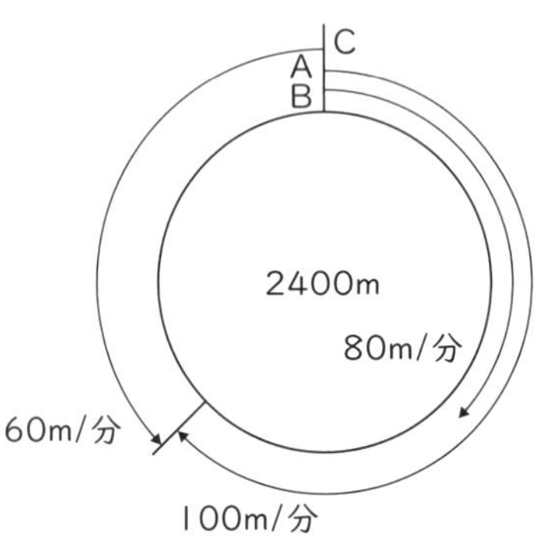

(2) (100 m/分－ 80 m/分)× 15 分＝ 300 m … 15分後にAはBの300m前にいる

15分後にAは向きを変えBに向かって歩き始めますから、

15 分後＋ 300 m÷(100 m/分＋ 80 m/分)

＝ $16\frac{2}{3}$ 分後

答え $16\frac{2}{3}$ 分後

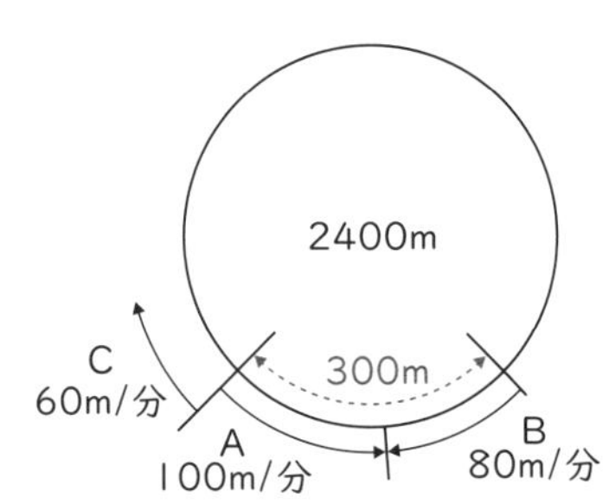

(3) 3人の動きをダイヤグラムに表します。

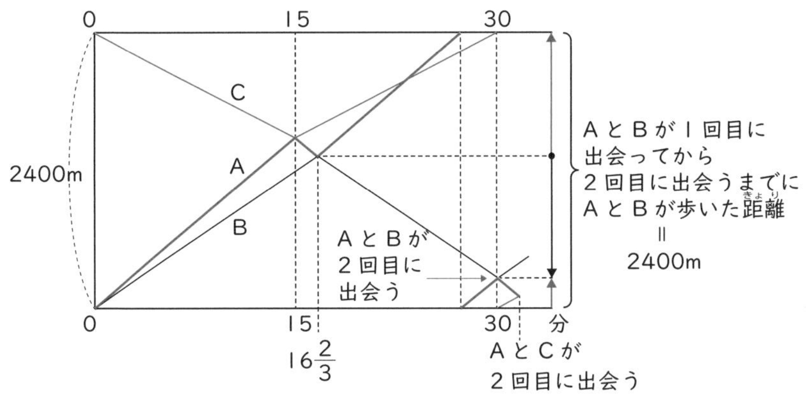

$16\frac{2}{3}$ 分後＋ 2400 m÷(100 m/分＋ 80 m/分)＝ $16\frac{2}{3}$ 分後＋ $13\frac{1}{3}$ 分

＝ 30 分後　…　AとBはスタートしてから30分後に再び出会う

15 分後× 2 ＝ 30 分後　…　Cはスタートしてから15分後にAと出会い、折り返して30分後に再びスタート地点に戻る

スタートしてから30分後に、AとBが2回目に出会い、Cはスタート地点にいる。

80 m/分×($16\frac{2}{3}$ 分× 2 － 30 分)＝ $\frac{800}{3}$ m　…　AとBが2回目に出会った地点とスタート地点との距離

30 分後＋ $\frac{800}{3}$ m÷(100 m/分＋ 60 m/分)＝ 30 分後＋ $1\frac{2}{3}$ 分

＝ $31\frac{2}{3}$ 分後

答え　$31\frac{2}{3}$ 分後

池タイプの旅人算の「魔法ワザ」

動きが1周未満のときは、直線タイプの線分図でも条件を見やすく表すことができます。

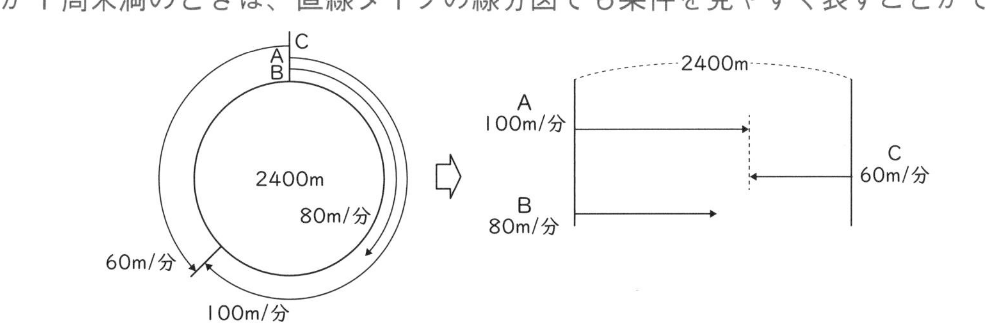

合否を分ける 練習問題 09-1

1周が1200mある池の周りをAは20分、Bは30分で1周します。2人はP地点を同時に反対向きに出発し、休むことなく歩き続けました。次の問いに答えなさい。

(1) 2人が初めて出会ったのは出発してから何分後ですか。

答え　　　　　　分後

(2) 出発後、初めてP地点で2人が出会うのは、出発してから何回目に出会うときですか。

答え　　　　　　回目

（参考問題check!　富士見中学校）

池の周りを、Aは一定の速さでP地点を右回りに、Bは分速60mの速さでQ地点を左回りに同時に出発してこの池の周りを何周もします。出発して3分後に2人は出会い、その2分後にAはQ地点を通過しました。2人が2回目に出会った後、Aは450m進んでちょうど1周しました。次の問いに答えなさい。

(1) Aの速さは分速何mですか。

答え　分速　　　　　m

(2) AとBが2回目に出会うのは2人が出発してから何分後ですか。

答え　　　　　　分後

（参考問題check!　大阪星光学院中学校）

解答・解説

合否を分ける 練習問題 09-1　答え　(1)　12分後　(2)　5回目

(1)　1200m÷20分＝60m/分　…　Aの速さ
　1200m÷30分＝40m/分　…　Bの速さ
　1200m÷(60m/分＋40m/分)＝12分

(2)　Aは20分ごと、Bは30分ごとにPを通過するので、2人がPで出会うのは最小公倍数の60分ごとです。
また(1)より2人は12分ごとに出会いますから、
　60分÷12分＝5回目

最小公倍数を利用する問題です。また、円形の場合、同じ時間がたつごとに1回出会います。

合否を分ける 練習問題 09-2　答え　(1)　分速90m　(2)　15分後

(1)　2人が進む様子を円形の線分図に表します。
図のQR間について、
　時間の比　A：B＝2分：3分＝2：3
ですから、
　速さの比　A：B＝3：2
　60m/分×$\frac{3}{2}$＝90m/分

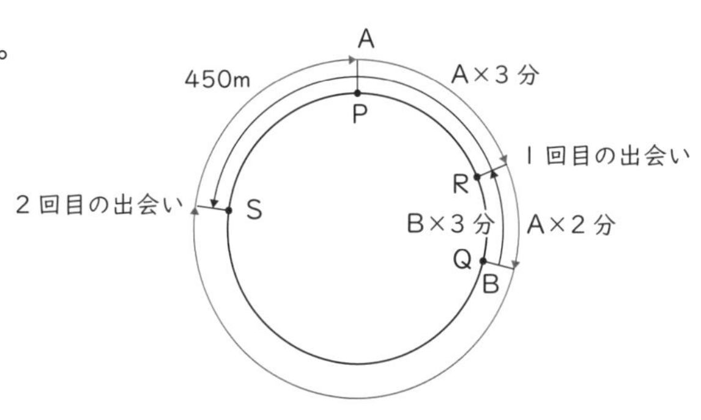

(2)　450m÷90m/分＝5分　…　AがSからPまで進むのにかかる時間
　5分＋3分＝8分　…　AがSからRまで進むのにかかる時間
　8分×$\frac{3}{2}$＝12分　…　BがRからSまで進むのにかかる時間
　＝BがAと1回目に出会ってから2回目に出会うまでの時間
　3分＋12分＝15分

Pをまたがるように2人は動きますから、円形の線分図の方が考えやすいでしょう。

10 ダイヤグラムと旅人算 ～「等間隔運転」「3人の出会い」～

合否を分ける例題10 右のグラフはP町とQ町を往復するバスの動きを表しています。バスは一定の速さで進み、P町、Q町に着くとそれぞれ1分間停車したあとに出発します。AはバスがP町を出発すると同時に一定の速さで歩いてP町を出発してQ町に向かいます。Aが分速96mで進むとバスがQ町を3回目に出発するのと同時にQ町に到着し、分速100mで進むとバスがQ町に3回目に到着するのと同時にQ町に到着します。次の問いに答えなさい。

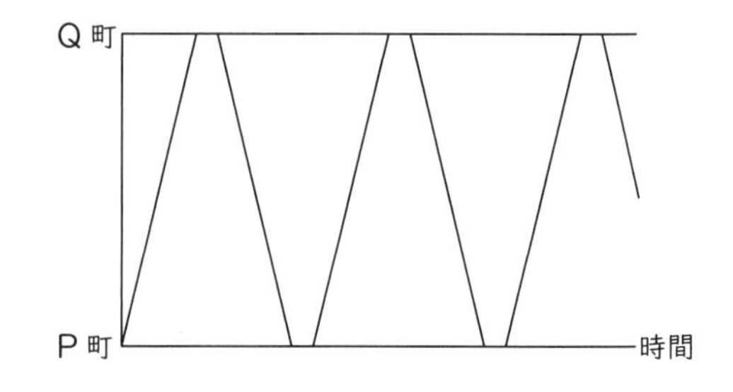

(1)　2つの町の間の距離は何mですか。

(2)　Aが分速100mでP町を出発したあと、P町からQ町に向かうバスに初めて追い越されるのは出発してから何分後ですか。

参考問題check!　鷗友学園女子中学校

：バスの動きを表すグラフにAの動きをかき加えて考えます。

考え方と答え

(1) Aの動きをグラフにかき加えます。

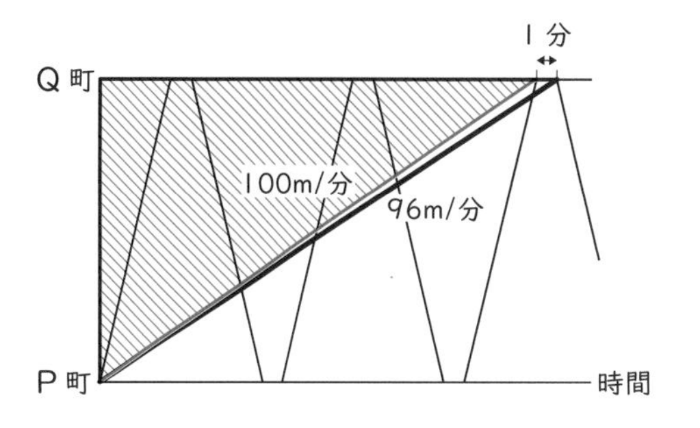

右のグラフの中の等高三角形（赤い線の三角形と太線の三角形）を利用すると、

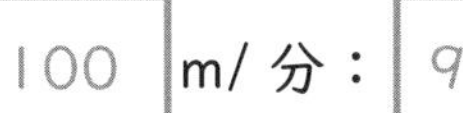

速さの比 100 m/分：96 m/分

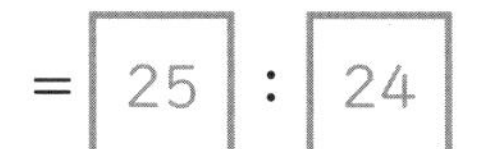

= 25：24

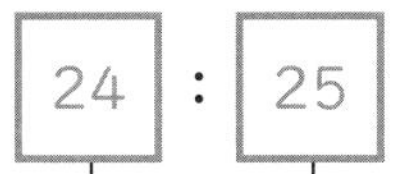

時間の比 24：25

差 1 = 1 分 → 100m/分のとき 24 分

100 m/分 × 24 分 = 2400 m

答え 2400 m

(2) (1)より、

(24 分 − 1 分 × 4) ÷ 5 = 4 分

… PQ間にバスがかかる時間

これをグラフにかき込みます。右のグラフの中の色のついた三角形の相似を利用すると、

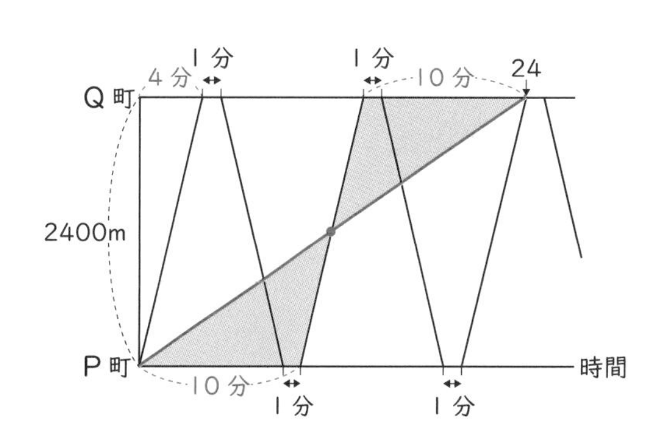

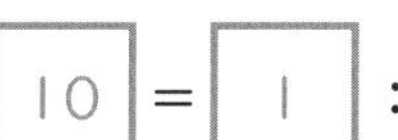

相似比 10：10 = 1：1

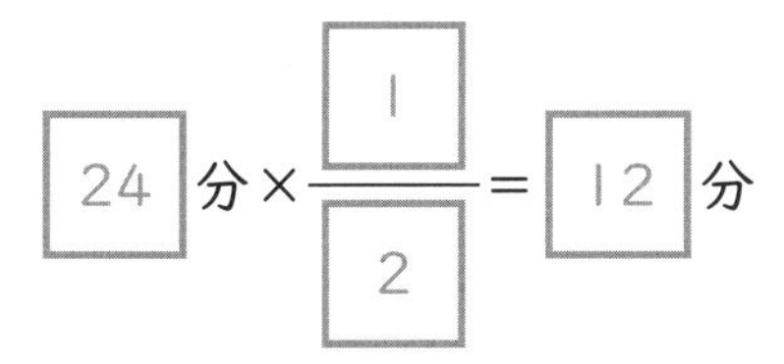

$$24\text{分} \times \frac{1}{2} = 12\text{分}$$

答え 12 分後

旅人算のダイヤグラムの「魔法ワザ」

ダイヤグラムの大原則…直角三角形を利用する

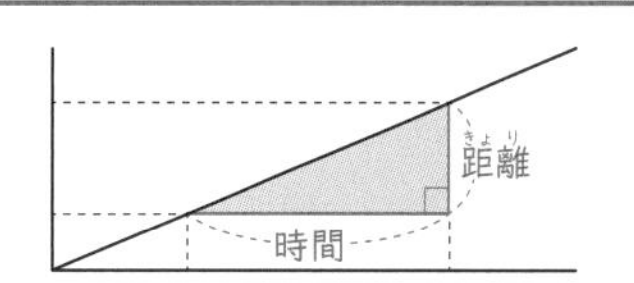

ダイヤグラムの5原則（着目するポイント）

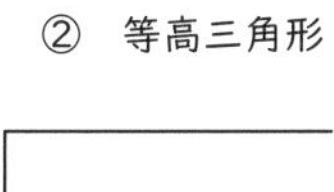

① 相似

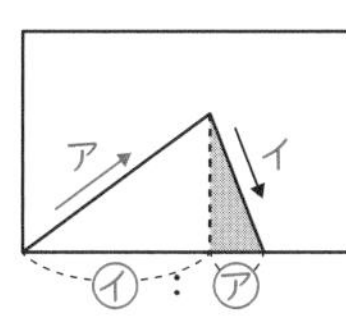

② 等高三角形

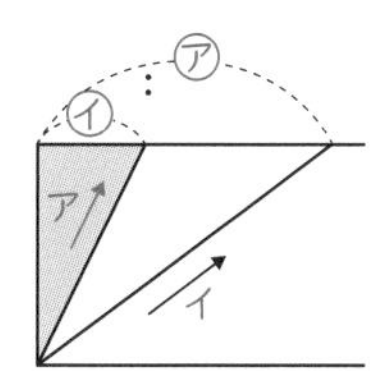

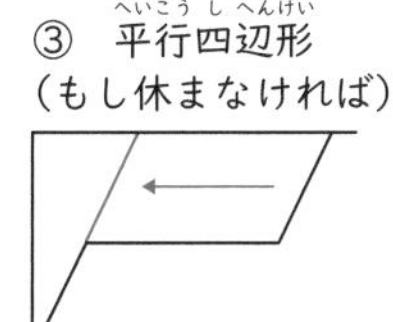

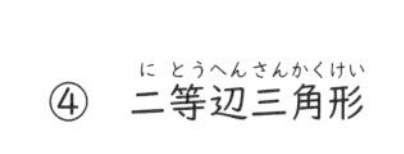

③ 平行四辺形（もし休まなければ）

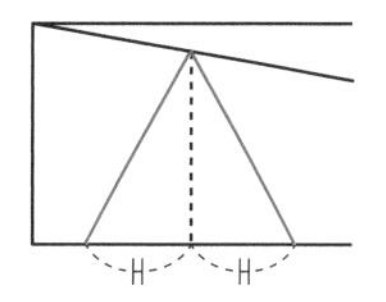

④ 二等辺三角形

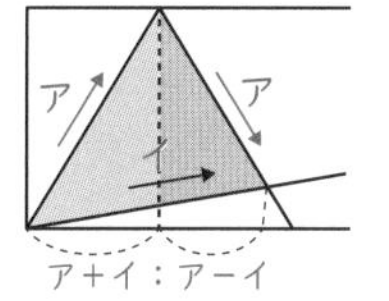

⑤ "琵琶湖型"三角形

合否を分ける
練習問題 10-1

電車の線路沿いの道をAは時速4kmで歩いていると、25分ごとに上りの電車と出会い、27分5秒ごとに下りの電車に追い越されました。電車は上り下りとも等しい時間をあけて同じ速さで運転されています。電車は何分間隔で運転されていますか。

答え　　　　分

（参考問題 check!　慶應義塾中等部）

合否を分ける
練習問題 10-2

池の周りをP地点から、A、Bは同じ方向に、CはA、Bとは反対方向に同時に出発しました。AはCと初めて出会った地点からすぐに向きを変えると、向きを変えてから8分後にBに出会いました。ただし、Aは分速120m、Bは分速80m、Cは分速40mで進みます。次の問いに答えなさい。

（1）池の周りは何mですか。

答え　　　　m

（2）AはBに出会うと再びすぐに向きを変えました。Aが2回目にCと出会うのはBと出会ってから何分後ですか。

答え　　　　分後

（参考問題 check!　白百合学園中学校）

解答・解説

合否を分ける 練習問題 10-1　答え　26分

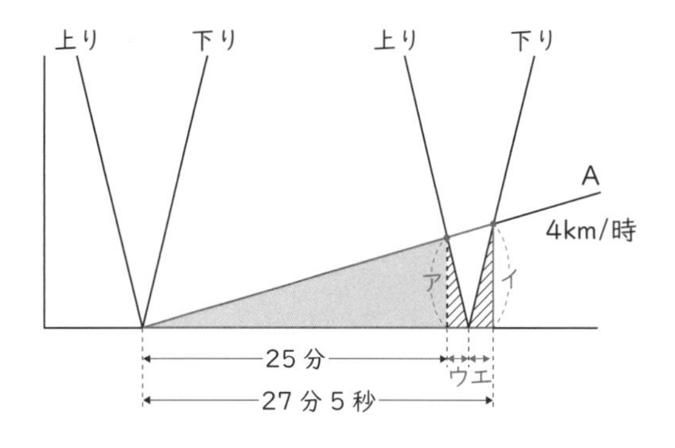

A、上りの電車、下りの電車を右のようなグラフに表すと、相似な2つの直角三角形（色のついた三角形と赤い線の三角形）が見つかります。

相似比　25分：27分5秒＝12：13＝ア：イ

また、斜線の三角形も相似です。

ウ：エ＝12：13

25分$+(27$分5秒-25分$)\times\frac{12}{25}=26$分

Aが上りの電車と下りの電車に同時に出会うようにグラフをかくのがコツです。

合否を分ける 練習問題 10-2　答え　(1)　6400m　　(2)　4分後

(1)　3人が進む様子を右のようなグラフに表すと、「琵琶湖型」三角形（色のついた三角形＋斜線の三角形）が見つかります。

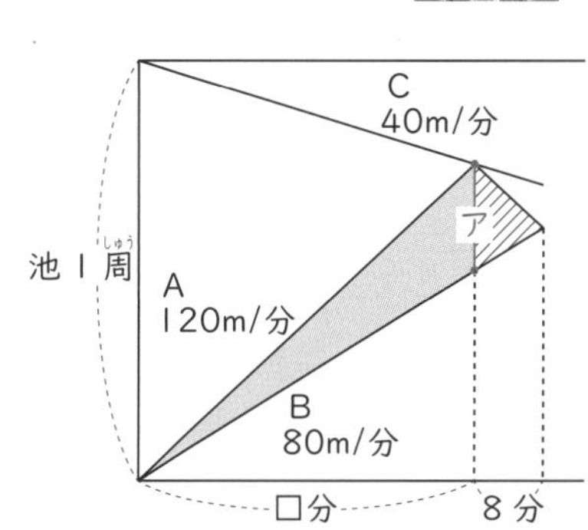

色のついた三角形の「ア」は出発してから□分間にAとBが進む距離の差、斜線の三角形の「ア」は8分間にAとBが進む距離の和ですから、

(120m/分－80m/分)×□分＝ア＝(120m/分＋80m/分)×8分ですから、

　　　1　　　　：　　　　5

$□=8\times\frac{5}{1}=40$です。

40分後にAとCが出会ったので、

(120m/分＋40m/分)×40分＝6400m

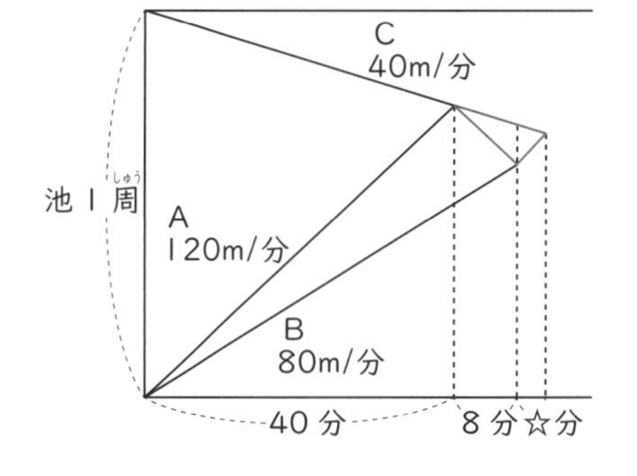

(2)　AがBと出会ってからの様子をグラフにかき加えると、「琵琶湖型」三角形（赤い線の三角形）が見つかります。

速さの比　(A－C)：(A＋C)

＝80m/分：160m/分＝1：2

時間の比　8分：☆分＝2：1　→　☆＝4

11 往復の旅人算 ～「N回目の出会い」「休みありの往復」～

合否を分ける例題 11 AとBは100m離れたPQ間を、AはP地点から、BはQ地点から同時に向かい合って一定の速さで歩き始め、何度も往復します。AとBは何度かすれ違いますが、2回目にすれ違ったのはAが1度目に折り返してから20m進んだ地点でした。ただし、P地点、Q地点で出会うときもすれ違うに含みます。

(1) 1回目に2人がすれ違ったのは、Aが歩き始めてから何mの地点ですか。

(2) 7回目に2人がすれ違ったのは、P地点から何mの地点ですか。

参考問題 check!　青山学院中等部

：2人のすれ違いには規則性があります。

考え方と答え

(1) 距離の条件しかありませんので、出発してから2回目に出会うまでの動きを線分図に整理します。

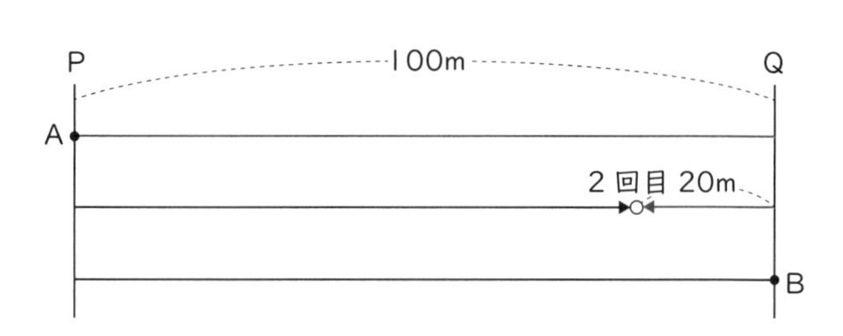

右の図より、

距離の比　A：B

＝ 120 m： 180 m ＝ 2 ： 3

とわかります。

ですから１回目に出会うまでにＡは

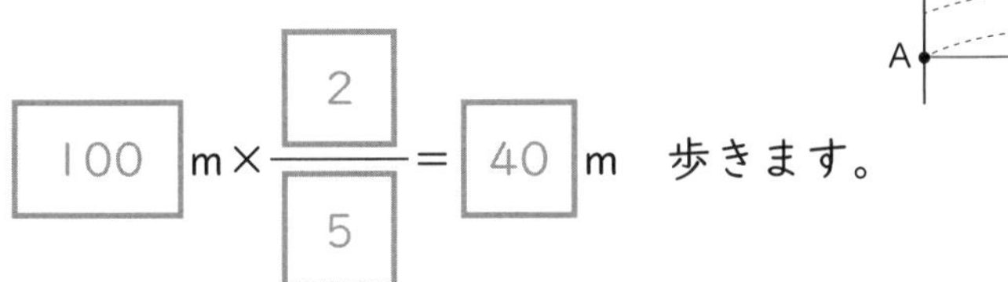

$$100\,\text{m} \times \frac{2}{5} = 40\,\text{m}$$ 歩きます。

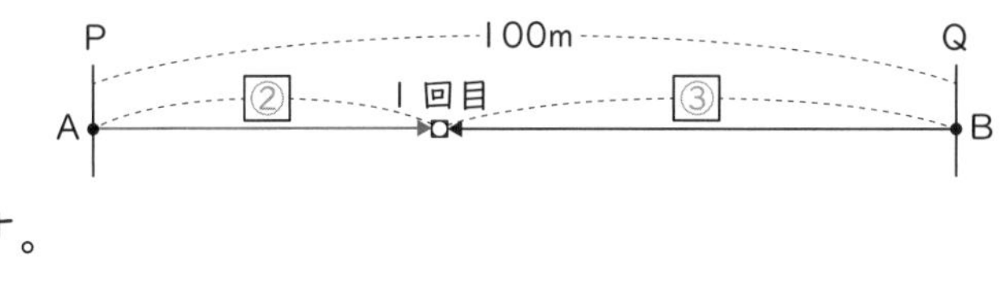

答え　40　m

（2）（1）でわかったことを線分図に整理し直します。

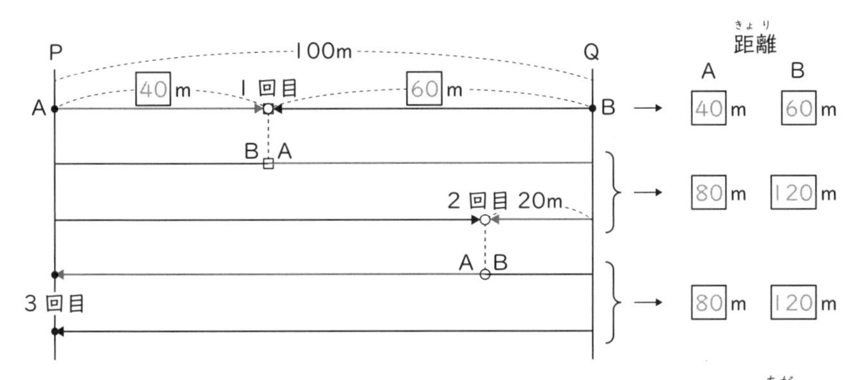

上の図より、Ａは出発して40m歩くと１回目にＢとすれ違い、その後は80m歩くごとにＢとすれ違います。

ですからＡは７回目に出会うまでに、

$40\,\text{m} + 80\,\text{m} \times (7 - 1) = 520\,\text{m}$

歩きます。

$520\,\text{m} \div 100\,\text{m} = 5$ あまり $20\,\text{m}$

２人が７回目に出会う地点は Q 地点から 20 mの地点です。

$100\,\text{m} - 20\,\text{m} = 80\,\text{m}$

答え　80　m

異所出発のＮ回目の出会いの「魔法ワザ」

	出発〜１回目	１回目〜２回目	２回目〜３回目	３回目〜４回目	…
２人の距離の和（比）	1	2	2	2	…
合計	1	3	5	7	…

２人が向かい合って進み始めると、２回目以降は２人合わせて１往復進むごとに出会いますから、出発してからの距離（合計）は、1：3：5：7：…のように「奇数列」となります。

合否を分ける
練習問題 11-1

AとBはそれぞれ一定の速さで歩き、50m離れたP地点とQ地点の間を何度も往復します。2人がP地点を同時に出発したところ、Aが先にQ地点を折り返し、Q地点から10m離れたところでBとすれ違いました。また、2回目にすれ違ったのは、出発してから2分後でした。次の問いに答えなさい。

(1) AとBの歩く速さはそれぞれ分速何mですか。

答え A 分速 m、B 分速 m

(2) 初めて2人が同時にP地点に着くのは、出発してから何分後ですか。

答え 分後

(参考問題 check! 中央大学附属横浜中学校)

合否を分ける
練習問題 11-2

AB間の距離は1200mです。兄は7時にAを出発してBに向かい、弟は7時にBを出発してAに向かいます。2人ともAとBに着いたときは必ず休み、AB間を何度も往復します。兄と弟の速さはそれぞれ毎分80m、毎分60m、休む時間はそれぞれ10分、5分です。次の問いに答えなさい。

(1) 2回目に2人が出会う時刻は何時何分ですか。

答え 時 分

(2) 3回目に2人が出会う時刻は何時何分ですか。

答え 時 分

(参考問題 check! 世田谷学園中学校)

解答・解説

合否を分ける 練習問題 11-1　答え　(1)　A　分速 60m、B　分速 40m　(2)　5 分後

(1)　問題の条件を線分図に整理します。

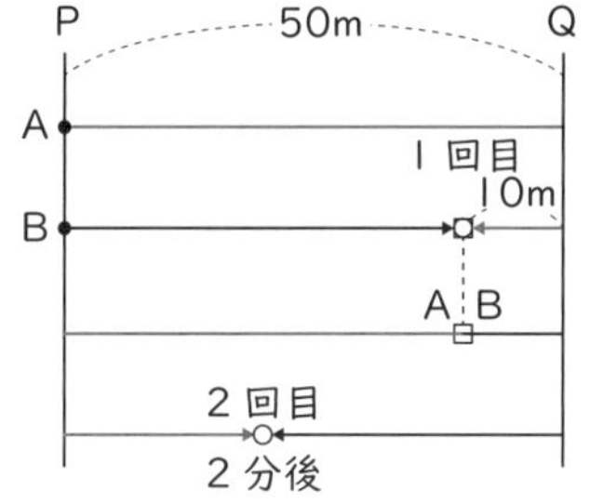

右の図より、出発してから 1 回目に出会うまでに歩く距離は、

50m＋10m＝60m　…　A

50m－10m＝40m　…　B

です。

また、出発してから 1 回目に出会うまでに 2 人が歩く距離の和と 1 回目に出会ってから 2 回目に出会うまでに 2 人が歩く距離の和はどちらも 100m で同じですから、出発してから 1 回目に 2 人が出会うまでの時間は

2 分÷2＝1 分

です。

60m÷1 分＝60m/分　…　A

40m÷1 分＝40m/分　…　B

2 人が同じ地点から進み始めると、2 人合わせて 1 往復進むごとに出会いますから、出発してからの距離（合計）は、1：2：3：4：…のように「整数列」となります。

(2)　100m÷60m/分＝$\frac{5}{3}$分　…　A は 100 秒ごとに P 地点に着く

100m÷40m/分＝$\frac{5}{2}$分　…　B は 150 秒ごとに P 地点に着く

100 秒と 150 秒の最小公倍数は 300 秒＝ 5 分

合否を分ける 練習問題 11-2　答え　(1)　7 時 33$\frac{4}{7}$分　(2)　7 時 58$\frac{4}{7}$分

(1)　問題の条件をダイヤグラムに整理します。

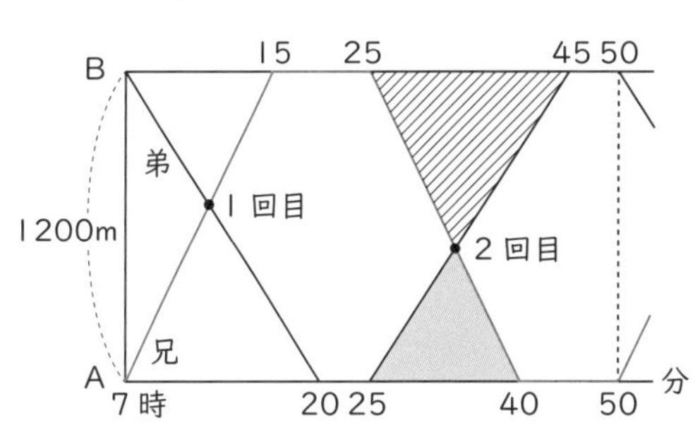

1200m÷80m/分＝ 15 分

…　兄が片道にかかる時間

1200m÷60m/分＝ 20 分

…　弟が片道にかかる時間

右のグラフの中の色のついた三角形と斜線の三角形の相似比は、

(40 分－25 分)：(45 分－25 分)＝ 3：4

なので、2 回目に出会う時刻は、

7 時 25 分＋20 分×$\frac{3}{7}$＝7 時 33$\frac{4}{7}$分

「休憩」がありますので、線分図よりも 1 周期分のダイヤグラムをかいて整理する方がわかりやすいでしょう。

(2)　(1) のグラフより、1 周期が 50 分とわかります。

20 分：15 分＝ 4：3　…　「1 回目の出会い」の三角形の相似比

7 時 50 分＋15 分×$\frac{4}{7}$＝ 7 時 58$\frac{4}{7}$分

12 点の移動と旅人算 ～「同じ頂点に集合」「同じ辺上を歩く」～

合否を分ける例題 12 正方形ABCDの辺の上を3点P、Q、Rがそれぞれ一定の速さで動きます。点Pは、Aを出発して、A→B→C→D→Aの順に1周60秒で回り続けます。点Qは、Bを出発して、B→C→D→A→Bの順に1周180秒で回り続けます。点Rは、Cを出発して、C→B→A→D→Cの順に1周90秒で回り続けます。3点は同時に出発してから360秒間動きます。次の問いに答えなさい。

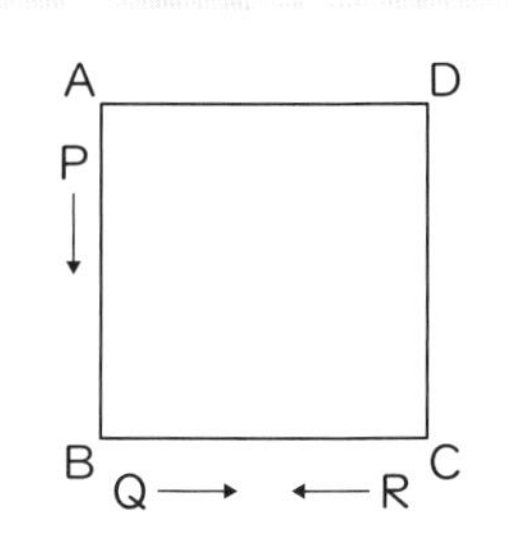

(1) 点Pが点Qに初めて追いつくのは、出発してから何秒後ですか。

(2) 3点すべてが正方形の同じ辺の上（頂点を含みます）にある時間は合わせて何秒間ですか。

参考問題 check!　四天王寺中学校

💡：正方形の周りの長さを仮定すると考えやすくなります。

考え方と答え

(1) 1周の長さを60秒、180秒、90秒の［最小公倍数］の［180］cmと仮定します。

［180］cm÷［60］秒＝［3］cm/秒　…　点Pの速さ

［180］cm÷［180］秒＝［1］cm/秒　…　点Qの速さ

［180］cm÷［4］＝［45］cm　…　1辺の長さ

点Pは点Qの 45 cm後ろから追いかけるので

45 cm÷(3 cm/秒－ 1 cm/秒)＝ 22.5 秒

答え 22.5 秒後

(2) 180 cm÷ 90 秒＝ 2 cm/秒

… 点Rの速さ

3点の動きをグラフに整理します。

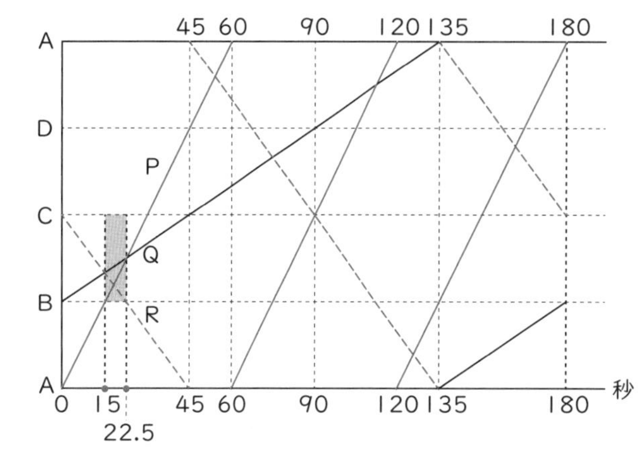

右のグラフの灰色の部分のときだけ、次のように3点が同一辺上にあることがわかります。

45 cm÷ 3 cm/秒＝ 15 秒 … 15秒後に点Pは頂点Bにある

45 cm÷ 2 cm/秒＝ 22.5 秒 … 22.5秒後に点Rは頂点Bにある

3 cm/秒× 22.5 秒＝ 67.5 cm … 22.5秒後に点Pは辺BC上にある

1 cm/秒× 22.5 秒＝ 22.5 cm … 22.5秒後に点Qは辺BC上にある

ですから3点が辺BC上にある灰色の部分の時間は、

22.5 秒－ 15 秒＝ 7.5 秒間

です。

3つの点は 180 秒ごとに同じ動きをくり返すので、360秒間に

7.5 秒間× 2 ＝ 15 秒間

3点が同一辺上にあります。

答え 15 秒間

周回運動の「魔法ワザ」

点の動きをダイヤグラムに整理すると考えやすくなります。

合否を分ける
練習問題 12-1

1辺の長さが2cmの正方形ABCDがあり、4つの点P、Q、R、Sは、それぞれ頂点A、B、C、Dを同時に出発して、それぞれ秒速1cm、秒速2cm、秒速3cm、秒速4cmの速さで周上を反時計回りに動きます。4つの点が3回目に同じ頂点に集まるのは、出発してから何秒後ですか。

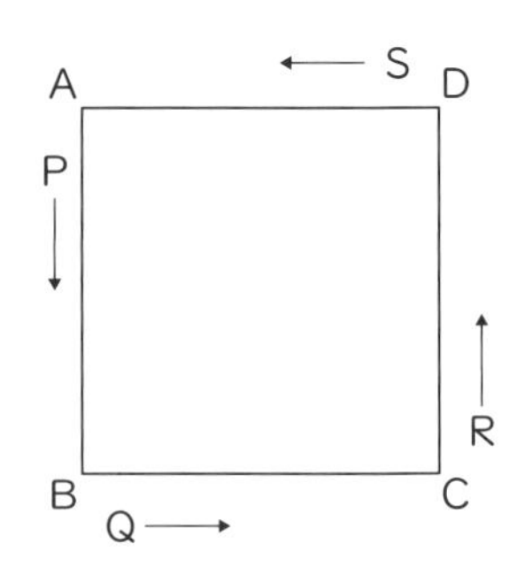

答え　　　秒後

（参考問題 check!　青山学院中等部）

合否を分ける
練習問題 12-2

右の図のように、2つの正三角形を合わせた形の道路があります。兄は正三角形ABCの辺の上を時計回りに歩き、弟は正三角形ADCの辺の上を反時計回りに歩きます。ある日、兄と弟はA地点を同時に出発し、それぞれ一定の速さで歩き続けました。すると、兄がちょうど2周してA地点に着いたときに、弟は2周目でC地点に着き、その1分後に弟は出発してからちょうど2周してA地点に着きました。次の問いに答えなさい。

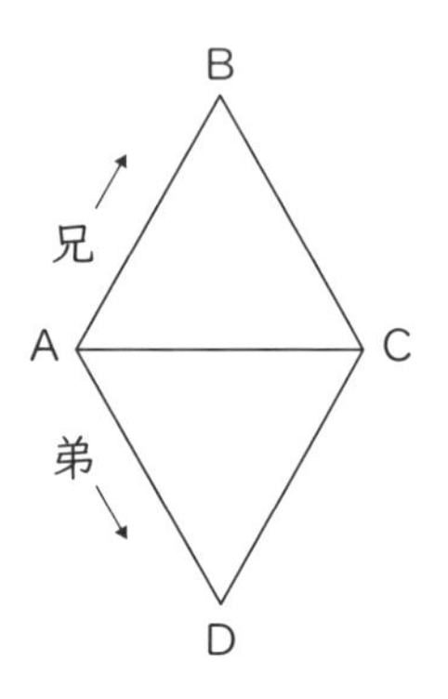

(1)　兄と弟との歩く速さの比を最も簡単な整数の比で答えなさい。

答え　　：

(2)　出発してから2人が初めて同時にA地点に着くのは出発してから何分後ですか。

答え　　　分後

(3)　1周目に2人ともが辺AC上を歩いているのは何秒間ですか。

答え　　　秒間

（参考問題 check!　洛星中学校）

解答・解説

合否を分ける 練習問題 12-1　答え　22 秒後

点 P は 2 秒ごと、点 Q は 1 秒ごと、点 R は $\frac{2}{3}$秒ごと、点 S は $\frac{1}{2}$秒ごとに、正方形の頂点にありますから、4 つの点が正方形の頂点にあるのは最小公倍数の 2 秒ごとです。
そこで 4 つの点が 2 秒ごとにある頂点を調べます。

	0 秒後	2 秒後	4 秒後	6 秒後	8 秒後	…
点 P	頂点 A	頂点 B	頂点 C	頂点 D	頂点 A	…
点 Q	頂点 B	頂点 D	頂点 B	頂点 D	頂点 B	…
点 R	頂点 C	頂点 B	頂点 A	頂点 D	頂点 C	…
点 S	頂点 D	頂点 D	頂点 D	頂点 D	頂点 D	…

上の表から、1 周期が 8 秒で、4 つの点が同じ頂点に集まる
1 回目は 6 秒後で、頂点 D にあることがわかります。
6 秒後 + 8 秒 ×(3 − 1)= 22 秒後

合否を分ける 練習問題 12-2　答え　(1)　6：5　　(2)　15 分後　　(3)　30 秒間

(1)　正三角形の 1 辺の長さを①m とすると、兄が⑥m 歩いたとき、弟は⑤m 歩いていることになります。
距離の比　兄：弟 = ⑥m：⑤m = 6：5　→　速さの比　兄：弟 = 6：5

(2)　兄と弟の速さの比が 6：5 ですから、2 人が 2 周するのにかかる時間の比は、
時間の比　兄：弟 = 5：6
差1 = 1 分　→　兄は 2 周に 5 分、弟は 6 分かかります。

5 分 ÷ 2 = $\frac{5}{2}$分　…　兄が 1 周する時間
6 分 ÷ 2 = 3 分　…　弟が 1 周する時間
$\frac{5}{2}$分と 3 分の最小公倍数は 15 分ですから、15 分後に 2 人が初めて同時に A 地点に着きます。

(3)　(2) より、兄は 1 辺を $\frac{5}{6}$分で、弟は 1 分で歩くことがわかります。

$\frac{5}{6}$分 × 2 = $\frac{5}{3}$分　→　兄が辺 AC 上を 1 周目に歩いているのは 1 分 40 秒後から 2 分 30 秒後まで

1 分 × 2 = 2 分　→　弟が辺 AC 上を 1 周目に歩いているのは 2 分後から 3 分後まで
ですから、1 周目に 2 人ともが辺 AC 上を歩いているのは、2 分後から 2 分 30 秒後までの 30 秒間です。

13 隔たりグラフ ～「ダイヤグラムへのかき換え」～

動画あります

合否を分ける例題 13 AとBが自転車でPQ間をそれぞれ一定の速さで往復します。AはPを出発して時速6kmでQに行き、Qで10分間休んでからPに戻ります。BはAより遅い速さで、AがPを出発するのと同時にQを出発し、Pで10分間休んでからQに戻ります。グラフは出発してからの時間と2人の間の距離との関係を表しています。次の問いに答えなさい。

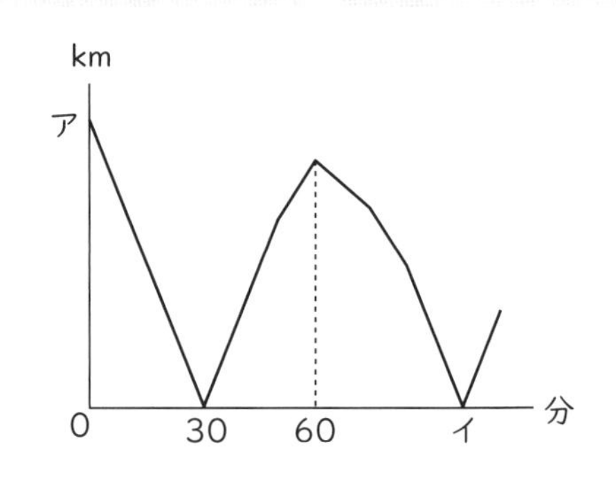

(1) グラフのアにあてはまる数を求めなさい。

(2) Bの速さは時速何kmですか。

(3) グラフのイにあてはまる数を求めなさい。

参考問題 check! 洗足学園中学校

：隔たりグラフが折れ曲がる理由を考えましょう。

考え方と答え

(1) 隔たりグラフが折れ曲がる理由を考えます。

あ … AがPを、BがQを出発する。

い … AとBが 出会う 。

う … A が Q に 着く 。

もし、AがQを出発するよりも、BがPに着く方が早ければ、2人ともが休んでいる時間ができますから、グラフに 水平 な部分ができるはずですが 水平 な部分はグラフにありませんから、AがQを出発する方が、BがPに着くよりも先です。

え … A が Q を 出発する 。

お … B が P に 着く 。

か … B が P を 出発する 。

き … AとBが 出会う 。

２人についてわかったことを通常(つうじょう)のダイヤグラムに整理します。右のグラフより、

Aは［50］分で［Q］に［着く］ことがわかります。

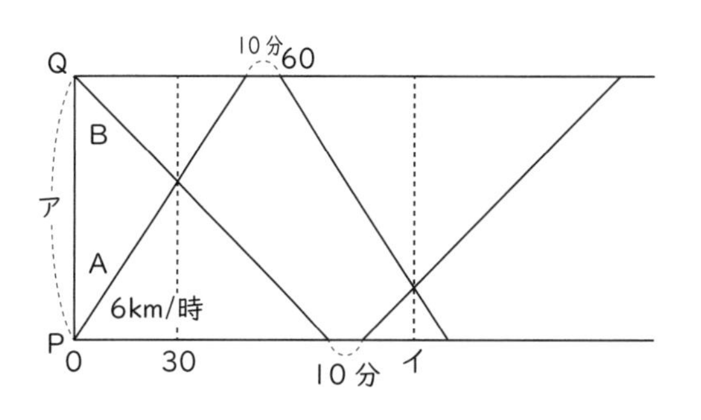

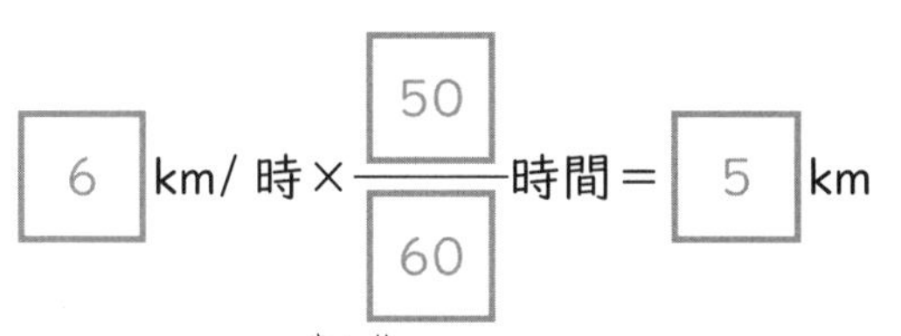

… PQ間の距離(きょり)＝ア

答え　5

(2)　上のグラフより、AとBは出発して［30］分後に初(はじ)めて［出会う］ことがわかります。

$\boxed{5}$ km ÷ $\dfrac{\boxed{30}}{\boxed{60}}$ 時間 ＝ $\boxed{10}$ km/時　…　AとBの速さの［和］

$\boxed{10}$ km/時 － $\boxed{6}$ km/時 ＝ $\boxed{4}$ km/時

答え　時速　4　km

(3)　$\boxed{5}$ km ÷ $\boxed{4}$ km/時 ＝ $\dfrac{\boxed{5}}{\boxed{4}}$ 時間 ＝ $\boxed{75}$ 分

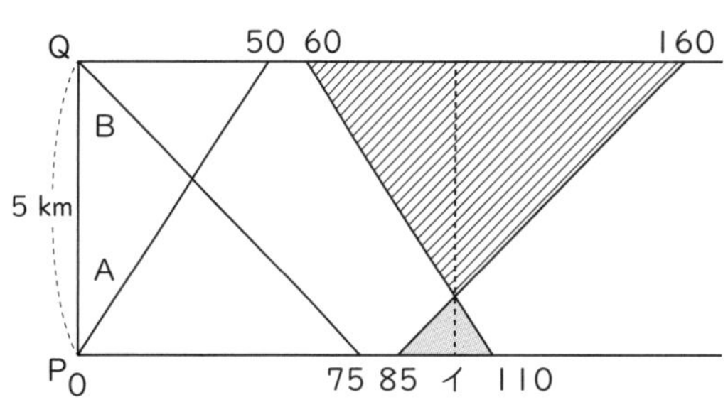

BがQからPにかかる時間が［75］分とわかりましたので、グラフにかき加(くわ)えます。

右のグラフより、色のついた三角形と斜線(しゃせん)の三角形の相似比(そうじひ)は［25］分：［100］分

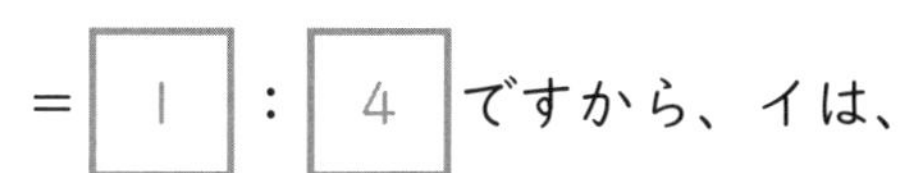

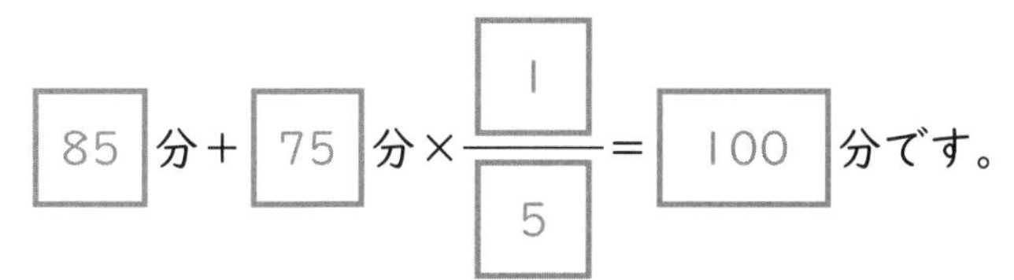

答え　100

隔(へだ)たりグラフの「魔法(まほう)ワザ」

隔(へだ)たりを表すグラフを通常(つうじょう)のダイヤグラムにかき換(か)えると考えやすくなります。

合否を分ける
練習問題 **13-1**

一定の速さで走る2台の車A、Bが、それぞれ地点P、Qを同時に出発してPQ間を1往復しました。右のグラフは、2台が出発してからの時間と2台の間の距離の関係を表しています。グラフのア～ウにあてはまる数を求めなさい。

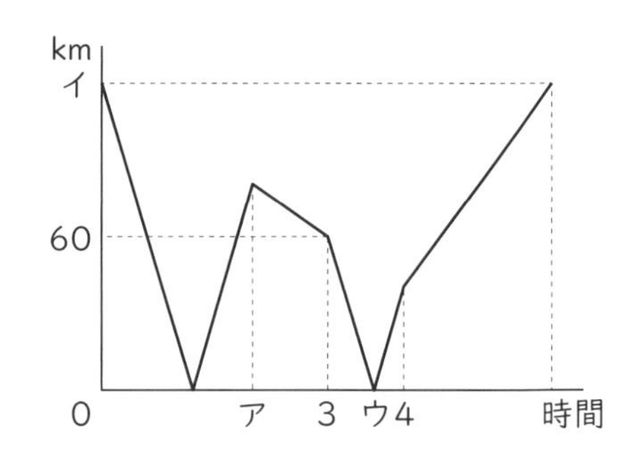

答え　ア　　　　、イ　　　　、ウ

（参考問題 check!　中央大学附属中学校）

合否を分ける
練習問題 **13-2**

中学校と小学校が直線道路に面しています。太郎くんの家は、その間の同じ道路沿いにあります。ある朝、太郎くんの弟が家を出て歩いて小学校に向かいました。太郎くんは弟がお弁当を忘れていることに気付き、走って弟を追いかけました。弟にお弁当を渡してから家の前までは歩き、家の前からは走って中学校に向かいました。右のグラフは、弟が家を出てから太郎くんが中学校に着くまでの時間と、2人の間の距離の関係を表したものです。ただし、お弁当を渡す時間は考えず、2人が歩く速さと太郎くんの走る速さはそれぞれいつも一定とします。次の問いに答えなさい。

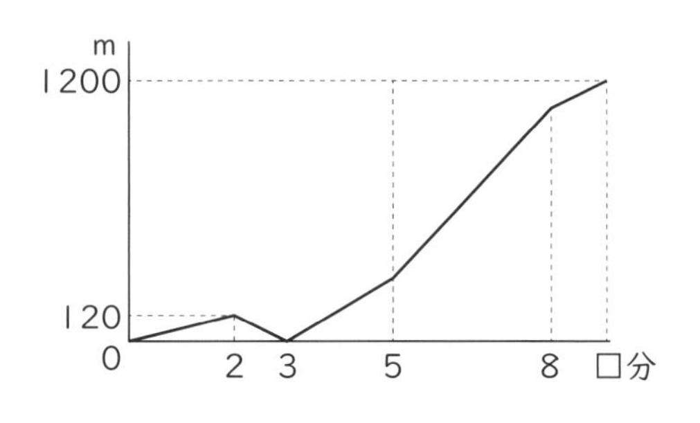

（1）　太郎くんの歩く速さは分速何mですか。

答え　分速　　　　m

（2）　グラフの□にあてはまる数を求めなさい。

答え

（参考問題 check!　東洋英和女学院中学部）

解答・解説

合否を分ける 練習問題 13-1　答え　ア　2、イ　120、ウ　3.6

仮に、Aの方がBよりも速いとして隔たりグラフを読み取り、通常のダイヤグラムにかき換えます。

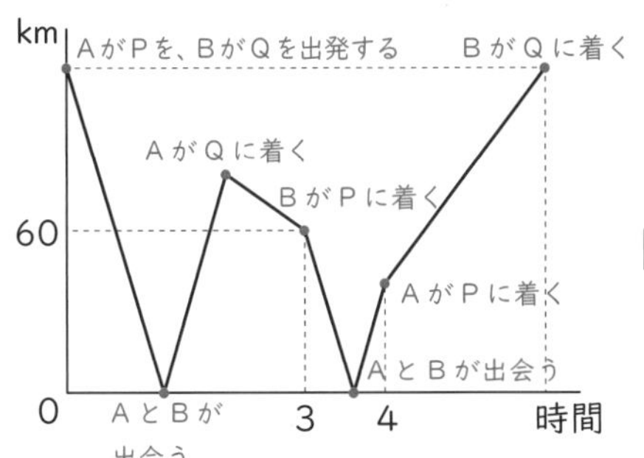

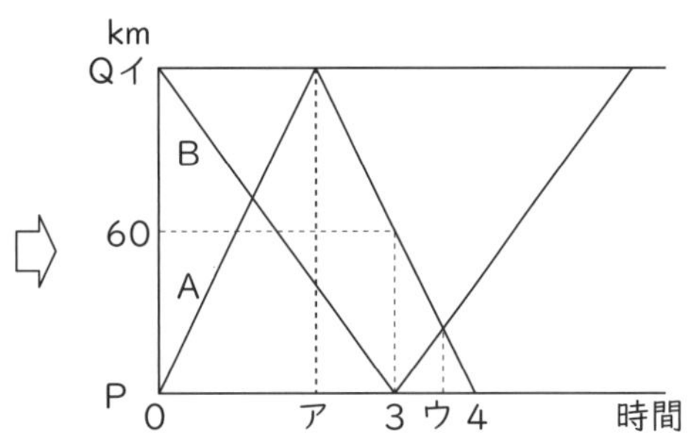

右上のグラフより、Aは4時間でPQ間を1往復していますので、

4時間÷2＝2時間　→　ア＝2

とわかり、さらに3時間後のAの位置はPQ間の真ん中ということもわかりますから、

60kmはPQ間の$\frac{1}{2}$の距離です。

60km÷$\frac{1}{2}$＝120km　→　イ＝120

また、Aは2時間、Bは3時間で120kmを進みますから、それぞれの速さは、Aが60km/時、Bが40km/時です。

A、Bが出発してから2回目に出会うまでの時間がウなので、

120km×3÷（60km/時＋40km/時）＝3.6時間　→　ウ＝3.6

です。

ダイヤグラムの中の「相似」や「等高三角形」を利用してもウを求めることができます。

合否を分ける 練習問題 13-2　答え　(1)　分速90m　(2)　9

位置関係とそれぞれが学校に着く順序に気をつけて、隔たりグラフを通常のダイヤグラムにかき換えます。

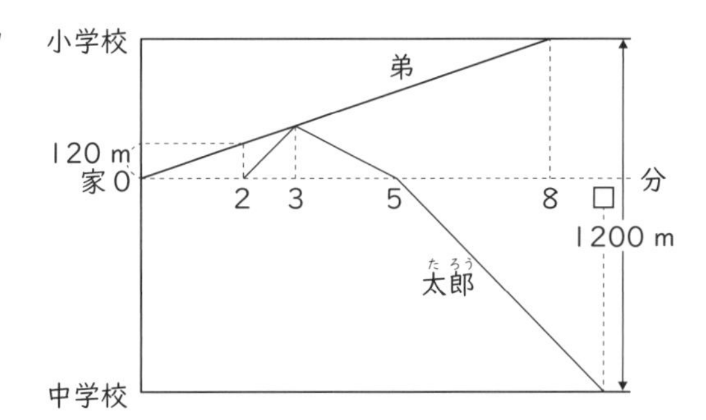

(1)　120m÷2分＝60m/分　…　弟が歩く速さ

120m÷(3分－2分)＝120m/分

…　太郎くんと弟の速さの差

60m/分＋120m/分＝180m/分

…　太郎くんが走る速さ

180m/分×1分÷(5分－3分)＝90m/分

…　太郎くんが歩く速さ

(2)　1200m－60m/分×8分＝720m

…　家から中学校までの距離

5分＋720m÷180m/分＝9分　→　□＝9

(1)　120m×$\frac{3}{2}$÷(5分－3分)＝90m/分　という求め方もあります。

14 流水算 ～「エンジン停止」「かたつむり算」～

合否を分ける例題14 ３つの連絡船Ａ、Ｂ、Ｃがあり、静水での速さの比は12：7：3です。川の上流Ｐ地点から45km離れた下流Ｑ地点まで下るのに、連絡船Ａでは２時間、連絡船Ｃでは５時間かかります。太郎くんは連絡船Ａで、次郎くんは連絡船Ｂで、Ｐ地点から同時にＱ地点へ出発しました。途中のＲ地点で太郎くんが連絡船Ｃに乗り換えたので、２人は同時にＱ地点に着きました。次の問いに答えなさい。ただし、乗り換えにかかる時間は考えないものとします。

(1) 川の流れの速さは時速何kmですか。

(2) ２人がＰ地点からＱ地点まで下るのにかかった時間は何時間ですか。

(3) Ｐ地点とＲ地点は何km離れていますか。

参考問題check!　六甲学院中学校

：下りにかかる時間のわかっている連絡船Ａと連絡船Ｃに着目しましょう。

考え方と答え

(1) 45 km÷ 2 時間＝ 22.5 km/時 … Aの下りの速さ＝ ⑫ ＋ 流速

45 km÷ 5 時間＝ 9 km/時 … Cの下りの速さ＝ ③ ＋ 流速

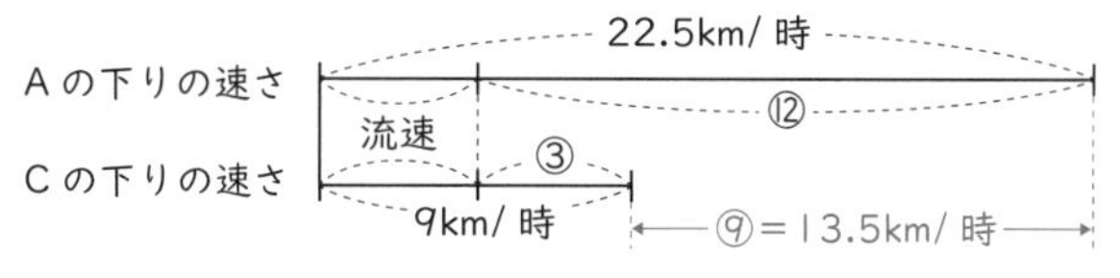

⑫ － ③ ＝ 22.5 km/時－ 9 km/時 → ① ＝ 1.5 km/時

9 km/時－ 1.5 km/時×3＝ 4.5 km/時 … 流速

答え　時速　4.5　km

(2) 1.5 km/時×7＋ 4.5 km/時＝ 15 km/時 … Bの下りの速さ

45 km÷ 15 km/時＝ 3 時間

答え　3　時間

(3) 2人が川を下る様子をダイヤグラムに整理します。
右のグラフで、灰色の三角形と赤い線の三角形は 相似 なので、ア：イ＝ 2 ： 1 です。

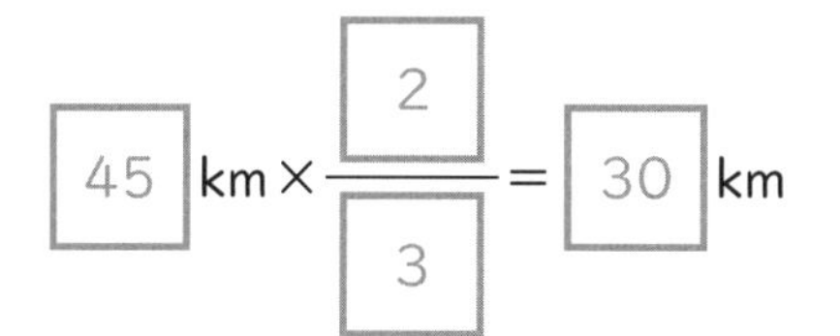

$$45\text{ km}\times\frac{2}{3}=30\text{ km}$$

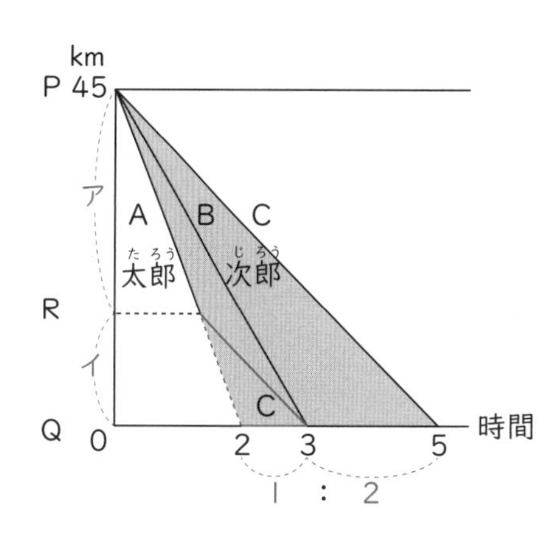

答え　30　km

流水算の「魔法ワザ」

流水算は、上りの速さ、下りの速さ、静水時の速さ、流速を線分図に表すと、関係がわかりやすくなります。

合否を分ける 練習問題 14-1

ある船が川の下流のＰ地から上流のＱ地に行きました。はじめ、静水上での速さを分速200mにして進みましたが、途中で船のエンジンが４分間止まったので下流に160m流されました。再びエンジンが動いてからは静水上での速さを分速280mにして進んだところ、はじめの速さで進み続けた場合と同じ時間でＱ地に着くことができました。次の問いに答えなさい。

(1)　川の流れる速さは分速何mですか。

答え　分速　　　m

(2)　エンジンが止まったのは、Ｑ地まであと何mの地点ですか。

答え　　　m

（参考問題 check!　桐朋中学校）

合否を分ける 練習問題 14-2

川の下流のＡ町から8000m離れた上流のＢ町までボートをこいで上ります。10分間こいで２分間休むことをくり返すと、12分後にこのボートはＡ町から1520m離れた地点にいました。静水でボートをこぐ速さは、川の流れの速さの５倍です。川の流れの速さは一定であるものとして、次の問いに答えなさい。

(1)　このボートを静水でこぐ速さは分速何mですか。

答え　分速　　　m

(2)　Ｂ町に到着したのはＡ町を出発してから何分後ですか。

答え　　　分後

（参考問題 check!　東京農業大学第一高等学校中等部）

解答・解説

合否を分ける 練習問題 14-1　答え　(1)　分速 40m　　(2)　2240m

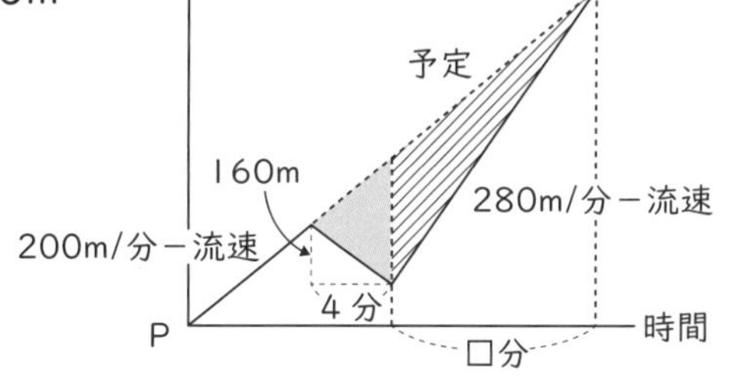

(1)　160m÷4分＝40m/分

(2)　船の動きをダイヤグラムに表します。

右のグラフの中にある「琵琶湖型」三角形に着目します。色のついた三角形と斜線の三角形の速さの比

(200m/分－40m/分)＋40m/分：(280m/分－40m/分)－(200m/分－40m/分)＝5：2

↓

色のついた三角形と斜線の三角形の時間の比　4分：□分＝2：5　→　□＝10

ですから、エンジンが止まった地点からQ地まで予定では4分＋10分＝14分かかるとわかります。

(200m/分－40m/分)×14分＝2240m

合否を分ける 練習問題 14-2　答え　(1)　分速 200m　　(2)　62.5 分後

(1)　上りの速さ：川の流れの速さ＝(5－1)：1＝4：1

上る時間：休む時間(＝下流に向かって流される時間)＝10分：2分＝5：1

↓

上る距離：下流に流される距離＝4×5：1×1＝⑳：①　なので、

⑳－①＝1520m　→　①＝80m

80m÷2分＝40m/分　…　川の流れの速さ

40m/分×5＝200m/分

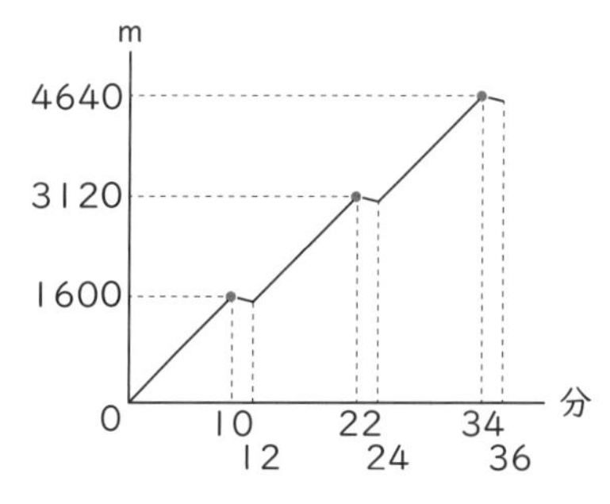

(2)　ボートの動きをグラフに表します。グラフの「山（赤点）」は、10分後の1600mから、12分ごとに

(200m/分－40m/分)×10分－40m/分×2分＝1520m

ずつ増えていくので、

(8000m－1600m)÷1520m＝4周期あまり320m　より、

10分＋12分×4周期＝58分後　に、

1600m＋1520m×4周期＝7680m上って、B町まであと320mの地点にいます。

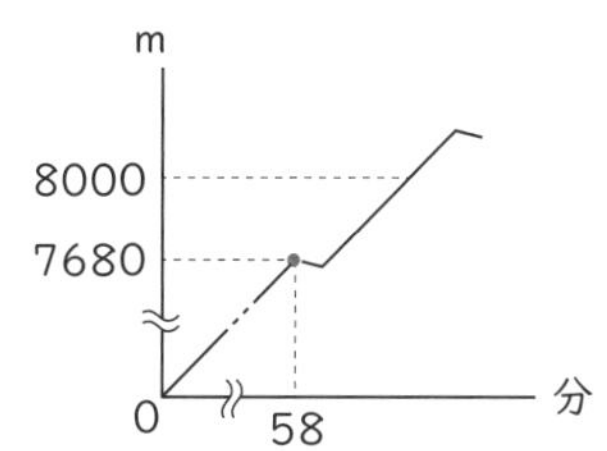

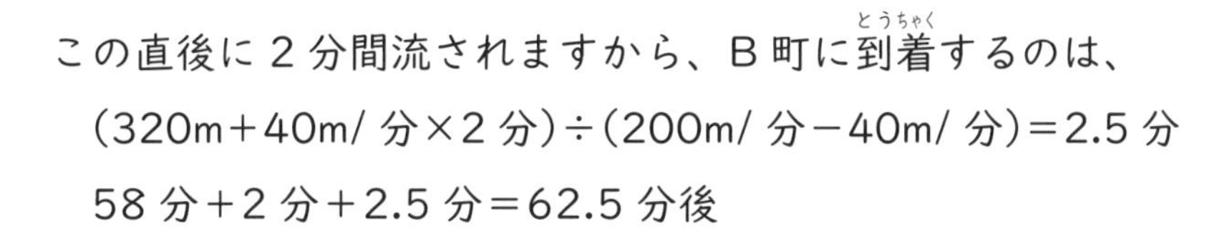

この直後に2分間流されますから、B町に到着するのは、

(320m＋40m/分×2分)÷(200m/分－40m/分)＝2.5分

58分＋2分＋2.5分＝62.5分後

(2)　かたつむり算は、グラフの「山」に着目しましょう。

Chapter 4

文章題

（モニターのアイコン）がついているテーマには、動画を用意しています。

15 倍数算・相当算 ～「整数条件」「2つのもとにする量」～

合否を分ける例題15 ある店でA、B、C3種類の商品を売っています。A5個、B6個、C10個の値段が同じです。次の問いに答えなさい。

(1) ある日、A、B、Cの商品それぞれ1個につき20円ずつ値引きをしたので、A9個とB11個の値段が同じになりました。この日のC1個の値段はいくらですか。

(2) 次の日、さらにそれぞれ1個につき同じ金額ずつ値下げをしたので、B6個とC11個の値段が同じになりました。この日値引きした金額は何円ですか。

参考問題check! 愛光中学校

：同じ金額を値引きしても、値引き前と変わらないものがあります。

考え方と答え

(1) A5個、B6個、C10個の値段が同じなので、個数の 最小公倍数 を利用して

A × 5 個＝ B × 6 個＝ C × 10 個＝ 30

とすると、1個の値段の比は A：B：C＝ 6 ： 5 ： 3 です。

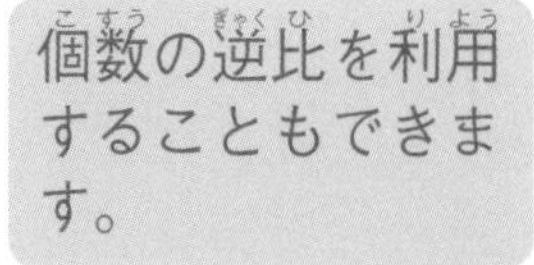

また、ある日はA9個とB11個の値段が同じなので、個数の［最小公倍数］を利用して

［A］×［9］個＝［B］×［11］個＝［99］

とすると、1個の値段の比は　A：B＝［11］：［9］です。

A、Bはどちらも同じ20円を値引きしているので、A1個とB1個のはじめの値段の差と値引き後の値段の［差］は［変わりません］。

従って、右のように整理することができますから、Aに着目すると、

［⑫］−［⑪］＝［20］円　→　［①］＝［20］円

ですから、ある日のC1個の値段は、

［20］円×［6］−［20］円＝［100］円

	A		B		C		AとBの差
はじめ	6	：	5	：	3	：	1
	‖		‖		‖		‖
	⑫		⑩		⑥		②
	−20円		−20円		−20円		
ある日	⑪	：	⑨			：	②

答え　100　円

(2)　［20］円×［9］＝［180］円　…　ある日のB1個の値段

次の日はB6個とC11個の値段が同じなので、［B］×［6］個＝［C］×［11］個　より、

個数の［逆比］を利用すると、1個の値段の比は　B：C＝［11］：［6］です。

B、Cはどちらも同じ金額を値引きしているので、B1個とC1個のある日の値段の差と次の日の値段の［差］は［変わりません］。

従って、右のように整理することができますから、

［⑤］＝［80］円　→　［①］＝［16］円

ですから、値引き額はCに着目すると、

［100］円−［16］円×［6］＝［4］円

	B		C		BとCの差
ある日	180円		100円		80円
	−○円		−○円		‖
次の日	⑪	：	⑥	：	⑤

答え　4　円

倍数算の「魔法ワザ」

同じ量だけ増えても（または減っても）差は変わりません。

合否を分ける 練習問題 15-1

ある動物センターにいるイヌとネコとウサギの数について、次のような関係があります。

・イヌとウサギの数の比は、2：1です。

・イヌの数の$\frac{1}{4}$とウサギの数の$\frac{1}{6}$を合わせると、ネコの数の$\frac{1}{4}$になります。

・ネコとウサギの数の合計は、イヌの数の2倍より6匹少なくなります。

次の問いに答えなさい。

(1)　イヌとネコとウサギの数の比を最も簡単な整数の比で表しなさい。

答え　　：　　：

(2)　イヌの数は何匹ですか。

答え　　匹

（参考問題 check!　山手学院中学校）

合否を分ける 練習問題 15-2

ある本を、1日目に全体の$\frac{1}{4}$より5ページ少なく読み、2日目に残りの$\frac{1}{5}$より12ページ多く読むと、112ページ残りました。次の問いに答えなさい。

(1)　2日目に読んだページ数は何ページですか。

答え　　ページ

(2)　この本は全部で何ページありますか。

答え　　ページ

（参考問題 check!　品川女子学院中等部）

解答・解説

合否を分ける 練習問題 15-1　答え　(1)　6：8：3　　(2)　36 匹

(1)「イヌの数の$\frac{1}{4}$とウサギの数の$\frac{1}{6}$」より、イヌの数は 4 の倍数、ウサギの数は 6 の倍数なので、イヌとウサギの数の比を、2×2×3：1×2×3＝⑫：⑥とすると、ネコの数の$\frac{1}{4}$は

⑫×$\frac{1}{4}$＋⑥×$\frac{1}{6}$＝④

と表せます。

④÷$\frac{1}{4}$＝⑯　…　ネコの数

イヌ：ネコ：ウサギ＝⑫：⑯：⑥＝6：8：3

イヌ：ウサギ＝2：1 のまま、ネコの数の$\frac{1}{4}$を 2×$\frac{1}{4}$＋1×$\frac{1}{6}$＝$\frac{2}{3}$として求めることもできます。

(2)　イヌの数＝[6]、ネコの数＝[8]、ウサギの数＝[3]とすると、

[8]＋[3]＝[6]×2－6 匹　→　[1]＝6 匹

なので、6 匹×6＝36 匹

合否を分ける 練習問題 15-2　答え　(1)　43 ページ　　(2)　200 ページ

(1)　問題の条件を線分図に整理します。

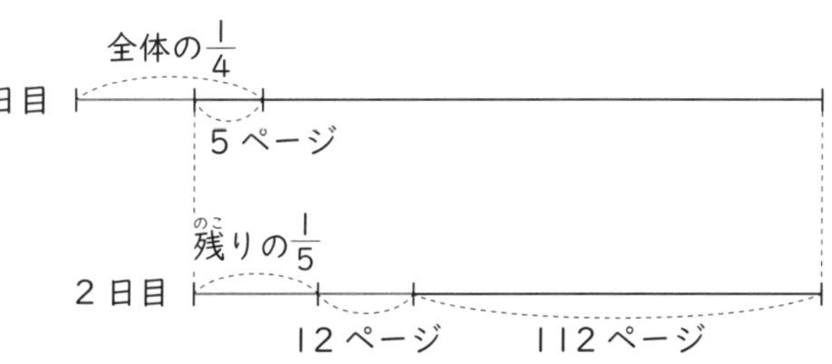

右の図の 2 日目に着目すると、1 日目に読んだ残りの$\frac{4}{5}$が 124 ページ数になることがわかります。

(12 ページ＋112 ページ)÷(1－$\frac{1}{5}$)＝155 ページ

…　1 日目に読んだ後の本の残り

155 ページ×$\frac{1}{5}$＋12 ページ＝43 ページ

1 日目の残り＝⑤として、①＋12 ページ＋112 ページ＝⑤として求めることもできます。

(2)　(1) でわかったことを線分図に整理します。

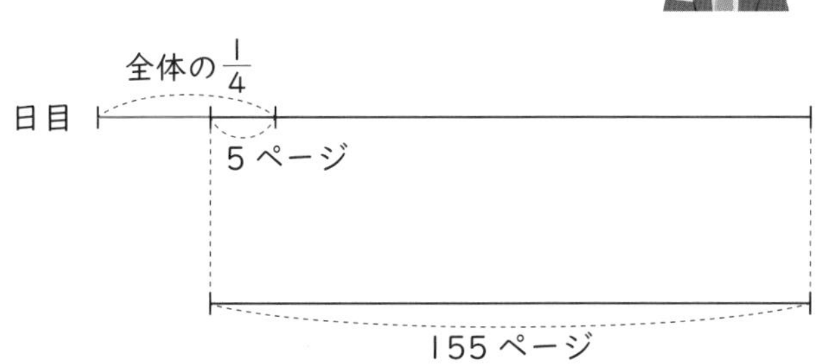

右の図の 1 日目に着目すると、全体の$\frac{3}{4}$が 150 ページにあたることがわかります。

(155 ページ－ 5 ページ)÷(1－$\frac{1}{4}$)＝200 ページ

16 ニュートン算 動画あります
～「＋つるかめ算」「＋消去算」～

合否を分ける例題16 ある池の水をポンプを使って水を全てくみ出します。この池には川から1分間につき40Lの水が流れ込みますが、池にはいつも一定量の水がたまるようになっています。また、2種類のポンプA、Bを使って池の水をくみ出す場合、次のことがわかっています。

ア）ポンプAだけを3台使うと5時間で池の水がなくなります。
イ）ポンプAだけを4台使うと3.5時間で池の水がなくなります。
ウ）ポンプBだけを6台使うと2時間で池の水がなくなります。

次の問いに答えなさい。

(1)　アの場合について、ポンプで池の水をくみ出し始めてから池の水が全てなくなるまでに、川から池に流れ込む水の量を求めなさい。

(2)　ポンプA、Bそれぞれ1台だけでくみ出すことのできる水の量は毎分何Lですか。

(3)　最初、ポンプAを3台使い、池の水をくみ出し始めました。途中からこの3台のポンプをポンプB6台にかえたところ、池の水を全てくみ出すのに2.5時間かかりました。ポンプA3台で水をくみ出した時間は何分間ですか。

参考問題 check!　逗子開成中学校

：「流れ込んだ水の量の合計＋池にたまっていた水の量＝ポンプがくみ出した水の量の合計」です。

考え方と答え

(1)「1分間に流れ込む水の量×空になるまでの時間＝流れ込んだ水の量の合計」です。

40 L/分×(60 分× 5 時間)＝ 12000 L

答え　12000　L

(2) (1)と同様にして、イの場合についても、ポンプで池の水をくみ出し始めてから池の水が全てなくなるまでに、川から池に流れ込む水の量を求めます。

[40] L/分×([60] 分×[3.5] 時間)＝[8400] L

ア、イの２つの場合について、次のような線分図に表します。

ポンプA３台が５時間にくみ出した水の量
ア
池にたまっていた水の量
５時間で流れ込んだ水の量 12000L
差
3.5 時間で流れ込んだ水の量 8400L
イ
ポンプA４台が 3.5 時間にくみ出した水の量

右の線分図の [差] に着目します。

ポンプA1台が１分間にくみ出す水の量を [①] L/分とすると、

[①] L/分×[3] 台×([60] 分×[5] 時間)−[①] L/分×[4] 台×([60] 分×[3.5] 時間)＝[12000] L−[8400] L

[①] L/分＝[60] L/分 … ポンプA1台が１分間にくみ出す水の量

[60] L/分×[3] 台×([60] 分×[5] 時間)−[12000] L＝[42000] L

… 池にたまっていた水の量

ウの場合についても線分図に表します。

池にたまっていた水の量 42000L
２時間で流れ込んだ水の量 4800L
ウ
ポンプB６台が２時間にくみ出した水の量

{[42000] L＋[40] L/分×([60] 分×[2] 時間)}÷[6] 台÷([60] 分×[2] 時間) ＝[65] L/分

… ポンプB1台が１分間にくみ出す水の量

A 毎分 60 L、B 毎分 65 L

(3) つるかめ算です。

{([65] L/分×[6] 台−[40] L/分)×([60] 分×[2.5] 時間)−[42000] L}÷([65] L/分×[6] 台−[60] L/分×[3] 台)＝[50] 分

答え 50 分間

ニュートン算の「魔法ワザ」

のべ量（合計）を用いるときは線分図に整理すると考えやすくなります。

合否を分ける 練習問題 16-1

960L の水が入る水そうに、給水管 1 本と 2 種類の排水管 A、B が何本かずつ取り付けられています。満水の状態から給水管と排水管 A10 本、B8 本を同時に開けると 4 分間で、給水管と排水管 A5 本、B6 本にすると 8 分間で、給水管と排水管 A5 本、B4 本にすると 12 分間で水そうは空になります。ただし給水管からは一定の割合で水が入り、どの排水管からも一定の割合で水が出ます。

(1) 排水管 A1 本と排水管 B1 本から 1 分間に出る水の量の比を、最も簡単な整数の比で表しなさい。

答え　　　：

(2) 満水の状態から給水管と排水管 A8 本、B3 本を同時に開けました。5 分後に何本かの排水管 A、B を閉じたところ、その 5 分後には 300L の水が残りました。はじめから 5 分後に閉じた排水管 A、B はそれぞれ何本ですか。

答え　A　　　　本、B　　　　本

（参考問題 check!　明治大学付属明治中学校）

合否を分ける 練習問題 16-2

今、満水になっている池があります。この池の水を、大きなポンプ 3 台と小さなポンプ 1 台を使ってくみ出すと 5 分で空になり、大きなポンプ 5 台と小さなポンプ 3 台を使うと 3 分で空になります。大きなポンプ 4 台と小さなポンプ 2 台を使うと何分で満水時の$\frac{1}{5}$になりますか。ただし、この池には一定の割合で水が流れ込んでいます。

答え　　　　分

（参考問題 check!　頌栄女子学院中学校）

解答・解説

合否を分ける 練習問題 16-1　答え　(1)　4：5　　(2)　A　4本、B　1本

(1)　問題の条件を「水そう解法」の図に整理し、1分間に減る水の量に着目します。

960L÷4分＝240L/分　…　A10本＋B8本－給水量

960L÷8分＝120L/分　…　A5本＋B6本－給水量

960L÷12分＝80L/分　…　A5本＋B4本－給水量

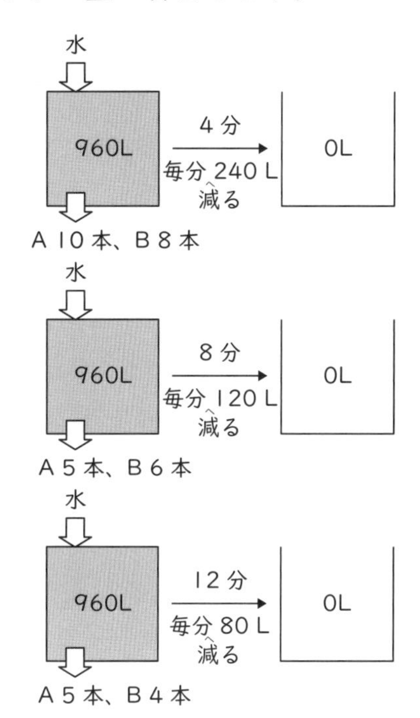

上から2つ目と3つ目の式よりB1本は、

(120L/分－80L/分)÷(B6本－B4本)＝20L/分

…　B1本

上から1つ目と3つ目の式より

240L/分－20L/分×B8本＝80L/分　…　A10本－給水量

80L/分－20L/分×B4本＝0L/分　…　A5本－給水量

とわかります。

80L/分÷(A10本－A5本)＝16L/分　…　A1本

16L/分：20L/分＝4：5

(2)　16L/分×A5本＝80L/分　…　給水量

960L－(16L/分×8本＋20L/分×3本－80L/分)×5分＝420L　…　5分後に残っている水の量

(420L－300L)÷5分＝24L/分　…　そのあと1分間に減る水の量

16L/分×A□本＋20L/分×B△本－80L/分＝24L/分なので、□＝4、△＝2です。

8本－4本＝4本　…　閉じたA　3本－2本＝1本　…　閉じたB

合否を分ける 練習問題 16-2　答え　3分

満水時の水の量を、空になるまでの時間5分と3分の最小公倍数の⑮として、1分間に減る池の水の量に着目します。

⑮÷5分＝③/分　…　ポンプ大3台と小1台がくみ出す水－流れ込む水

⑮÷3分＝⑤/分　…　ポンプ大5台と小3台がくみ出す水－流れ込む水

差に着目すると、

⑤/分－③/分＝②/分　…　ポンプ大2台と小2台がくみ出す水

②/分÷2＝①/分　…　ポンプ大1台と小1台がくみ出す水

③/分＋①/分＝④/分　…　ポンプ大4台と小2台がくみ出す水－流れ込む水

⑮×（$1-\frac{1}{5}$）÷④/分＝3分

「ポンプ大3台とポンプ小1台がくみ出す水－流れ込む水＝③/分」ですから、これにあとポンプ大1台とポンプ小1台が増えたときに1分間に減る水の量を求めます。

17 集合算・平均算 ～「平均の値段」「3円のベン図」～

合否を分ける例題17 あるクラスで行った算数のテストの結果を表にまとめました。テストは、問題１を正解すると10点、問題２を正解すると５点、問題３を正解すると５点の20点満点で、部分点はありませんでした。また、問題１を正解した人は25人、問題２を正解した人は19人でした。次の問いに答えなさい。

合計点	20点	15点	10点	5点
人数	5人	14人	9人	6人

(1)　問題２と問題３を正解した人は何人ですか。

(2)　問題３を正解した人は何人ですか。

参考問題 check!　青山学院中等部

：どの問題を正解すると何点になるかを表またはベン図に整理しましょう。

考え方と答え

(1)　どの問題を正解すると何点になるのかを表に整理します。

点数	20点	15点		10点		5点		0点	正解者
問題１（10点）	○	○	○	×	○	×	×	×	25人
問題２（5点）	○	○	×	○	×	○	×	×	19人
問題３（5点）	○	×	○	○	×	×	○	×	
人数	5人	14人		9人		6人			

次に、表の中の○に正解した人数を書き込みます。

点数	20点	15点		10点		5点		0点	正解者
問題１（10点）	5人	14人		×	○	×	×	×	25人
問題２（5点）	5人	○	×	○	×	○	×	×	19人
問題３（5点）	5人	×	○	○	×	×	○	×	
人数	5人	14人		9人		6人			

問題１に着目すると、

25人－（5人＋14人）＝6人 … 問題１だけを正解した10点の人数

9人－6人＝3人 … 問題２と３だけを正解した10点の人数

問題２と３を正解すると、20点または10点になりますから、

5人＋3人＝8人

… 問題２と３を正解した人数

答え　8　人

（2）（1）の結果を表に書き込みます。

点数	20点	15点		10点		5点		0点	正解者
問題１（10点）	5人	14人		×	6人	×	×	×	25人
問題２（5点）	5人	○ア	×	3人	×	○イ	×	×	19人
問題３（5点）	5人	×	○ウ	3人	×	×	○エ	×	
人数	5人	14人		9人		6人			

上の表より、

19人－（5人＋3人）＝11人 … ア＋イ

（14人＋6人）－11人＝9人 … ウ＋エ

問題３を正解すると、20点または15点または

10点または5点になりますから、

5人＋9人＋3人＝17人 … 問題３を正解した人数

答え　17　人

集合算の「魔法ワザ」

配点問題の集合算は、表またはベン図に整理すると考えやすくなります。

合否を分ける 練習問題 17-1

A商店ではあるお菓子を1個100円で売っています。同じお菓子をB商店では、20個までは1個120円、20個を超える分については1個85円で売っています。A商店よりもB商店で買う方が安くなるのは、何個以上買ったときですか。ただし、消費税は考えません。

答え　　　　個以上

（参考問題check!　星野学園中学校）

合否を分ける 練習問題 17-2

ある中学校で3つのスポーツの好き嫌いを調べると、野球が好きな人は103人、サッカーが好きな人は132人、野球とラグビーが好きな人は29人、野球とサッカーが好きな人は55人、野球だけが好きな人は40人、サッカーだけが好きな人は65人、ラグビーだけが好きな人は52人で、3つともが嫌いな人はいませんでした。次の問いに答えなさい。

（1）　野球とラグビーだけが好きな人は何人ですか。

答え　　　　人

（2）　この学校の中学生は何人ですか。

答え　　　　人

（参考問題check!　明治大学付属中野中学校）

解答・解説

合否を分ける 練習問題 17-1　答え　47個以上

問題の条件を面積図に整理します。

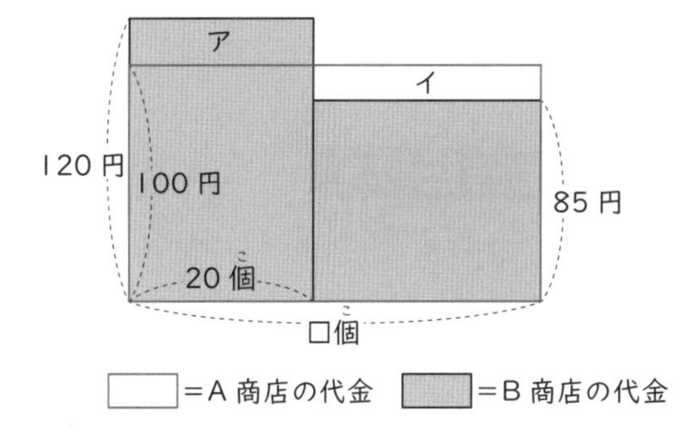

右の図で、ア＜イになればA商店よりもB商店で買う方が安くなります。

(120円－100円)×20個＝400円　…　ア

400円÷(100円－85円)＝26$\frac{2}{3}$個　…　イの横の長さ

20個＋27個＝47個

(別解)

B商店で買ったお菓子の平均の値段がA商店の値段よりも安くなればよいので、右のようなてんびん図に整理することができます。

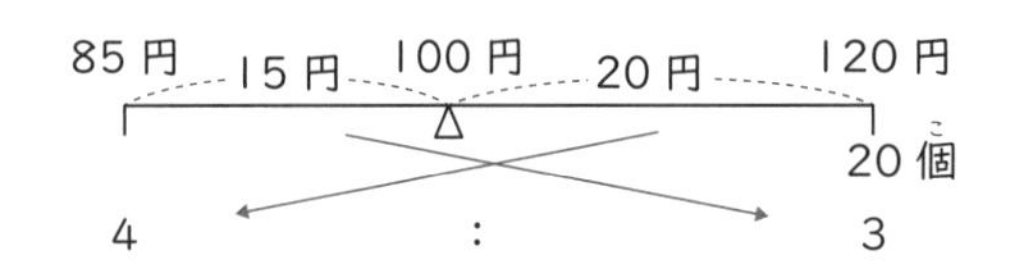

20個×$\frac{4+3}{3}$＝46$\frac{2}{3}$個　→　B商店で47個以上買うと平均の値段が100円より安くなります。

合否を分ける 練習問題 17-2　答え　(1)　8人　　(2)　232人

問題の条件をベン図に整理します。

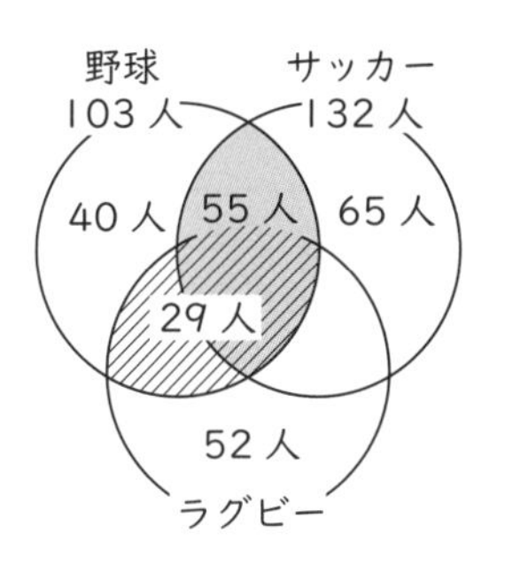

(1)　右のベン図のうち、野球に着目すると、野球とラグビーが好きな人29人と、野球とサッカーが好きな人55人には、野球もサッカーもラグビーも好きな人が含まれています。

40人＋29人＋55人－103人＝21人　…　3つともが好きな人

29人－21人＝8人

(2)　(1)でわかったことをベン図に書き込みます。

40人＋8人＋52人＋132人＝232人

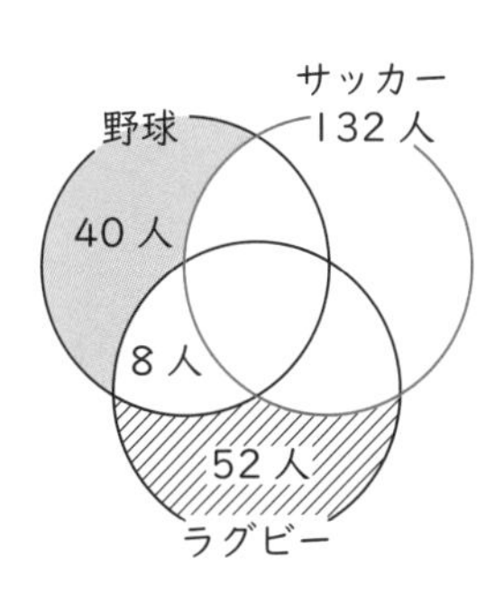

18 つるかめ算 ～「3種のつるかめ算」「＋和差算・差集め算」～

合否を分ける例題18 1個100円の材料Pと1個150円の材料Qを使って製品A、Bを作り、それぞれ1個1000円、1300円で売ります。製品A、Bを1個作るのに必要なそれぞれの材料の個数は下の表の通りです。

	材料P（100円）	材料Q（150円）	定価
製品A	4個	3個	1000円
製品B	3個	5個	1300円

また、材料は製品を作るのに必要な分だけ買うものとします。いま、材料費として8000円持っています。次の問いに答えなさい。

（1） 製品A、Bの1個あたりの利益はそれぞれ何円ですか。

（2） 利益が最大になるようにするには、製品Aと製品Bをそれぞれ何個ずつ作って売ればよいですか。

参考問題check! 鎌倉女学院中学校

：（2）は利益率（＝1個の利益÷1個の原価）で考える問題です。

考え方と答え

（1） 定価 － 原価 ＝ 利益 ですから、

100 円× 4 個＋ 150 円× 3 個＝ 850 円…製品Aの材料費（原価）

1000 円－ 850 円＝ 150 円…製品Aの利益

100 円× 3 個＋ 150 円× 5 個＝ 1050 円…製品Bの材料費（原価）

1300 円－ 1050 円＝ 250 円…製品Bの利益

答え A 150 円、B 250 円

(2) 総利益が最大になるのは、原価 1 円あたりの 利益 が高い製品をできるだけ多く売ったときです。

150 円÷ 850 円＝ 0.1… 円…製品Aの利益

250 円÷ 1050 円＝ 0.2… 円…製品Bの利益

ですから、製品Bをできるだけ多く作ればよいとわかります。

850 円×ア個＋ 1050 円×イ個＝ 8000 円

850、1050、8000は50の倍数なので、それぞれを50で割って数値を小さくしておきます。

17 円×ア個＋ 21 円×イ個＝ 160 円

イが最大になるときを求めると、

160 円÷ 21 円＝ 7 個あまり 13 円

なので、製品Bは最大7個まで作ることができ、そのとき製品Aは0個です。

ア＝0、　イ＝7　のとき

150 円× 0 個＋ 250 円× 7 個 ＝ 1750 円…製品Aが0個、製品Bが7個のときの総利益

製品Bを1個減らすと、 13 円＋ 21 円＝ 34 円余るので、

34 円÷ 17 円＝ 2 個　→　製品Aが2個作れる

ア＝2、　イ＝6　のとき

150 円× 2 個＋ 250 円× 6 個＝ 1800 円…製品Aが2個、製品Bが6個のときの総利益

答え　A　2　個、B　6　個

つるかめ算の「魔法ワザ」

答えが複数あるつるかめ算（不定方程式タイプ）は、数値を小さくしておくと答えが探しやすい。

合否を分ける 練習問題 18-1

A、B、Cは、的に矢を当てて、矢が当たった部分の数字が得点となるゲームをしました。ただし、的に当たらなければ0点です。次の問いに答えなさい。

2点
5点

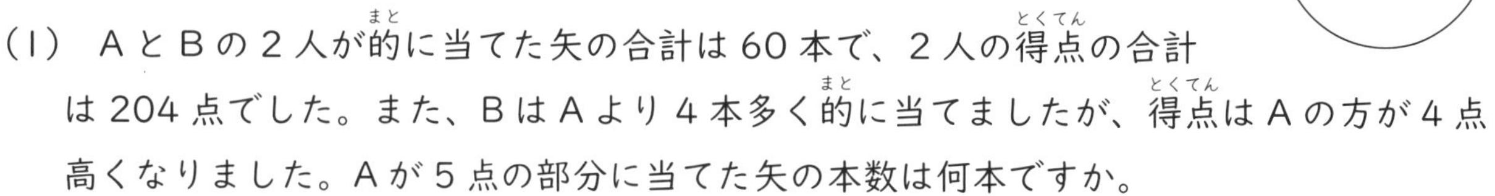

(1)　AとBの2人が的に当てた矢の合計は60本で、2人の得点の合計は204点でした。また、BはAより4本多く的に当てましたが、得点はAの方が4点高くなりました。Aが5点の部分に当てた矢の本数は何本ですか。

答え　　　　本

(2)　Cが放った矢の合計は40本で、得点は141点でした。また、5点の部分には2点の部分に当てた矢の本数より10本多く当てました。2点の部分に当てた矢の本数は何本ですか。

答え　　　　本

（参考問題 check!　六甲学院中学校）

合否を分ける 練習問題 18-2

AとBが石段でじゃんけんゲームをしています。1回のじゃんけんで、勝つと3段上がり、負けると2段下がり、あいこのときはそれぞれ1段上がります。AとBは同じ石段からスタートします。20回じゃんけんをして最初の位置よりAは15段、Bは10段上にいます。次の問いに答えなさい。

(1)　あいこの回数は何回ですか。

答え　　　　回

(2)　Aが勝った回数は、Bが勝った回数より何回多いですか。

答え　　　　回

(3)　Aが勝った回数は何回ですか。

答え　　　　回

（参考問題 check!　湘南白百合学園中学校）

解答・解説

合否を分ける練習問題 18-1　答え　(1)　16本　(2)　13本

(1)　(60本－4本)÷2＝28本　…　Aが的に当てた矢の本数

(204点＋4点)÷2＝104点　…　Aの得点

(104点－2点×28本)÷(5点－2点)＝16本

(2)

0点	30本	28本	26本	…	
2点	0本	1本	2本	…	
5点	10本	11本	12本		
得点	50点	57点	64点	…	141点

上の表のように、2点の部分に当てた矢の本数が1本増えるごとに、得点は7点ずつ増えますから、
(141点－50点)÷7点＝13

合否を分ける練習問題 18-2　答え　(1)　5回　(2)　1回　(3)　8回

(1)　勝負がついたときは3段－2段＝1段、あいこのときは1段＋1段＝2段、2人の段数の和が増えます。

{(15段＋10段)－1段×20回}÷(2段－1段)
＝5回

(2)　1回勝負がつくと、2人の段数には3段＋2段＝5段の差がつきます。

(15段－10段)÷5段＝1回

(3)　20回－5回＝15回　…　勝負がついた回数

(15回＋1回)÷2＝8回

Chapter 5

平面図形

🖵 がついているテーマには、動画を用意しています。

19 円の問題
～「円の問題の補助線」「図形の規則性」～

合否を分ける例題 19 半径 6cm の円の周上に、円周を 12 等分する点をとります。次の問いに答えなさい。(円周率は 3.14)

(1) 図 1 の灰色部分の面積の和は何 cm^2 ですか。

(2) 図 2 の灰色部分の面積の和は何 cm^2 ですか。

図 1

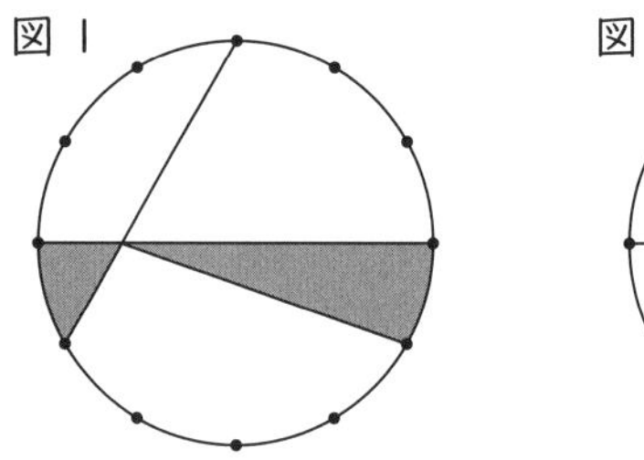

図 2

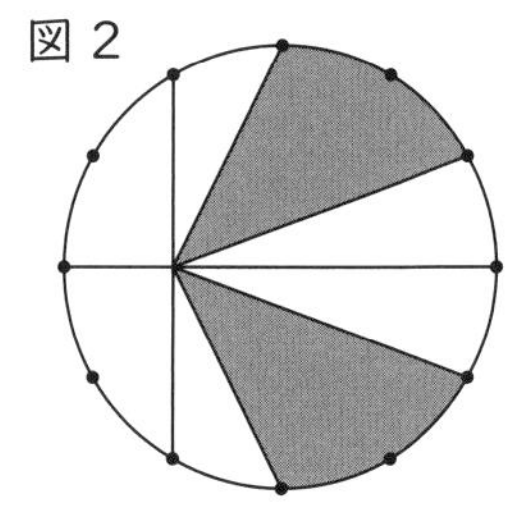

参考問題 check!　神戸女学院中学部

💡：円周上の点と円の中心を結んでみましょう。

考え方と答え

(1) [円] の問題の補助線は、[中心] と結ぶ [半径] です。

円周上の点 D と 円 の 中心 を結ぶと、右上の図のように AB と CD は 平行 ですから、三角形アを三角形イに 等積変形 することができます。

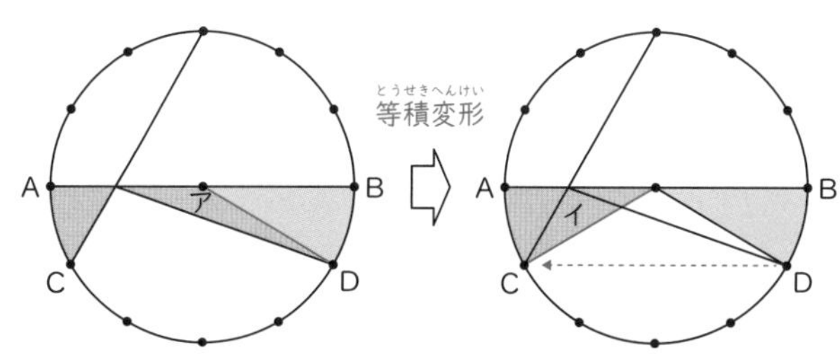

360 度÷ 12 = 30 度 … おうぎ形の中心角

$$6\text{cm}\times 6\text{cm}\times 3.14\times\frac{30\text{度}}{360\text{度}}\times 2 = 18.84\text{cm}^2$$

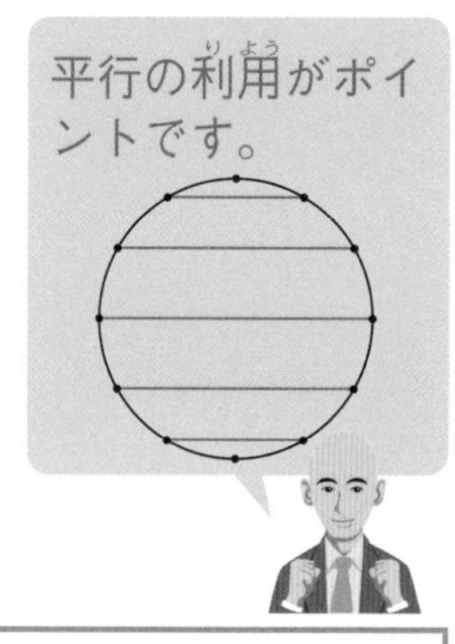

答え 18.84 cm^2

(2) 線対称 図形の補助線は、 対称 の 軸 です。

(1)と同様に円周上の点と 円 の 中心 を結ぶと、右の図のように、直角三角形（赤線）とおうぎ形（赤線）から、斜線の三角形を引けばよいことがわかります。

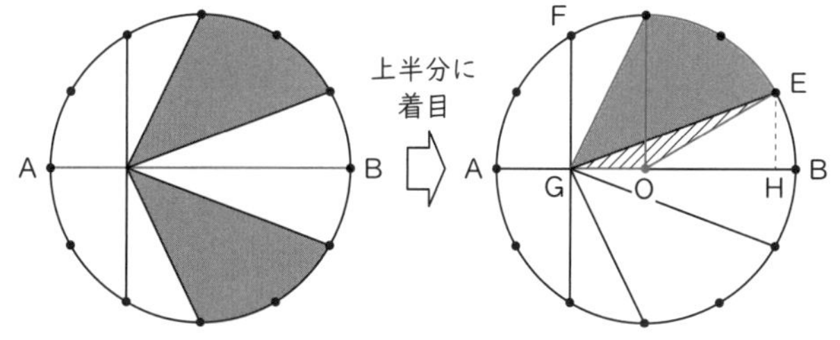

6 cm ÷ 2 = 3 cm … GO、EH の長さ

$$3\text{cm}\times 6\text{cm}\div 2 + 6\text{cm}\times 6\text{cm}\times 3.14\times\frac{60\text{度}}{360\text{度}} -$$

$$3\text{cm}\times 3\text{cm}\div 2 = 23.34\text{cm}^2$$ … 灰色部分の１つ分

$$23.34\text{cm}^2\times 2 = 46.68\text{cm}^2$$

答え 46.68 cm^2

円の問題の「魔法ワザ」

大原則　補助線は円の中心と結ぶ半径

魔法ワザ　正多角形は円に内接する
→ 平行が利用できる

正六角形は正三角形に分割できる → （右図）

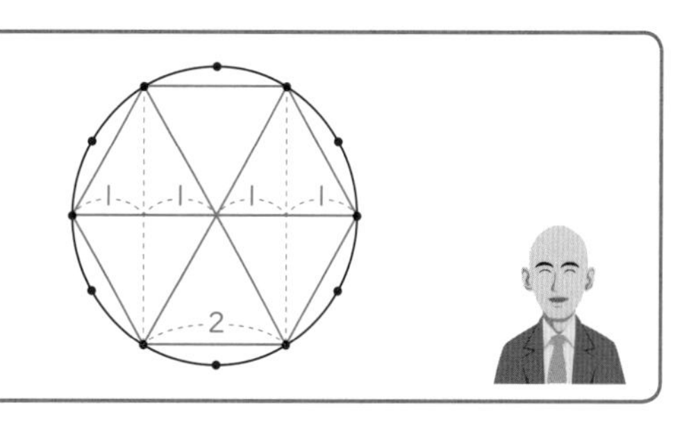

合否を分ける 練習問題 19-1

正三角形の各頂点を中心として、半径が 1cm の円を 3 つかきます。1 辺の長さが 1cm の正三角形の面積を 0.43cm^2 として、次の問いに答えなさい。(円周率は 3.14)

図 1

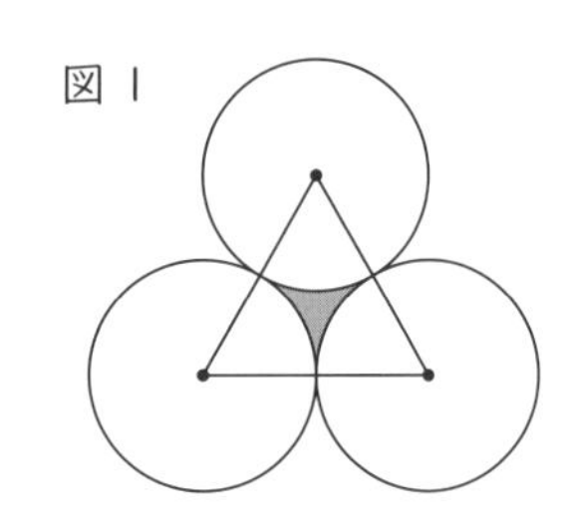

(1) 図 1 の正三角形の 1 辺の長さは 2cm です。灰色部分の面積は何 cm^2 ですか。

答え　　　　cm^2

(2) 図 2 の正三角形の 1 辺の長さは 1cm です。灰色部分の面積は何 cm^2 ですか。

図 2

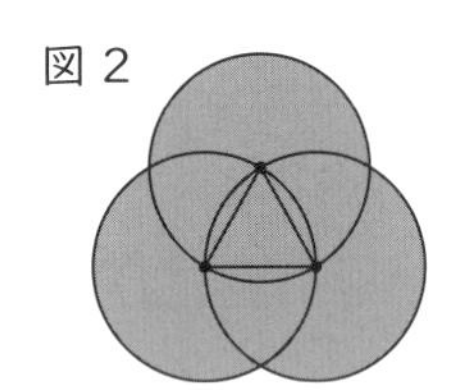

答え　　　　cm^2

(参考問題 check!　高輪中学校)

合否を分ける 練習問題 19-2

ある規則に従って、半径 1cm の円を、円周の長さを 4 等分した点を通るようにかいていきます。次の問いに答えなさい。(円周率は 3.14)

図 1

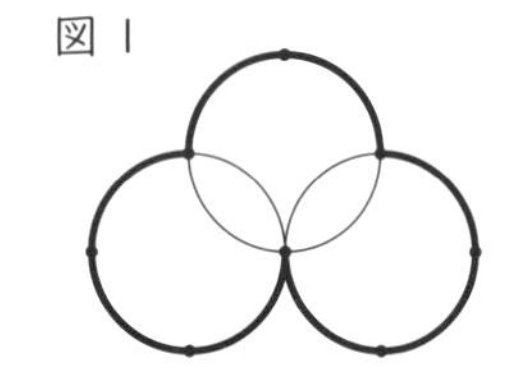

(1) 図 1 のように円を 3 つかきました。この図形の周(太線)の長さは何 cm ですか。

答え　　　　cm

(2) 図 2 のように円を何個かかいたときに、斜線部分の面積の和が 51.3cm^2 となりました。何個の円をかきましたか。

図 2

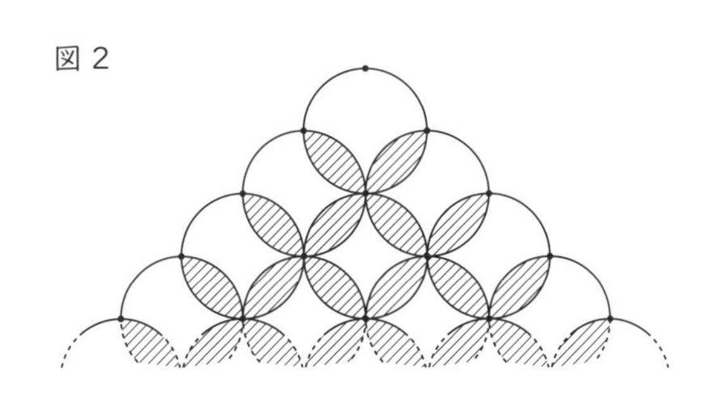

答え　　　　個

(参考問題 check!　立教新座中学校)

解答・解説

合否を分ける練習問題 19-1　答え　(1)　$0.15cm^2$　(2)　$6.43cm^2$

(1)　1辺の長さが1cmの正三角形と1辺の長さが2cmの正三角形の相似比は1：2なので、面積比は1×1：2×2＝1：4です。

$0.43cm^2 \times 4 = 1.72cm^2$　…　1辺の長さが2cmの正三角形の面積

$1.72cm^2 - 1cm \times 1cm \times 3.14 \times \frac{60度}{360度} \times 3個 = 0.15cm^2$

(2)　右の図のように円の中心と結ぶ補助線をかくと、半径1cmの半円が3つと1辺の長さが2cmの正三角形1つの面積の和を求めればよいことがわかります。

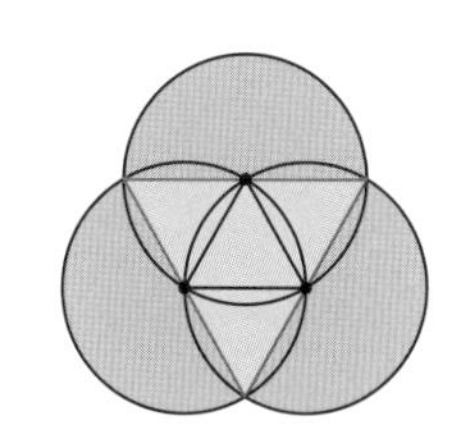

$1cm \times 1cm \times 3.14 \times \frac{180度}{360度} \times 3個 + 1.72cm^2 = 6.43cm^2$

合否を分ける練習問題 19-2　答え　(1)　12.56cm　(2)　55個

(1)　右の図のように円の中心と結ぶ補助線をかくと、半径1cm、中心角が180度のおうぎ形の弧1つと、半径1cm、中心角が270度のおうぎ形の弧2つの長さの和を求めればよいことがわかります。

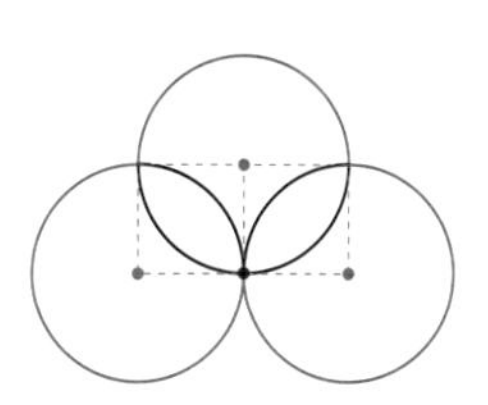

$2cm \times 3.14 \times (\frac{180度}{360度} + \frac{270度}{360度} \times 2個) = 12.56cm$

(2)　$1cm \times 1cm \times 3.14 \times \frac{1}{4} \times 2個 - 1cm \times 1cm = 0.57cm^2$　…　斜線部分1つ分の面積

$51.3cm^2 \div 0.57cm^2 = 90個$　…　斜線部分の個数

斜線部分の個数は、

円を1個かく　→　斜線部分は0個
円を2個増やす　→　斜線部分は2個になる
円を3個増やす　→　斜線部分は4個増える
円を4個増やす　→　斜線部分は6個増える
円を5個増やす　→　斜線部分は8個増える
⋮

となっていますから、

2個＋4個＋6個＋8個＋10個＋12個＋14個＋16個＋18個＝90個

より、円の個数は、

1個＋2個＋3個＋…＋10個＝55個

です。

斜線部分（レンズ形）の面積は、比を利用して求めることもできます。
レンズ形＝正方形の面積の0.57倍
（円周率が3.14のとき）

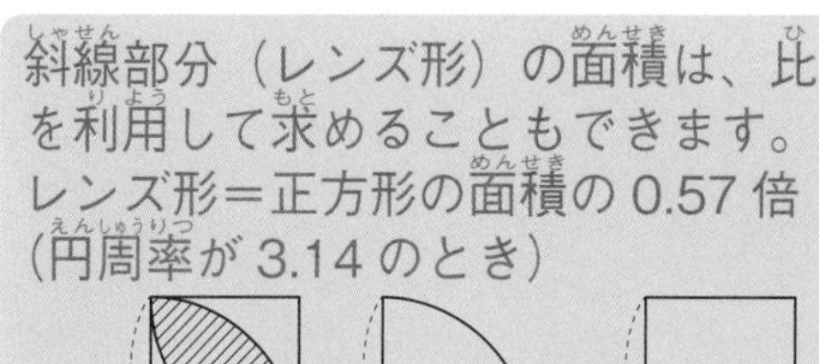

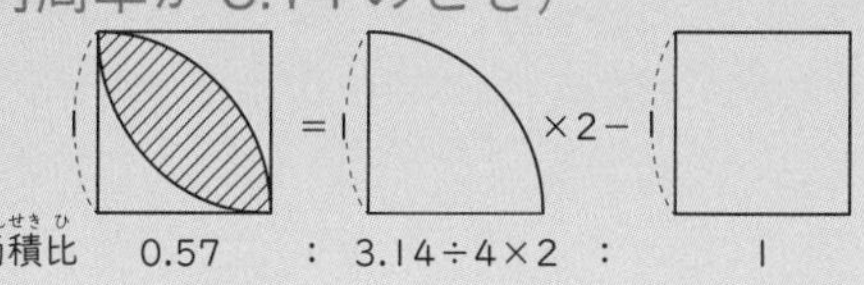

20 求積の工夫 ～「差とくればつけたし」「等高図形」～

合否を分ける例題 20 図の三角形ABCは直角三角形、四角形DEFGは正方形、AD＝2cm、AG＝4cmです。四角形DEFGの面積は何cm^2ですか。

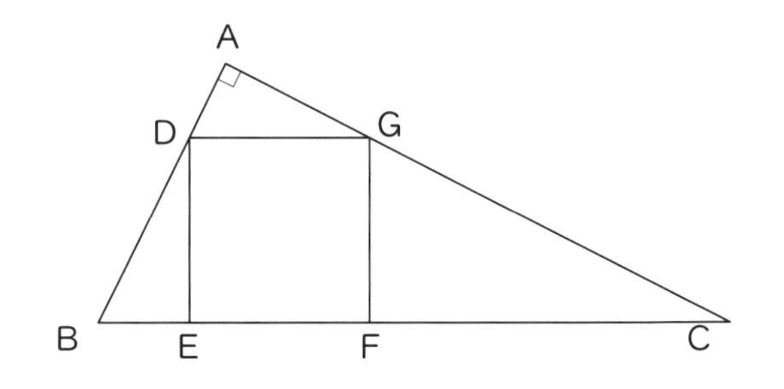

参考問題 check!　早稲田中学校

：直角三角形ADGと合同な4つの直角三角形で正方形DEFGを囲みます。

考え方と答え

合同 な4つの 直角三角形 で 正方形 を作ることができます。

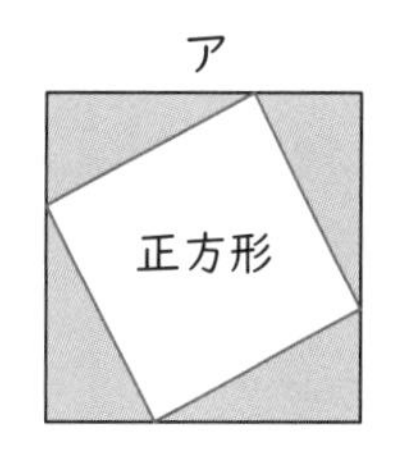

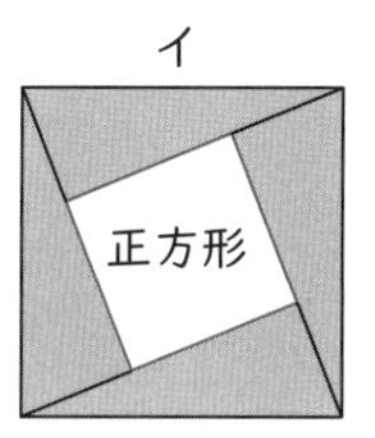

右上の図アのようにして、問題図の直角三角形ADGと合同な4つの直角三角形で正方形DEFGを囲むと右のようになります。

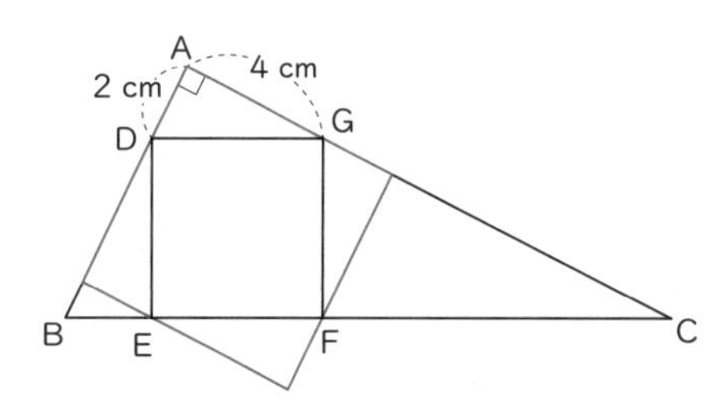

右の図の赤い正方形の一辺の長さは、

4 cm＋ 2 cm＝ 6 cm です。

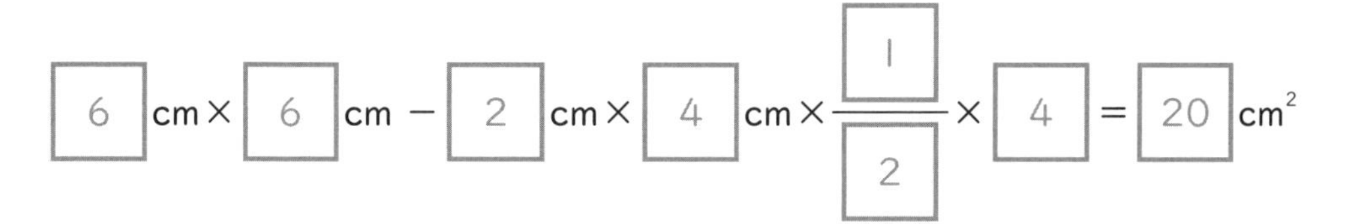

$$6\text{ cm}\times 6\text{ cm}-2\text{ cm}\times 4\text{ cm}\times\frac{1}{2}\times 4=20\text{ cm}^2$$

答え 20 cm²

（別解）

右上の図イのようにして、問題図の直角三角形ADGと合同な4つの直角三角形を正方形DEFGの内部に入れると、右の図のようになります。

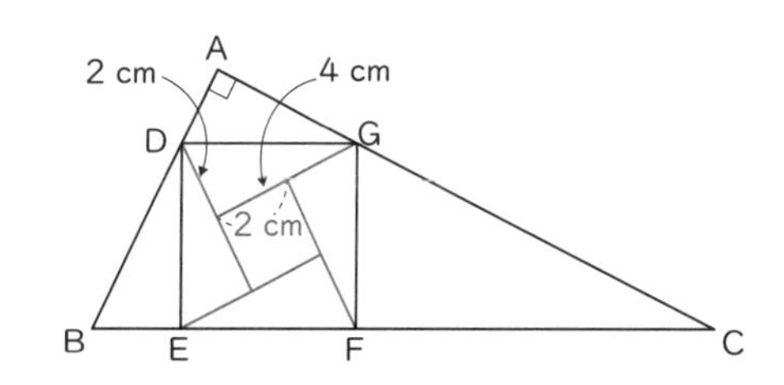

右の図の赤い正方形の一辺の長さは、 4 cm－ 2 cm＝ 2 cm です。

$$2\text{ cm}\times 2\text{ cm}+2\text{ cm}\times 4\text{ cm}\times\frac{1}{2}\times 4=20\text{ cm}^2$$

求積の工夫の「魔法ワザ」

求積の工夫には、
- 復元（元の「美しい」図形にする）
- 等積移動（合同な図形を探す）
- 等積変形（面積を変えずに図形の形を変える）
- 差とくればつけたし

などがあります。
（参照：『中学受験 すらすら解ける魔法ワザ 算数・図形問題』実務教育出版）

合否を分ける 練習問題 20-1

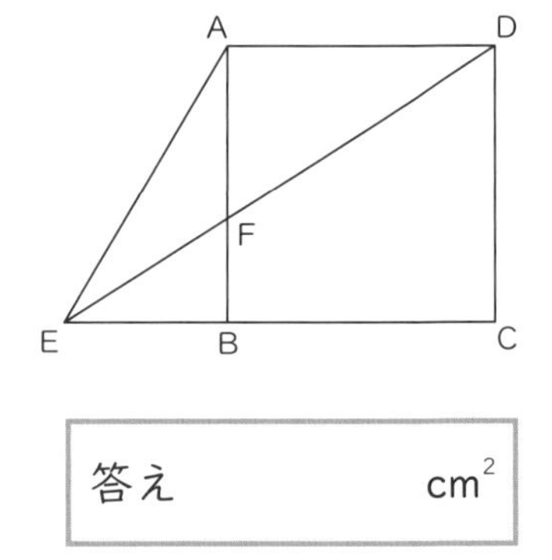

右の図で四角形 ABCD は 1 辺が 10cm の正方形です。また、三角形 BEF の面積は三角形 AFD の面積よりも 20cm^2 小さいです。次の問いに答えなさい。

(1)　三角形 AED の面積は何 cm^2 ですか。

答え　　　　cm^2

(2)　辺 EF と辺 FD の長さの比を、最も簡単な整数の比で求めなさい。

答え　　：

（参考問題 check!　山脇学園中学校）

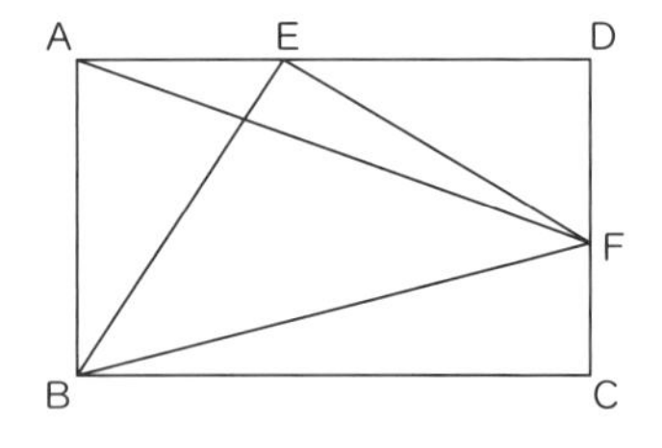

右の図で、四角形 ABCD は長方形です。また、AE：ED＝2：3、三角形 BFE の面積は長方形 ABCD の面積の$\frac{2}{5}$です。次の問いに答えなさい。

(1)　長方形 ABCD と三角形 ABF の面積の比を、最も簡単な整数の比で求めなさい。

答え　　：

(2)　長方形 ABCD と三角形 ABE の面積の比を、最も簡単な整数の比で求めなさい。

答え　　：

(3)　長方形 ABCD と三角形 AFE の面積の比を、最も簡単な整数の比で求めなさい。

答え　　：

（参考問題 check!　森村学園中等部）

解答・解説

合否を分ける 練習問題 20-1　答え　(1)　$50cm^2$　　(2)　3：5

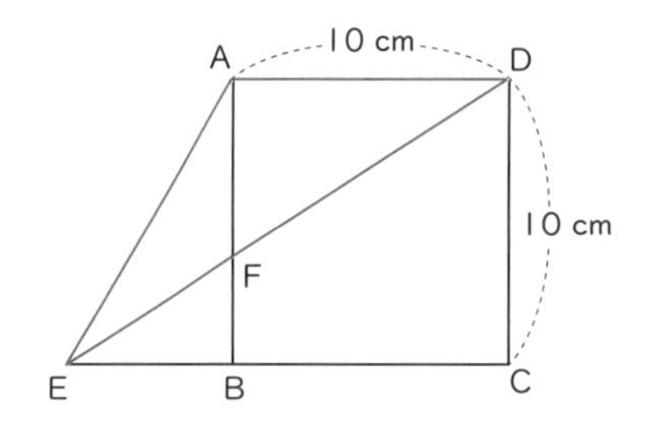

(1)　右の図より、$10cm \times 10cm \times \frac{1}{2} = 50cm^2$

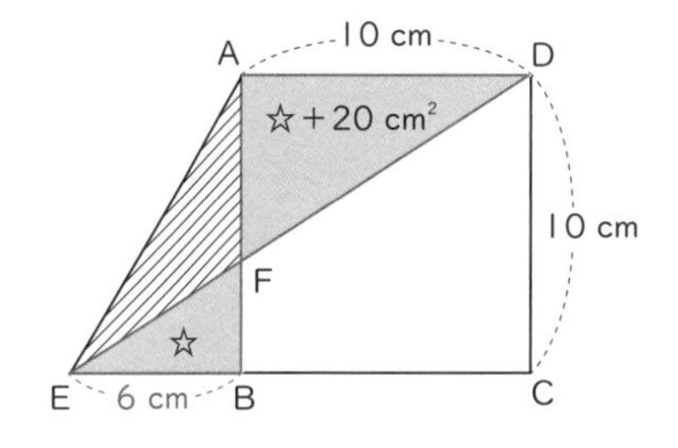

(2)　三角形 BEF の面積＋$20cm^2$＝三角形 AFD の面積なので、それぞれに三角形 AEF をつけたすと、

三角形 AEB の面積＋$20cm^2$＝三角形 AED の面積＝$50cm^2$

→　三角形 AEB の面積＝$30cm^2$

底辺 EB×高さ AB10cm×$\frac{1}{2}$＝$30cm^2$

→　底辺 EB＝6cm

三角形 EBF と三角形 DAF の相似比は、

EB：DA＝6cm：10cm＝3：5

なので、EF：FD も 3：5 です。

「差」とくれば「つけたし」です。

合否を分ける 練習問題 20-2　答え　(1)　2：1　　(2)　5：1　　(3)　10：1

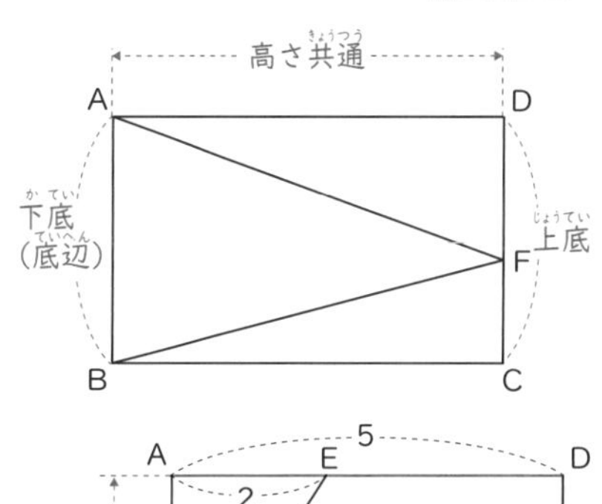

(1)　右の図のように、長方形 ABCD の横と三角形 ABF の高さは同じなので、長方形 ABCD と三角形 ABF の面積比は「上底＋下底」の比と同じです。

長方形 ABCD の面積：三角形 ABF の面積

＝(1＋1)：1＝2：1

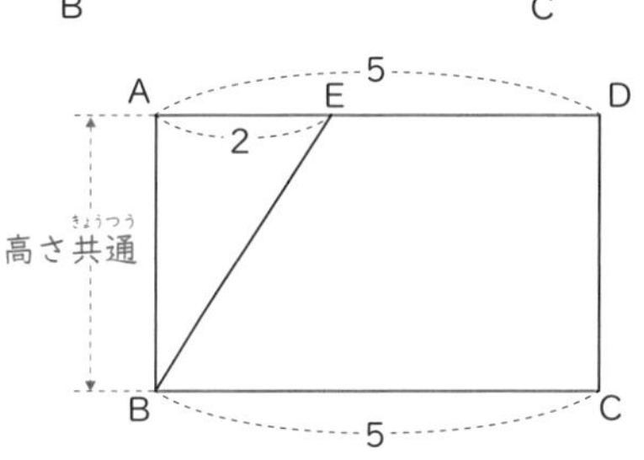

(2)　右の図のように、長方形 ABCD の縦と三角形 ABE の高さは同じです。

長方形 ABCD の面積：三角形 ABE の面積

＝(5＋5)：2＝5：1

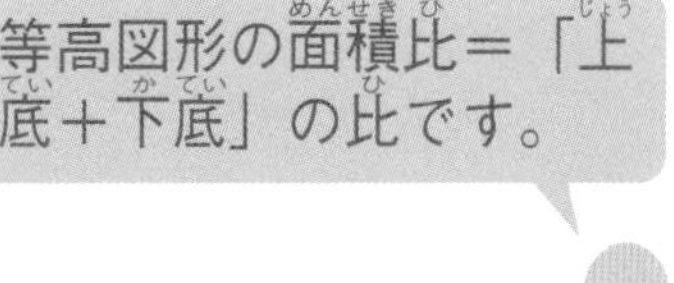

(3)　(1)、(2) より、長方形 ABCD の面積：三角形 ABF の面積：三角形 ABE の面積＝10：5：2 です。

また、三角形 BFE の面積は長方形 ABCD の面積の $\frac{2}{5}$ ですから、長方形 ABCD の面積：三角形 ABF の面積：三角形 ABE の面積：三角形 BFE の面積＝10：5：2：4 です。

長方形 ABCD の面積：三角形 AFE の面積＝長方形 ABCD の面積：(三角形 ABE＋三角形 BFE－三角形 ABF)＝10：(2＋4－5)＝10：1

21 直角三角形の相似 ～「規則性」「斜辺の比と底辺の比」～

合否を分ける例題 21 図の長方形ABCDで、AE：EBは1：2、点Fは点Dを通り直線CEに垂直な直線と辺BCが交わった点、点Gは直線CEと直線DFが交わった点です。次の問いに答えなさい。

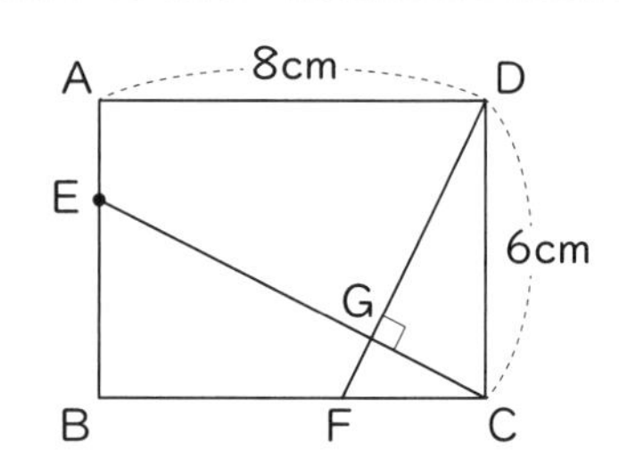

(1)　FCの長さは何cmですか。

(2)　DG：GFを最も簡単な整数の比で答えなさい。

参考問題check!　鎌倉学園中学校

：直角三角形の角に○、×をかくと、相似な直角三角形が見つかります。

考え方と答え

［直角三角形］の角に○、×をかき、○＋×＝［90］度を利用すると、［相似］な［直角三角形］が見つけやすくなります。

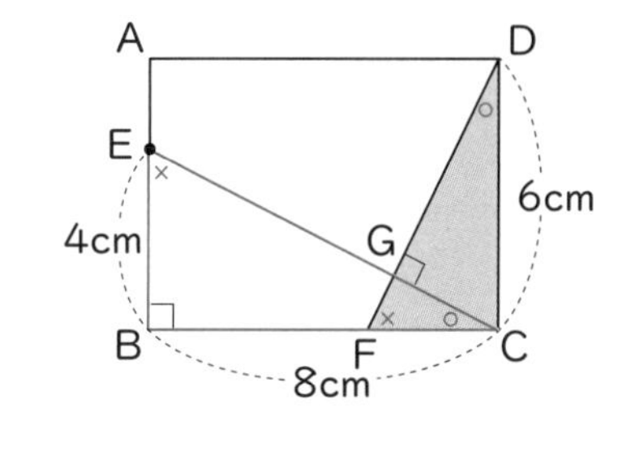

(1) 右の図のように、直角三角形 EBC の角に ○ 、 × をかくと、○＋×＝ 90 度なので角 DFC に × 、角 CDF に ○ をかくことができ、直角三角形 EBC と直角三角形 FCD が 相似 であることがわかります。

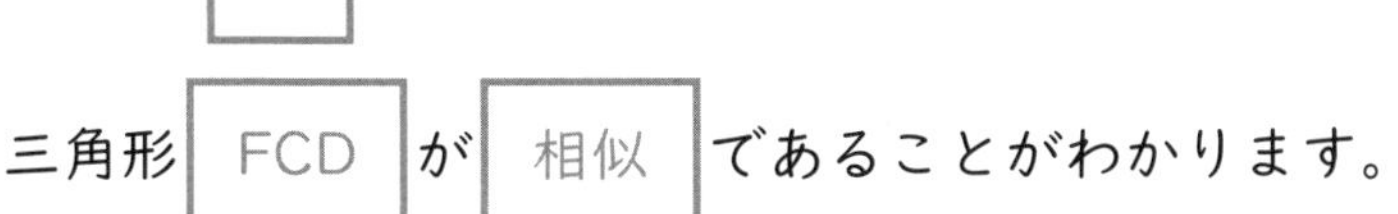

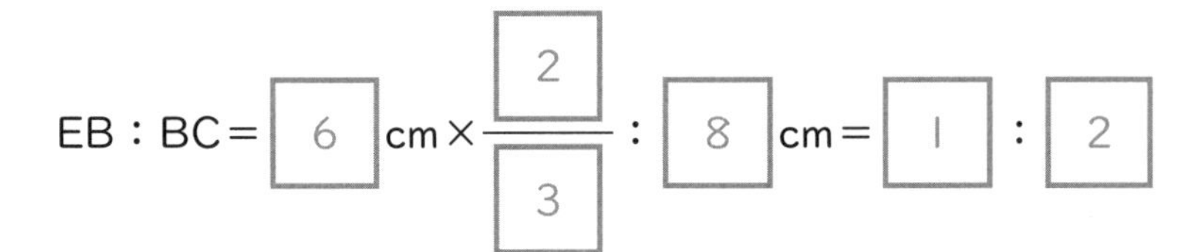

EB：BC＝ 6 cm×$\frac{2}{3}$：8 cm＝ 1 ： 2

→ FC：CD＝ 1 ： 2

FC＝ 6 cm×$\frac{1}{2}$＝ 3 cm

答え 3 cm

(2) (1) の図より、直角三角形 CDG と直角三角形 FCG も 相似 であることがわかります。

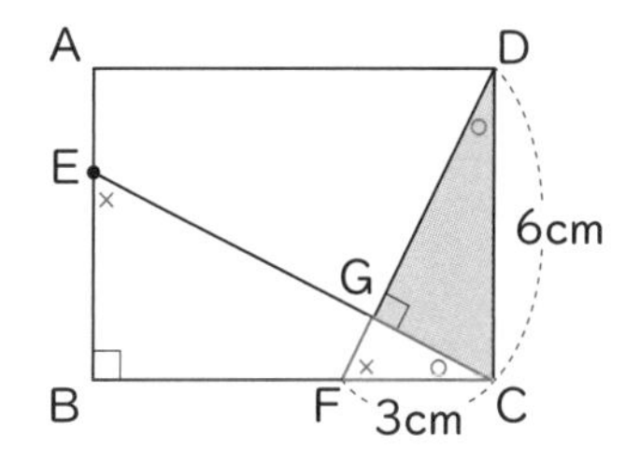

CD：FC ＝ 6 cm： 3 cm ＝ 2 ： 1

→ 直角三角形 CDG の面積（めんせき）:直角三角形 FCG の面積＝ ④ ： ①

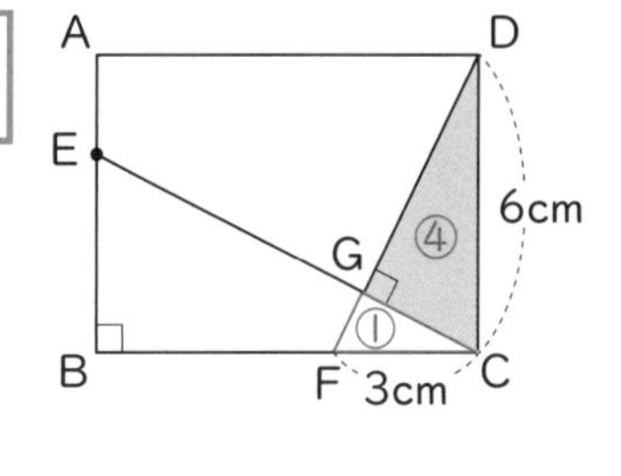

直角三角形 CDG と直角三角形 FCG は、どちらも高さが CG の等高三角形ですから、 面積比 ＝ 底辺の比 です。

DG：GF ＝直角三角形 CDG の面積（めんせき）：直角三角形 FCG の面積（めんせき）＝ 4 ： 1

答え 4：1

直角三角形の相似（そうじ）の「魔法（まほう）ワザ」

相似（そうじ）な直角三角形で高さが等しいとき、
底辺（ていへん）の比（ひ）＝面積比（めんせきひ）＝(斜辺（しゃへん）の比（ひ）)^2
※斜辺（しゃへん）…直角三角形で最（もっと）も長い辺（へん）

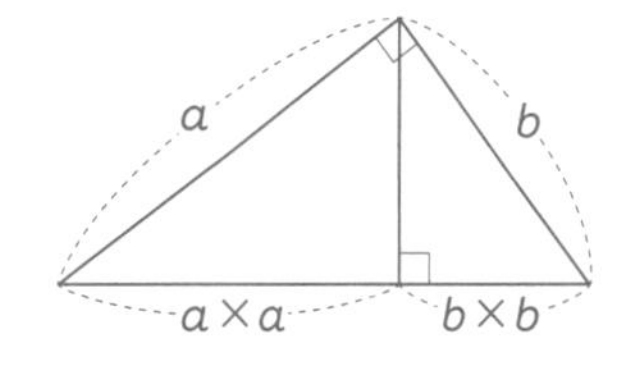

合否を分ける練習問題 21-1

右の図のように、直角三角形の中に正方形がぴったり入っています。次の問いに答えなさい。

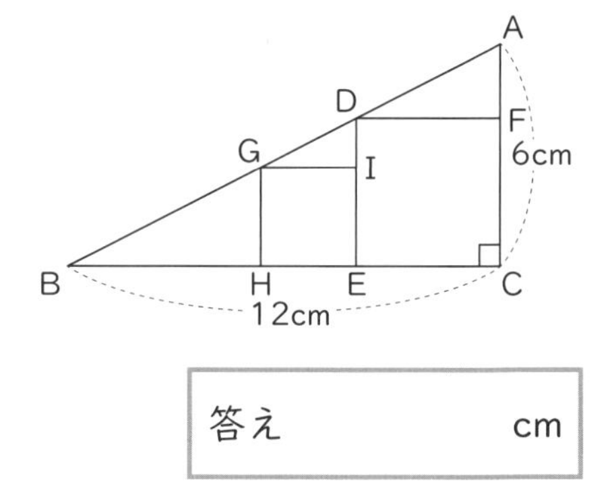

(1) 正方形 DECF の 1 辺の長さは何 cm ですか。

答え　　　　cm

(2) 正方形 GHEI の 1 辺の長さは何 cm ですか。

(参考問題 check!　成城中学校)

右の図で、四角形 ABCD は正方形です。CE と BF、辺 AB と GH はそれぞれ垂直に交わっています。また、EG＝9cm、GC＝16cm、GH＝7.2cm です。次の問いに答えなさい。

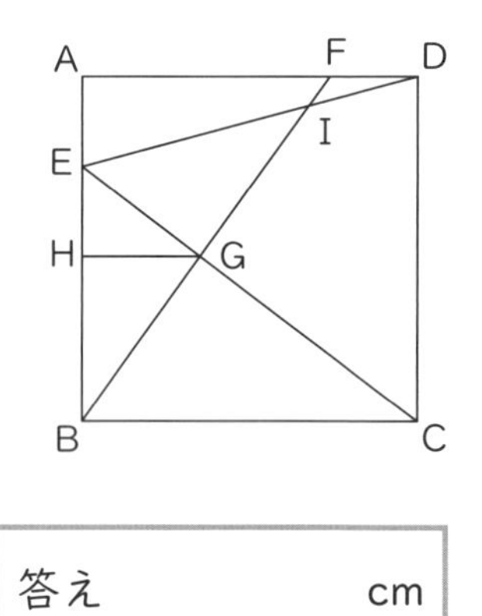

(1) BG の長さは何 cm ですか。

答え　　　　cm

(2) 正方形 ABCD の 1 辺の長さは何 cm ですか。

答え　　　　cm

(3) 三角形 FID の面積は何 cm^2 ですか。

答え　　　　cm^2

(参考問題 check!　早稲田大学高等学院中学部)

解答・解説

合否を分ける 練習問題 21-1　答え　(1)　4cm　　(2)　$2\frac{2}{3}$ cm

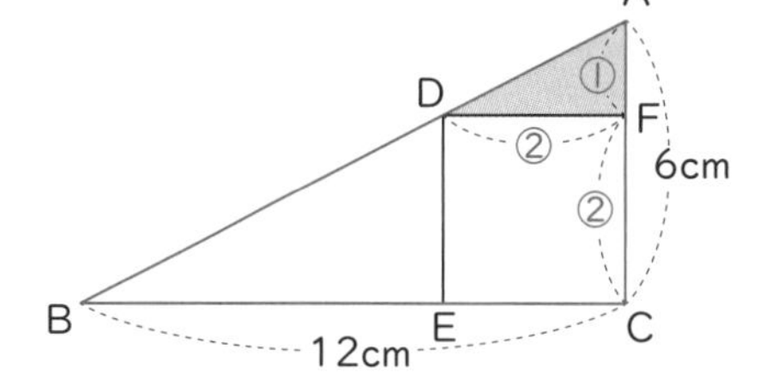

(1)　直角三角形ABCと直角三角形ADFは相似ですから、AC：BC＝AF：DF＝1：2です。

また四角形DECFは正方形なので、DF＝FCです。

①＋②＝6cm　→　②＝6cm×$\frac{2}{3}$＝4cm

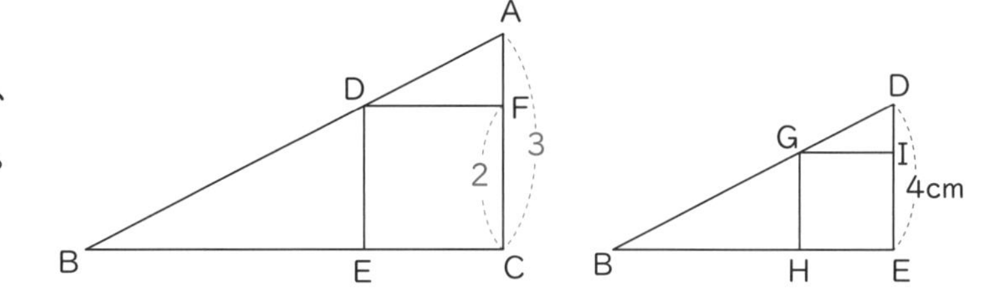

(2)　右の2つの図形は相似ですから、
AC：FC＝DE：IE＝3：2です。

4cm×$\frac{2}{3}$＝$2\frac{2}{3}$ cm

合否を分ける 練習問題 21-2　答え　(1)　12cm　　(2)　20cm　　(3)　$3\frac{11}{13}$ cm²

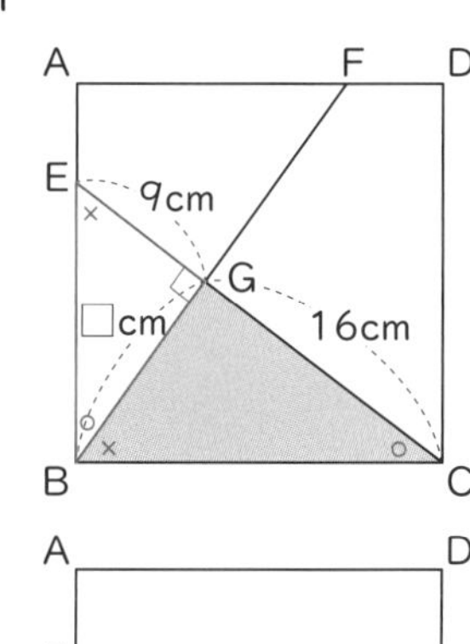

(1)　右の図で直角三角形EBGと直角三角形BCGは相似です。

9cm：□ cm＝□ cm：16cm

→　□×□＝9×16＝(3×4)×(3×4)

□＝12

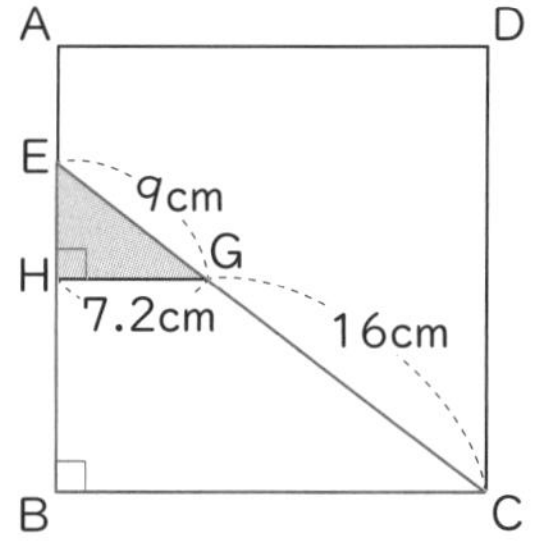

(2)　右の図で直角三角形EHGと直角三角形EBCは相似です。

9cm：7.2cm＝(9cm＋16cm)：BC

→　BC×9cm＝7.2cm×25cm

BC＝20cm

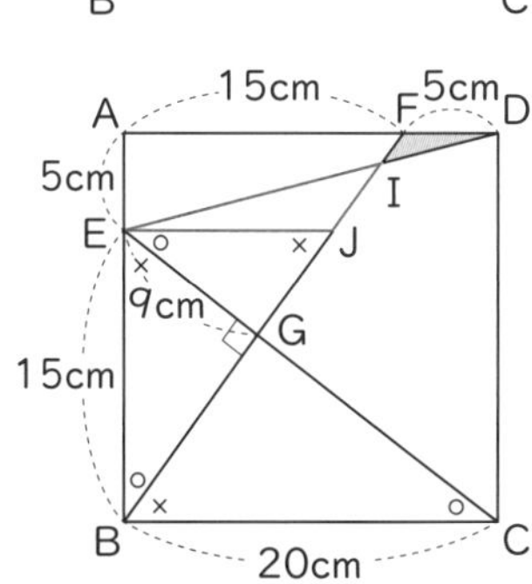

(3)　右の図のようにBCと平行な直線EJをひくと、(1)、(2)より直角三角形BCGと相似な直角三角形の3辺の比は3：4：5ですから、EB＝AF＝15cm、EJ＝EG×$\frac{5}{4}$＝$\frac{45}{4}$ cmです。

三角形FIDと三角形JIEは相似で、FD：JE＝5cm：$\frac{45}{4}$ cm

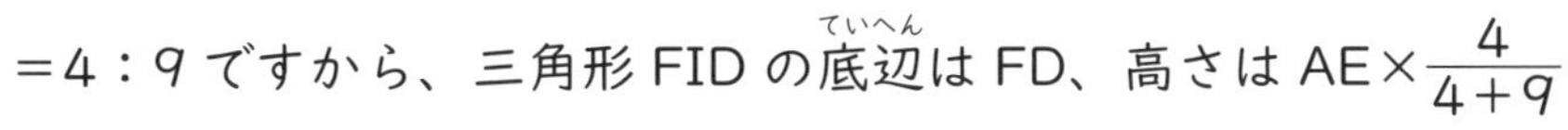
＝4：9ですから、三角形FIDの底辺はFD、高さはAE×$\frac{4}{4+9}$

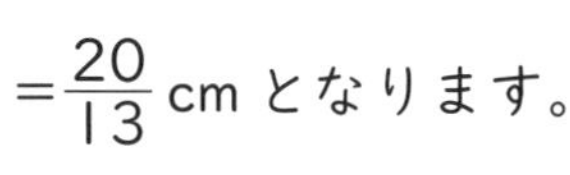
＝$\frac{20}{13}$ cmとなります。

5cm×$\frac{20}{13}$ cm×$\frac{1}{2}$＝$3\frac{11}{13}$ cm²

小問ごとに必要な線だけを書くと考えやすくなります。

22 等高図形の面積比 ～「ベンツ切り」「隣辺比」～

合否を分ける例題22 図の長方形ABCDで、3点E、F、Gは辺ADを4等分する点です。次の問いに答えなさい。

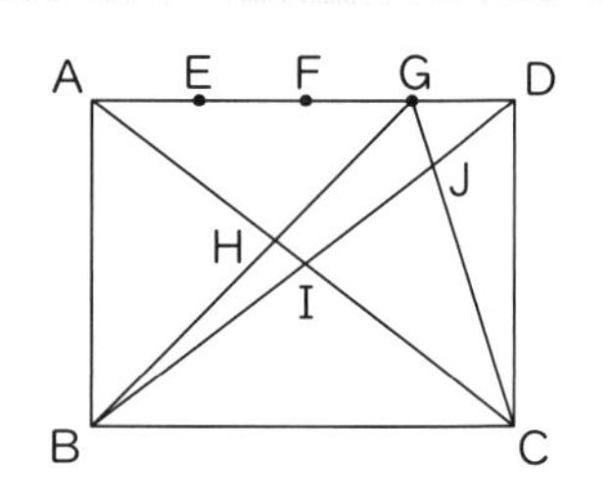

(1) AH：HI：ICを最も簡単な整数の比で答えなさい。

(2) 三角形AIGと三角形BIHの面積の比を最も簡単な整数の比で答えなさい。

(3) 三角形CJIと三角形DGJの面積の差は、長方形ABCDの面積のどれだけにあたりますか。その割合を分数で答えなさい。

参考問題check!　東邦大学付属東邦中学校

：「ダブル・チョウチョ相似（1つの直線を共有する2組の相似な三角形）」が隠れています。

考え方と答え

(1) 右の図より、

AH		HC		AC		AI		IC
3	：	4	：	7				
				2	：	1	：	1
6	：	8	：	14	：	7	：	7

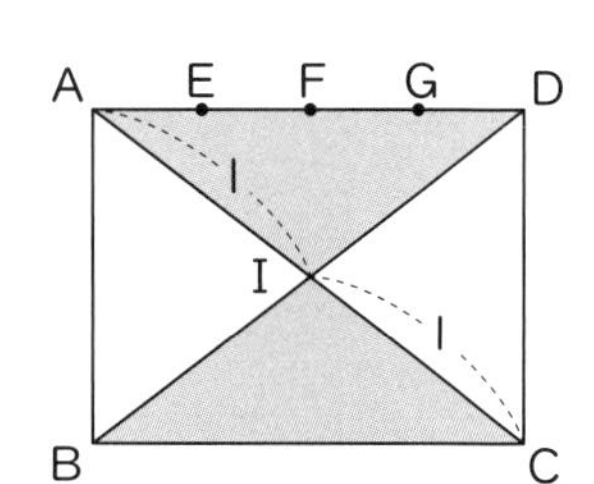

とわかりますから、AH：HI：IC＝ 6 ： 1 ： 7 です。

答え　6：1：7

(2) 長方形の2本の対角線は、長方形の面積を 4等分 します。

長方形ABCDの面積を1とすると、

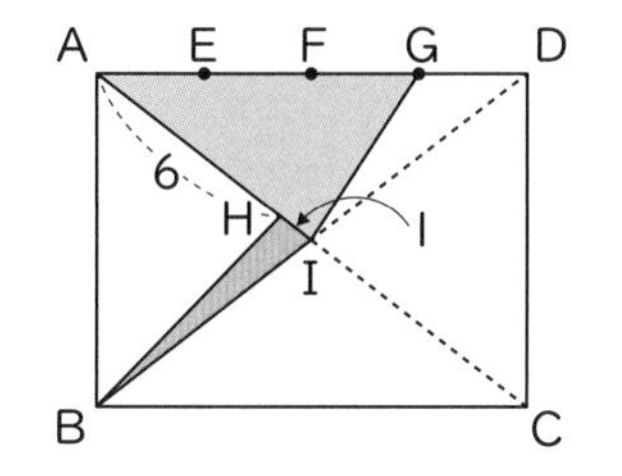

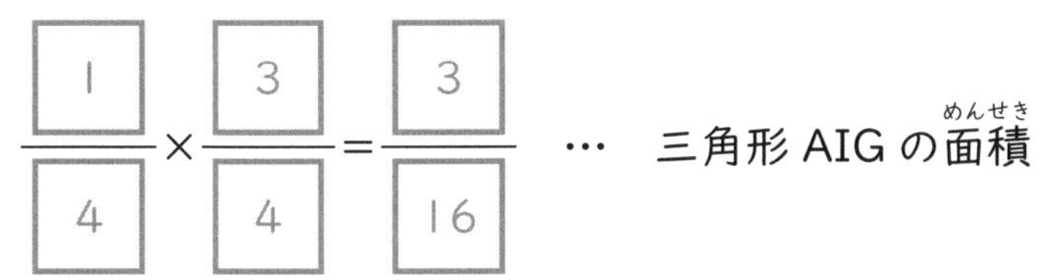

$\frac{1}{4} \times \frac{3}{4} = \frac{3}{16}$ … 三角形AIGの面積

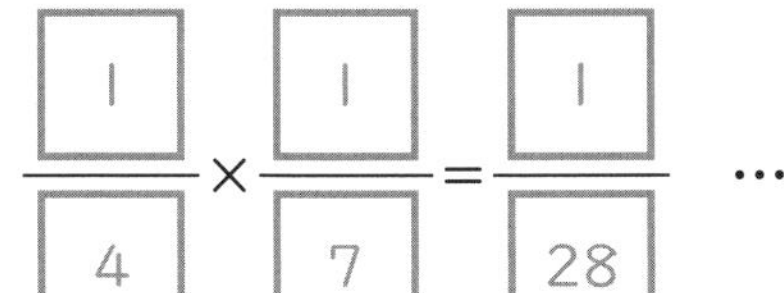

$\frac{1}{4} \times \frac{1}{7} = \frac{1}{28}$ … 三角形BIHの面積

三角形AIGと三角形AID、三角形BIHと三角形BIAは、高さがそれぞれ同じ三角形です。

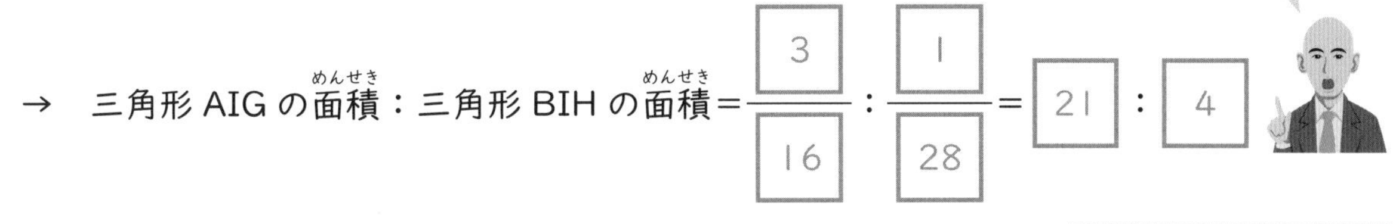

→ 三角形AIGの面積：三角形BIHの面積 $= \frac{3}{16} : \frac{1}{28} = 21 : 4$

答え 21 ： 4

(3) 「差とくればつけたし」です。

(三角形CJIの面積)－(三角形DGJの面積)＝(三角形CJIの面積＋☆)－(三角形DGJの面積＋☆)＝(三角形CDIの面積)－(三角形DGCの面積)

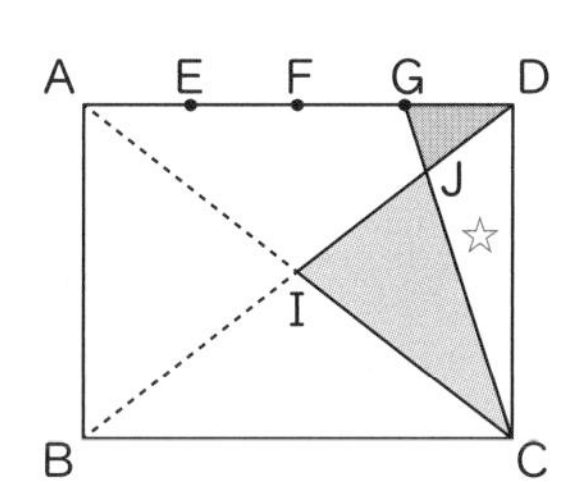

ところで、

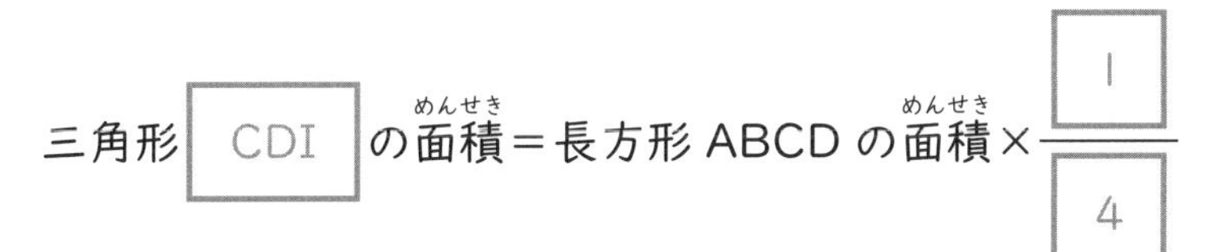

三角形CDIの面積＝長方形ABCDの面積 $\times \frac{1}{4}$

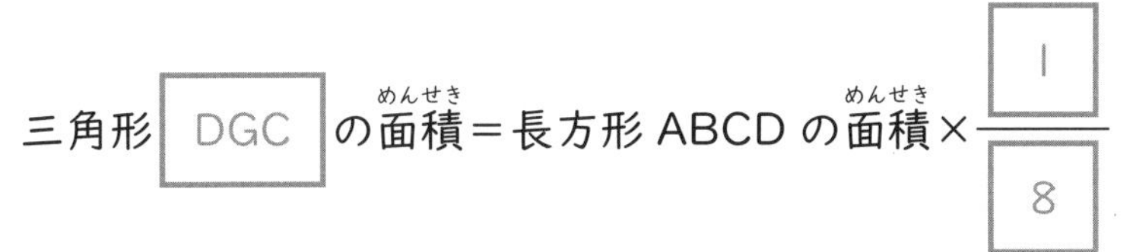

三角形DGCの面積＝長方形ABCDの面積 $\times \frac{1}{8}$

ですから、三角形CJIと三角形DGJの面積の差は、

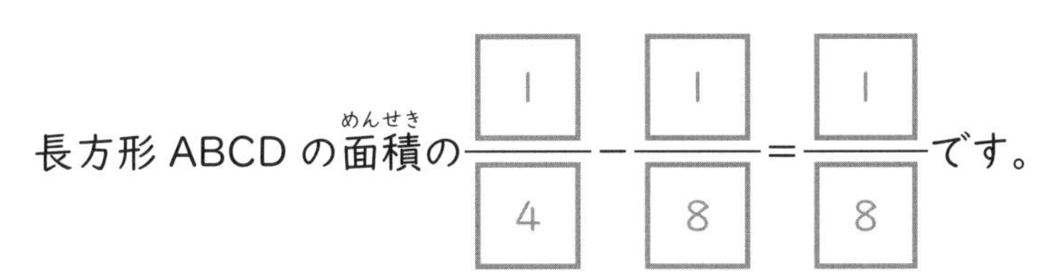

長方形ABCDの面積の $\frac{1}{4} - \frac{1}{8} = \frac{1}{8}$ です。

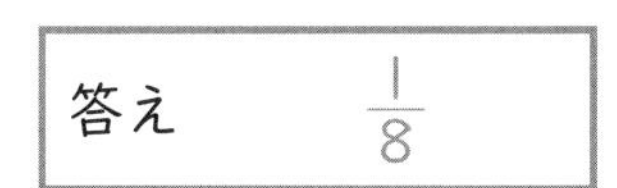

答え $\frac{1}{8}$

等高図形の面積比の「魔法ワザ」

高さが等しい三角形の面積の比は、底辺の比と等しい。
㋐：㋑＝ア：イ

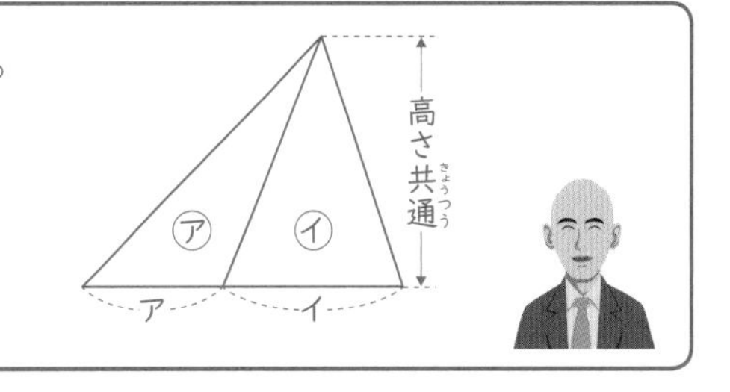

合否を分ける
練習問題 **22-1**

右の図は、三角形ABCを6つの三角形に分けたもので、BD：DC＝3：7、三角形ABEの面積は189cm²、三角形EFGの面積は245cm²、三角形CDEの面積は189cm²、三角形CEFの面積は98cm²です。次の問いに答えなさい。

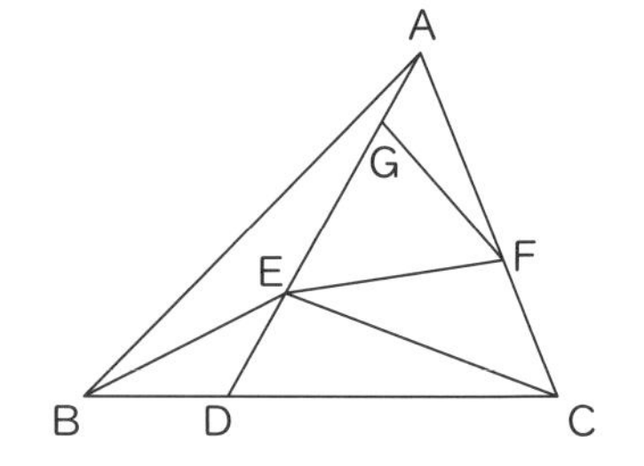

(1)　三角形BDEの面積は何cm²ですか。

答え　　　　cm²

(2)　AG：GE：EDを最も簡単な整数の比で答えなさい。

答え　　：　　：

（参考問題 check!　広島学院中学校）

合否を分ける
練習問題 **22-2**

右の図の三角形ABCで、AD：DB＝4：3、AE：EC＝1：2です。また、DE上にDP：PE＝18：7となるような点Pをとり、APの延長と辺BCが交わる点をQとします。次の問いに答えなさい。

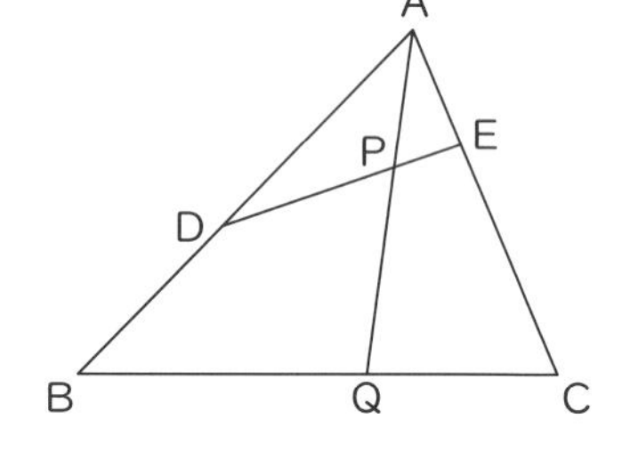

(1)　三角形PECと三角形ABCの面積の比を最も簡単な整数の比で答えなさい。

答え　　：

(2)　BQ：QCを最も簡単な整数の比で答えなさい。

答え　　：

（参考問題 check!　ラ・サール中学校）

解答・解説

合否を分ける 練習問題22-1　答え　(1)　81cm²　　(2)　2：5：3

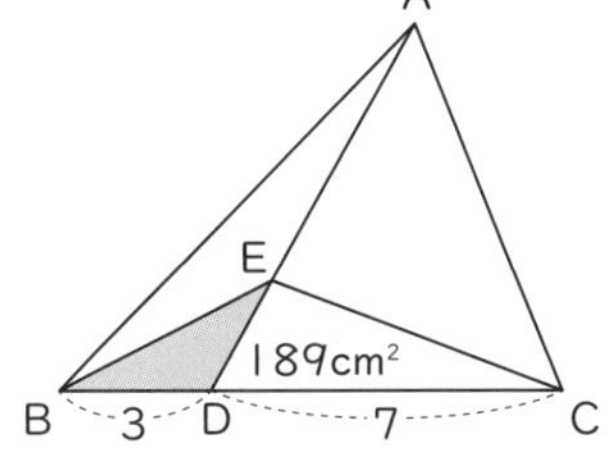

(1)　右の図より

$189\text{cm}^2 \times \frac{3}{7} = 81\text{cm}^2$

(2)　AE：ED＝三角形 ABE の面積：三角形 BDE の面積＝189cm²：81cm²＝7：3

$189\text{cm}^2 \times \frac{⑦}{③} = 441\text{cm}^2$　…　三角形 AEC の面積

$441\text{cm}^2 - (245\text{cm}^2 + 98\text{cm}^2) = 98\text{cm}^2$　…　三角形 AGF の面積

AG：GE＝三角形 AGF の面積：三角形 EFG の面積＝98cm²：245cm²＝2：5

→　AG：GE：AE＝2：5：7

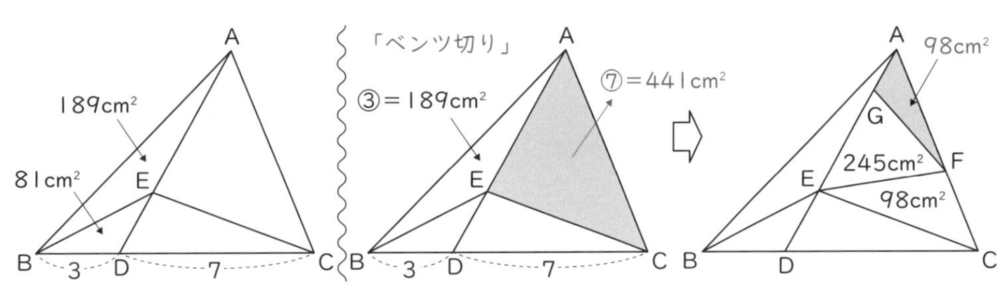

AE：ED ＝ 7：3、AG：GE：AE＝2：5：7　なので、AG：GE：ED＝2：5：3　です。

合否を分ける 練習問題22-2　答え　(1)　8：75　　(2)　3：2

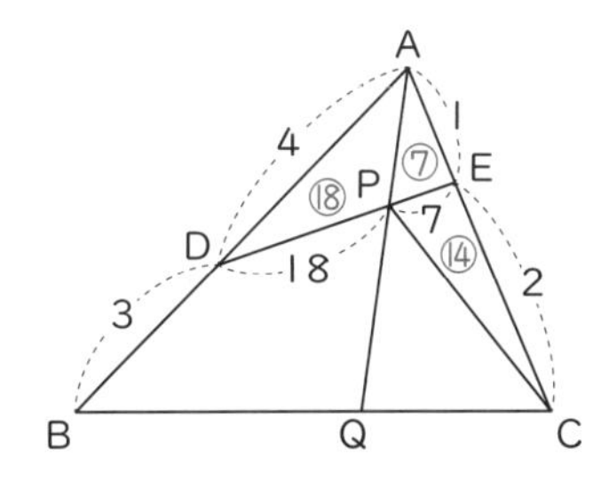

(1)　右の図のように、三角形 PEC の面積を⑭とすると、三角形 APE の面積は⑦、三角形 ADP の面積は⑱となります。

三角形 ABC と三角形 ADE は角 BAC が共通なので

三角形 ABC の面積$\times\left(\frac{4}{7}\times\frac{1}{3}\right)$＝三角形 ADE の面積＝㉕

→三角形 ABC の面積＝$\frac{525}{4}$（丸囲み）

三角形 PEC の面積：三角形 ABC の面積＝⑭：$\frac{525}{4}$（丸囲み）＝8：75

1つの角が共通な三角形の面積比を求めるときは、「隣辺比」が利用できます。

(2)　(1)の図より、

⑱$\times\frac{3}{4}$＝$\frac{27}{2}$（丸囲み）　…　三角形 DBP の面積

⑱＋$\frac{27}{2}$（丸囲み）＝$\frac{63}{2}$（丸囲み）　…　三角形 ABP の面積

⑦＋⑭＝㉑　…　三角形 APC の面積

BQ：QC ＝三角形 ABP の面積：三角形 APC の面積

＝$\frac{63}{2}$（丸囲み）：㉑＝ 3：2

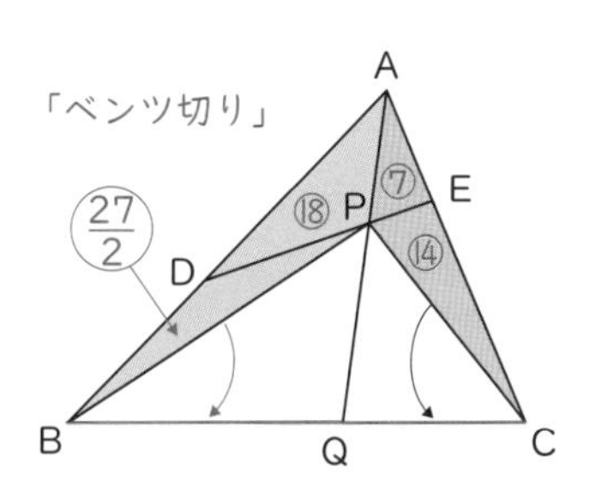

※「ベンツ切り」については、『魔法ワザ 算数・図形問題』149ページを参照。

23 隣辺比 ～「相似完成　２題」～

合否を分ける例題 23　三角形ABCにおいて、点D、Eは辺BCの3等分点であり、直線EF、DGはどちらも三角形ABCの面積を2等分しています。次の問いに答えなさい。

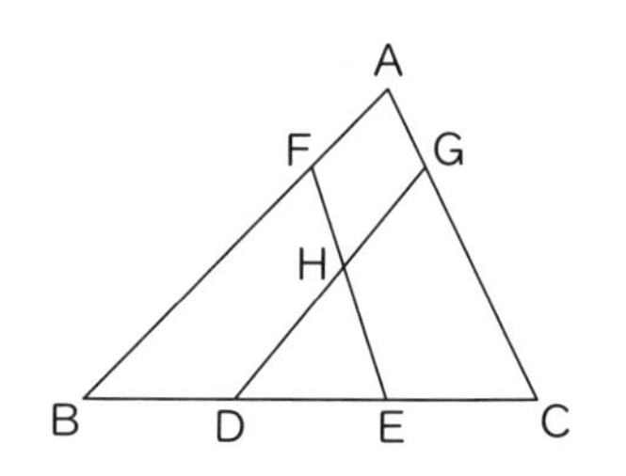

（1）　AB：FBを最も簡単な整数の比で答えなさい。
（2）　DE：FGを最も簡単な整数の比で答えなさい。
（3）　三角形HDEと三角形ABCの面積比を最も簡単な整数の比で答えなさい。

参考問題check!　大阪星光学院中学校

：辺ACと直線EFは平行のように見えますが…。

考え方と答え

（1）　右の図のように、三角形ABCと三角形FBEは角 B を 共有 しているので、

A、F、ア、イ、三角形ABCの面積の$\frac{1}{2}$、B、2、E、C、3

$$\frac{イ}{ア}\times\frac{2}{3}=\frac{1}{2} \rightarrow \frac{イ}{ア}=\frac{3}{4}$$

AB：FB＝4：3

答え　4　：　3

(2) (1) と同じようにすると、 AG : GC = 1 : 3

ですから、 FG と BC は 平行 です。

従って、三角形 AFG と三角形 ABC は 相似 です。

FG : BC = 1 : 4 より、

DE : FG = $4 \times \frac{1}{3}$: 1 = 4 : 3

答え 4 : 3

(3) (1)、(2) より右の図のようになるので、

	三角形 HDE		三角形 ABC
底辺	DE		BC
	①	:	③
=	1	:	3
高さ	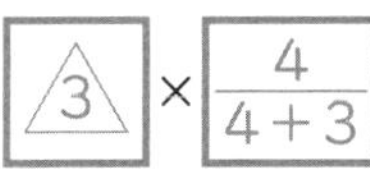 △3 × $\frac{4}{4+3}$	:	△4
=	3	:	7
面積	1×3	:	3×7
=	1	:	7

答え 1 : 7

隣辺比の「魔法ワザ」

1 つの角を共有する 2 つの三角形の面積比には、
2 つの計算方法がある。

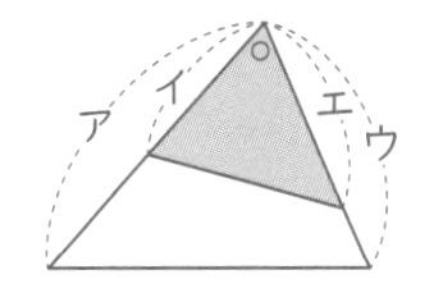

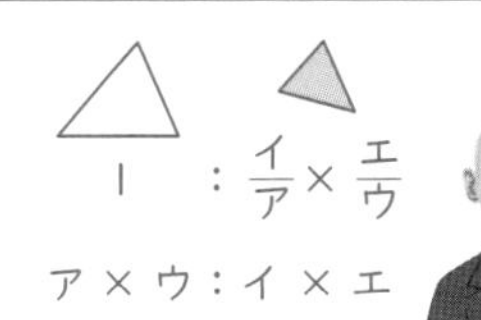

合否を分ける
練習問題 23-1

図の四角形ABCDは面積が189cm^{2}の平行四辺形で、AG：GD＝1：2、BE：EC＝1：1、CF：FD＝1：2です。次の問いに答えなさい。

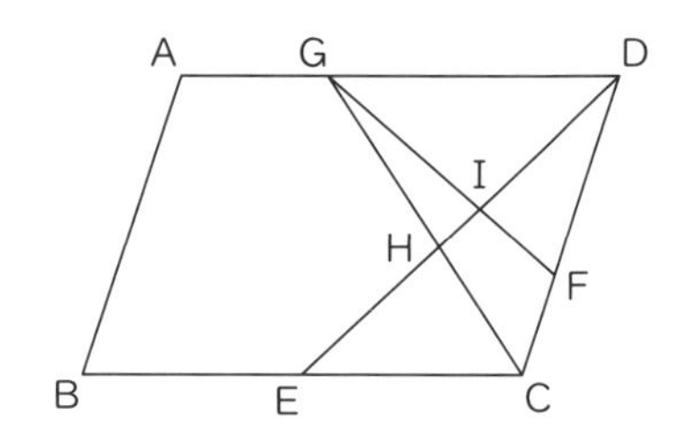

（1） GI：IFを最も簡単な整数の比で答えなさい。

2組の相似な三角形ができるように、補助線をかきましょう。

答え　　：

（2） 三角形GHIの面積は何cm^{2}ですか。

答え　　cm^2

（参考問題check!　慶應義塾普通部）

合否を分ける
練習問題 23-2

1辺が10cmの正方形ABCDにおいて、3本の直線BH、EG、FHを図のようにひきます。ただし、AE＝2cm、AF＝4cm、CG＝4cm、DH＝5cmです。次の問いに答えなさい。

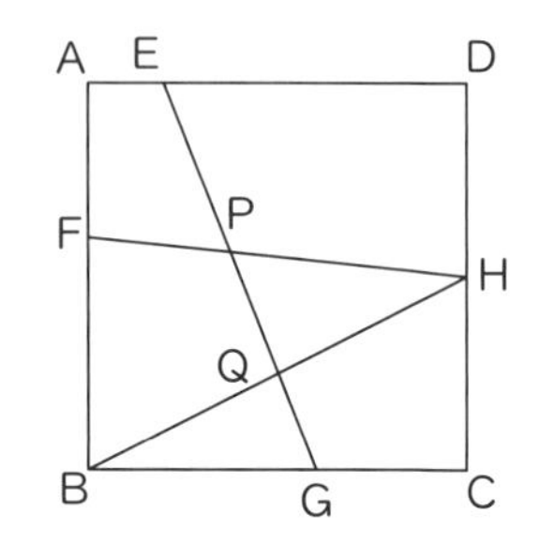

（1） FP：PHを最も簡単な整数の比で答えなさい。

答え　　：

（2） 三角形PQHの面積は何cm^{2}ですか。

答え　　cm^2

（参考問題check!　甲陽学院中学校）

解答・解説

合否を分ける 練習問題 23-1　答え　(1)　2：1　　(2)　8cm^2

(1)　右の図のように点Fから辺BCに平行な線をひくと、2組の相似な三角形ができます。

三角形DJFと三角形DECの相似より、

JF＝③×$\dfrac{2}{3}$＝②なので、三角形GIDと三角形FIJの相似より、GI：IF＝④：②＝2：1とわかります。

(2)　三角形GHDと三角形CHEは相似ですから、GH：HC＝4：3です。

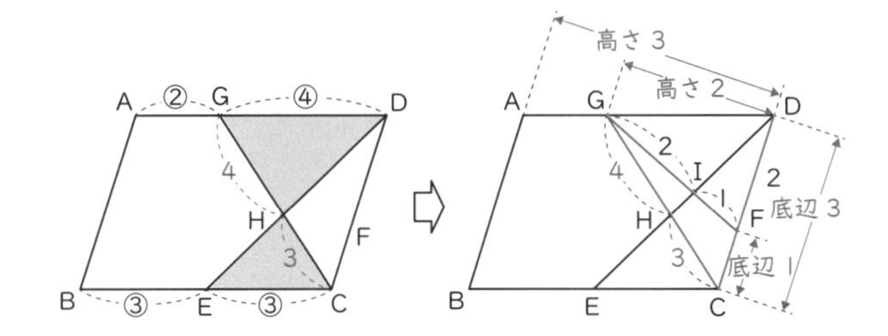

三角形GCFと平行四辺形ABCDは、底辺の比が1：3、高さの比が2：3ですから、三角形GCFの面積：平行四辺形ABCDの面積＝$1\times2\times\dfrac{1}{2}$：3×3＝1：9です。

$189\text{cm}^2\times\dfrac{1}{9}=21\text{cm}^2$　…　三角形GCFの面積

三角形GCFと三角形GHIは角FGCが共通なので、

$21\text{cm}^2\times\left(\dfrac{4}{7}\times\dfrac{2}{3}\right)=8\text{cm}^2$　が三角形GHIの面積です。

三角形GEDの面積を$\dfrac{\text{HI}}{\text{DE}}$倍して求めることもできます。

合否を分ける 練習問題 23-2　答え　(1)　3：5　　(2)　9.375cm^2（$9\dfrac{3}{8}\text{cm}^2$）

(1)　右の図のように、辺BCと平行な直線FI、HJをかきます。

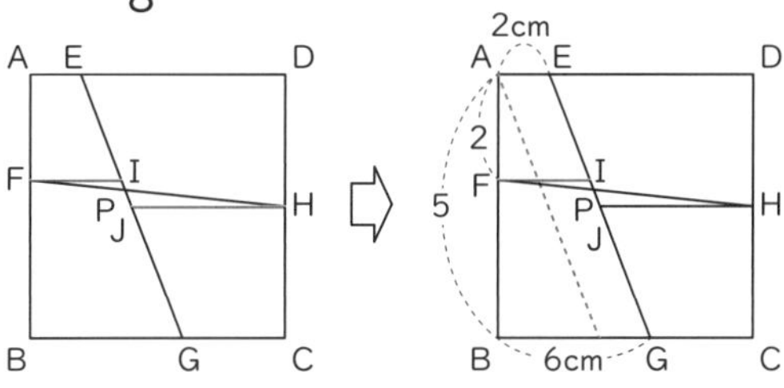

四角形ABGEは台形ですから、

$2\text{cm}+(6\text{cm}-2\text{cm})\times\dfrac{2}{5}=3.6\text{cm}$　…　FI

です。同様にして、

$4\text{cm}+(8\text{cm}-4\text{cm})\times\dfrac{1}{2}=6\text{cm}$　…　HJ

ですから、FP：PH＝FI：HJ＝3.6cm：6cm＝3：5　です。

「角出し（延長して相似な三角形を作る）」でも求めることができます。

(2)　右の図のように、BQ：QH＝BG：HJ＝6cm：6cm＝1：1です。

三角形PQHと三角形FBHは角BHFが共通なので、

$6\text{cm}\times10\text{cm}\times\dfrac{1}{2}\times\left(\dfrac{5}{8}\times\dfrac{1}{2}\right)=9.375\text{cm}^2$　が三角形PQHの面積です。

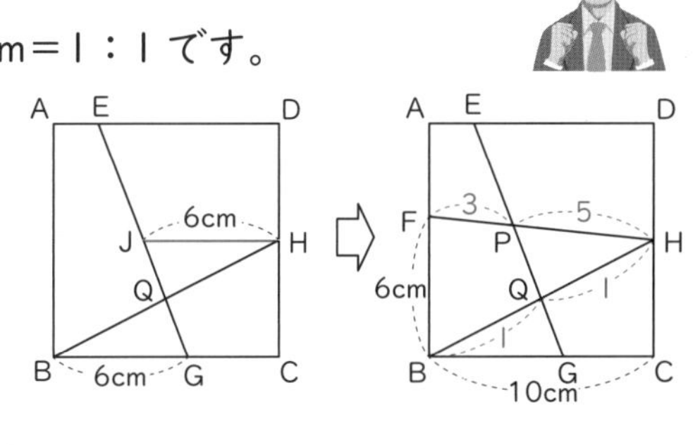

24 正多角形の均等分割 ～「平行線で分割」「規則性」～

合否を分ける例題 24 図の正六角形ABCDEFの面積は $24cm^2$ で、3点P、Q、RはAB、CD、EFの真ん中の点です。次の問いに答えなさい。

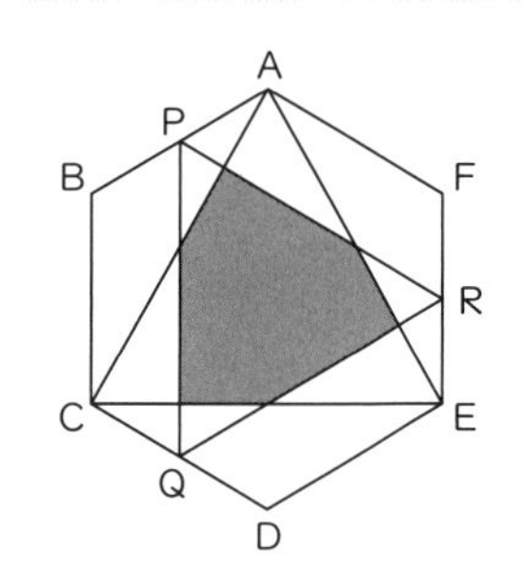

(1) 三角形PQRの面積は何 cm^2 ですか。

(2) 灰色部分の面積は何 cm^2 ですか。

参考問題 check! 芝中学校

：正六角形は合同な正三角形の集まりです。

考え方と答え

(1) 右の図のように、正六角形 ABCDEF は [24] 個の [合同] な [正三角形] に分割することができ、三角形 PQR の面積はその正三角形 [9] 個分です

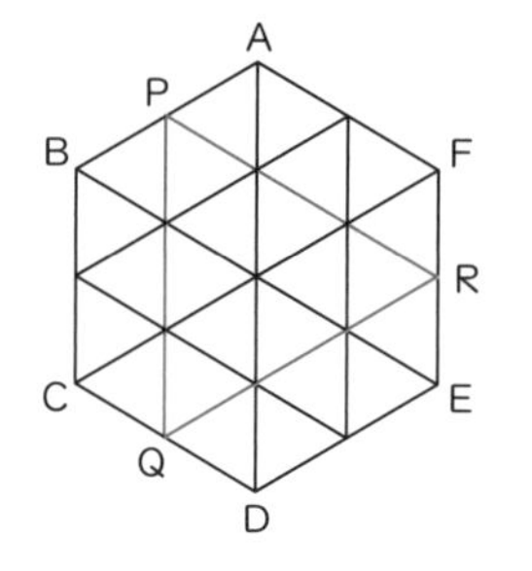

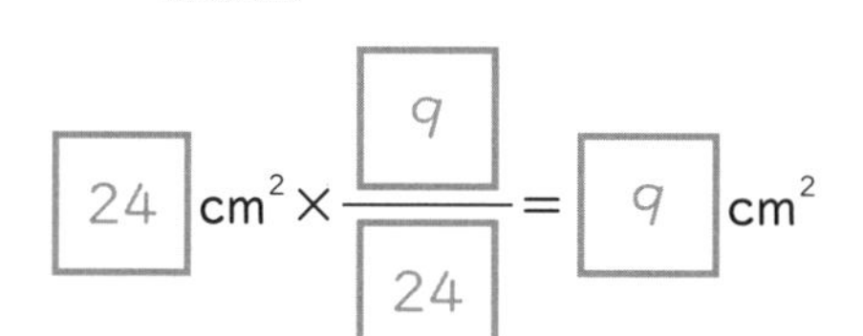

$$[24]\ \text{cm}^2 \times \frac{[9]}{[24]} = [9]\ \text{cm}^2$$

答え [9] cm^2

正六角形の各辺を延長する解き方もあります。

(2) 問題図の灰色部分の面積は、右の図のように、正六角形 ABCDEF を [24] 個に分割した面積が 1cm^2 の [正三角形] 6 個分と [正三角形] を半分に分割した面積が 0.5cm^2 の [直角三角形] 3 個分とわかります。

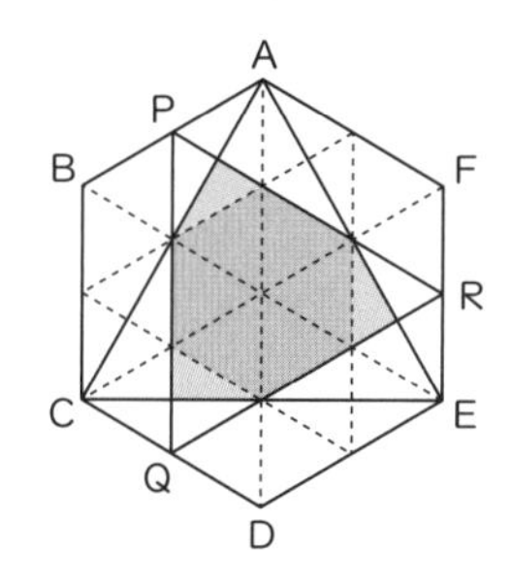

$[1]\ \text{cm}^2 \times [6]$ 個 $+ [0.5]\ \text{cm}^2 \times [3]$ 個 $= [7.5]\ \text{cm}^2$

答え [7.5] cm^2

辺の比を利用した解き方もあります。

正多角形の均等分割の「魔法ワザ」

正六角形は、「6 分割」、「18 分割」、「24 分割」などの分割方法がある。

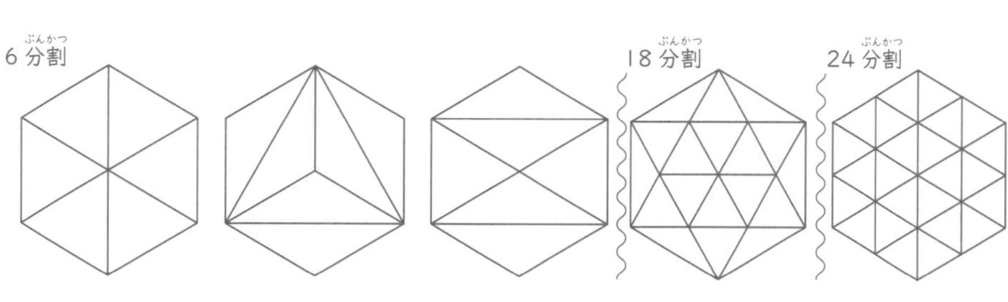

合否を分ける 練習問題 24-1

右の図の正三角形 ABC で、AD：DB = 3：1、AE：EC = 1：1、DF：FE = 2：1 です。正三角形 ABC の面積が $24cm^2$ のとき、三角形 FBC の面積は何 cm^2 ですか。

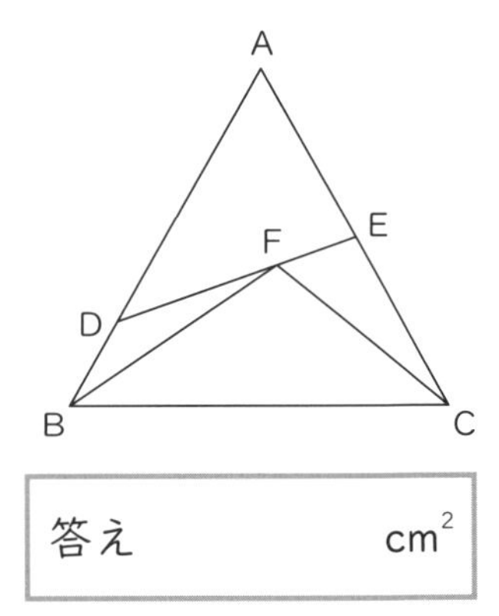

答え　　　cm^2

（参考問題 check!　渋谷教育学園渋谷中学校）

合否を分ける 練習問題 24-2

下の図のように、1 辺の長さが 1cm の正三角形を並べた図形の頂点を結んで、正三角形（太線）を 1 番目、2 番目、3 番目、…と、規則的に作っていきます。次の問いに答えなさい。

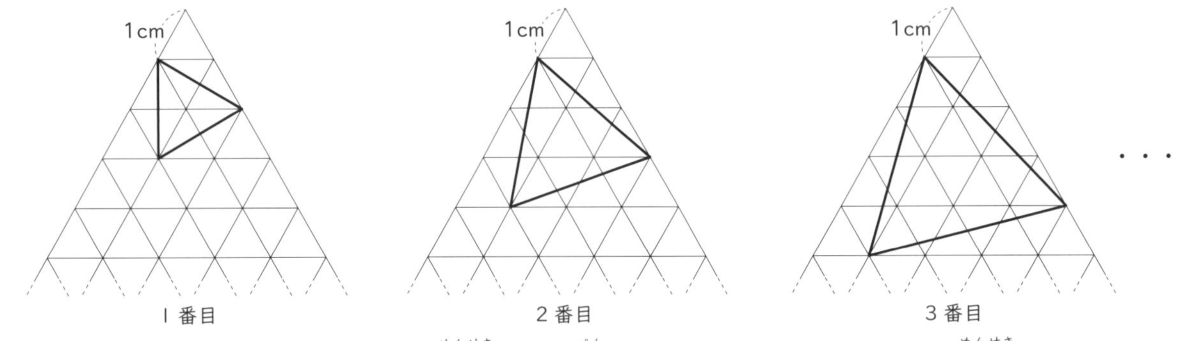

（1）　2 番目の正三角形（太線）の面積は、1 辺の長さが 1cm の正三角形の面積の何倍ですか。

答え　　　倍

（2）　3 番目の正三角形（太線）の面積は、1 辺の長さが 1cm の正三角形の面積の何倍ですか。

答え　　　倍

（3）　正三角形（太線）の面積が、1 辺の長さが 1cm の正三角形の面積の 57 倍になるのは何番目ですか。

答え　　　番目

（参考問題 check!　高輪中学校）

解答・解説

合否を分ける 練習問題 24-1　答え　$10cm^2$

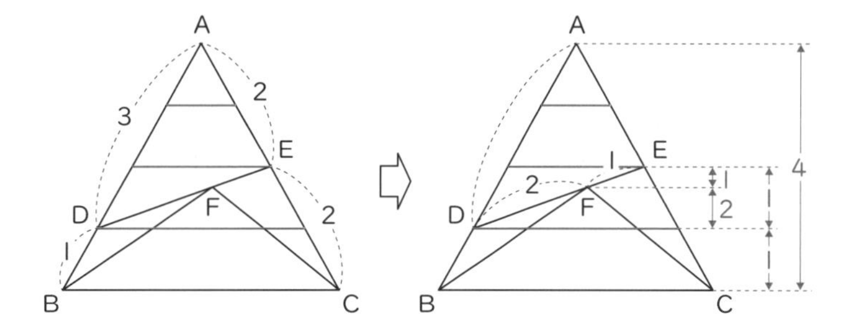

右の図のように、正三角形ABCの底辺BCと平行な直線で正三角形ABCを分割すると、三角形ABCの高さ：三角形FBCの高さ＝4：$\left(1+1\times\frac{2}{3}\right)$＝12：5です。

三角形ABCと三角形FBCの底辺はBCで共通ですから、三角形ABCの面積：三角形FBCの面積＝12：5です。

$24cm^2\times\frac{5}{12}=10cm^2$

合否を分ける 練習問題 24-2　答え　(1)　7倍　(2)　13倍　(3)　7番目

(1)　1辺の長さが1cmの正三角形の面積を1とします。

$4\div2=2$　…　平行四辺形（赤色）の面積の$\frac{1}{2}$

$1+3+5+7=4\times4=16$　…　正三角形（赤線）の面積

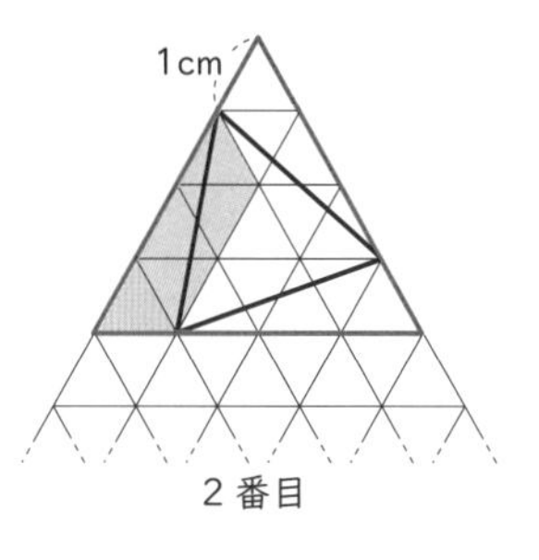

2番目

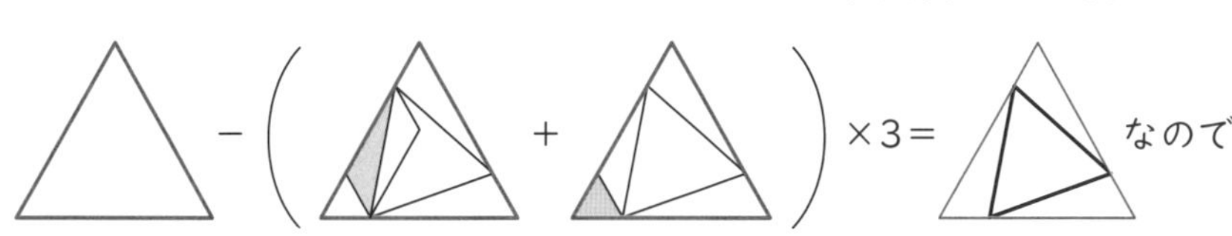

$16-(2+1)\times3=7$

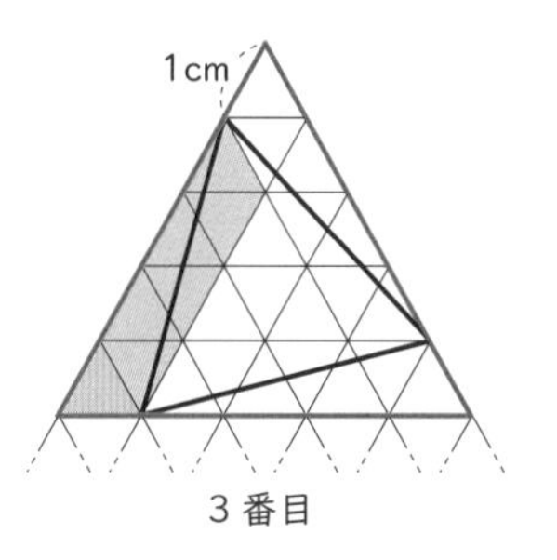

3番目

(2)　(1)と同様にすると、

$5\times5-(3+1)\times3=13$

(3)　表に整理して、規則性を見つけやすくします。

	1番目	2番目	3番目	4番目	5番目	6番目	7番目
正三角形（赤線）の面積	9	16	25	36	49	…	…
平行四辺形（赤色）1つ分の面積	2	4	6	8	10	…	…
引く面積	6	9	12	15	18	…	…
正三角形（太線）の面積	3	7	13	21	31	43	57
増える面積		+4	+6	+8	+10	+12	+14

正三角形（太線）の中の正三角形と平行四辺形の$\frac{1}{2}$に着目してもOKです。

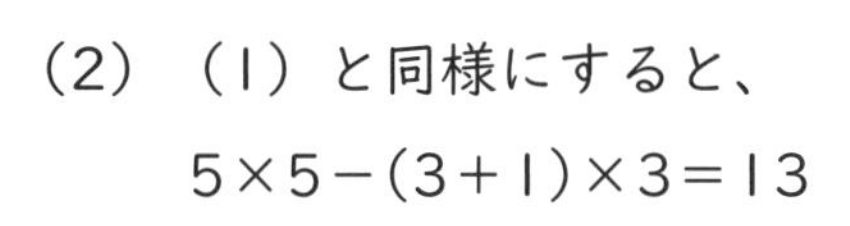

25 平面図形の平行移動 動画あります
～「相似の利用」「グラフの利用」～

合否を分ける例題 25 右の図のように直角二等辺三角形と正方形があり、また、直線Lと直線Mは平行です。直角二等辺三角形は直線Mに沿って毎秒 1cm の速さで、正方形は直線Lに沿って毎秒 2cm の速さで、それぞれ矢印の方向に同時に進み始めます。次の問いに答えなさい。

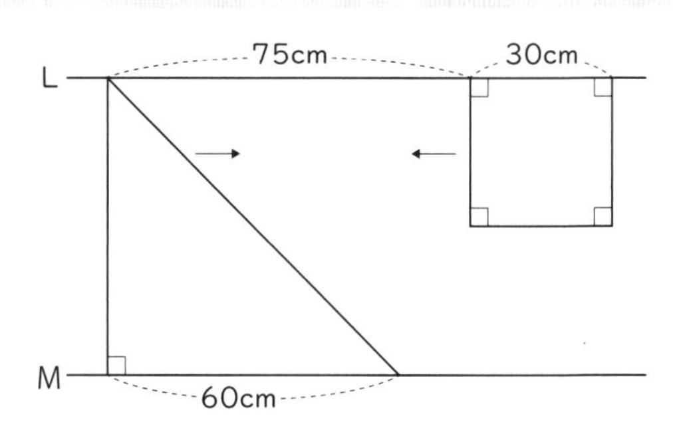

(1) 直角二等辺三角形と正方形が重なり始めるのは、進み始めてから何秒後ですか。

(2) 直角二等辺三角形と正方形が進み始めてから 20 秒後に重なる部分の図形の面積は何 cm^2 ですか。

参考問題 check!　香蘭女学校中等科

：正方形のどの頂点が直角二等辺三角形の辺と重なるかを作図で求めましょう。

考え方と答え

(1) 直角二等辺三角形と正方形は、1秒間に合わせて 3 cm 近づきます。

また、右の図のように遅い方の直角二等辺三角形を止めて正方形の頂点Aに着目すると、正方形が 45 cm 左に動くと直角二等辺三角形と重なり始めることがわかります。

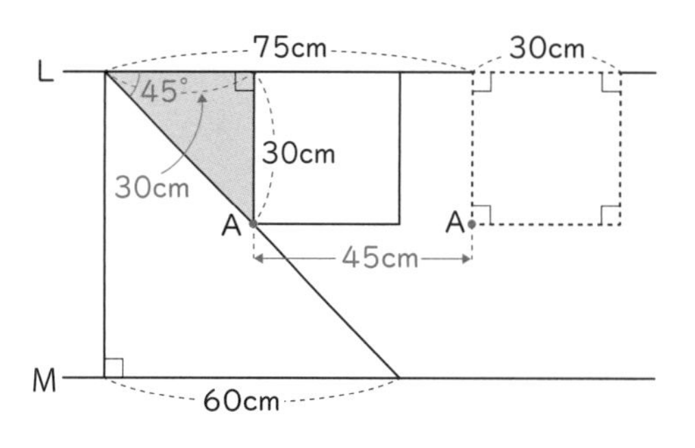

75 cm − 30 cm = 45 cm

45 cm ÷ 3 cm/秒 = 15 秒

通過算の1点着目と同じ考え方です。

答え 15 秒後

(2) (1) より、20秒後の正方形の位置は、(1) の位置より5秒進んだところとわかります。

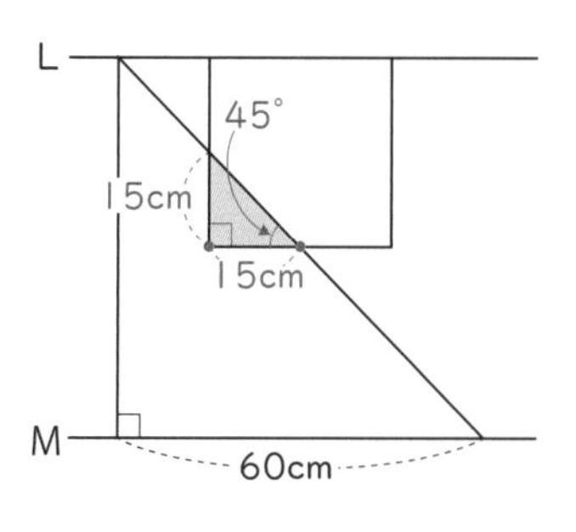

3 cm/秒 ×(20 秒 − 15 秒) = 15 cm

15 cm × 15 cm × $\frac{1}{2}$ = 112.5 cm²

答え 112.5 cm²

平面図形の平行移動の「魔法ワザ」

移動する図形の頂点や辺が、動かない図形の頂点や辺に重なるときの図(「キリ」のよい図)をかく。

合否を分ける
練習問題 25-1

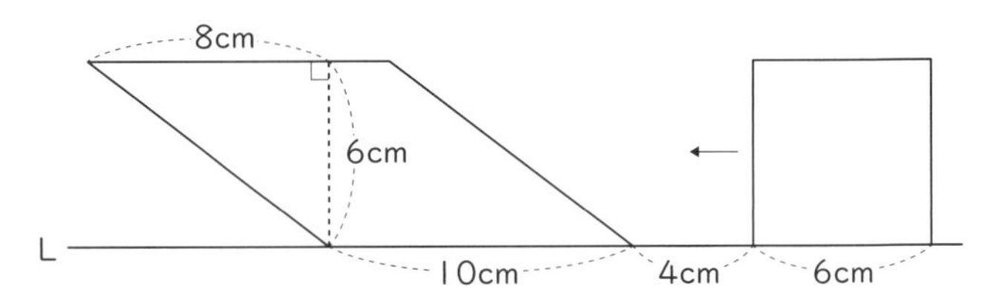

右の図のように、直線L上に1辺が6cmの正方形と、底辺が10cm、高さが6cmの平行四辺形があります。右の図の状態からこの正方形が直線L上を毎秒1cmの速さで矢印の方向に移動していきます。次の問いに答えなさい。

(1)　正方形と平行四辺形が重なった部分の図形が初めて五角形になるのは、正方形が移動を開始して何秒より後の何秒間ですか。

答え　　　秒より後の　　　秒間

(2)　正方形が移動を開始してから16秒後の正方形と平行四辺形が重なった部分の面積は何 cm^2 ですか。

答え　　　cm^2

（参考問題 check!　横浜共立学園中学校）

合否を分ける
練習問題 25-2

右の図で、長方形ABCDはAB＝4cm、BC＝2cmの長方形、三角形EFGはEHが4cmの直角二等辺三角形、CF＝2cmです。長方形ABCDを矢印の方向に毎秒1cmの速さで、直線L上を頂点Bが頂点Gに重なるまで移動させます。次の問いに答えなさい。

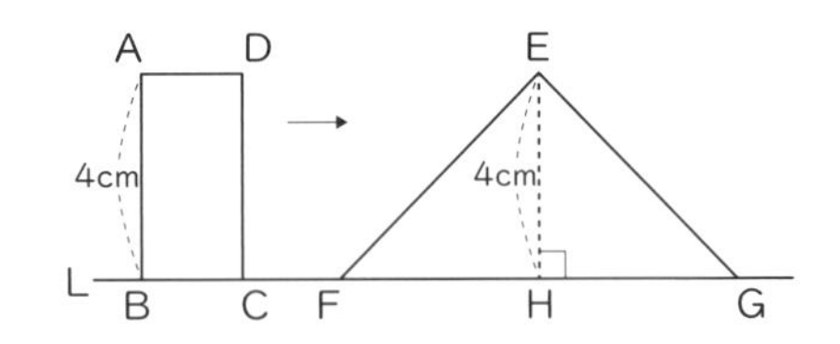

(1)　長方形ABCDが移動し始めて4秒後から10秒後までの時間と2つの図形の重なった部分の面積の関係をグラフにかきなさい。

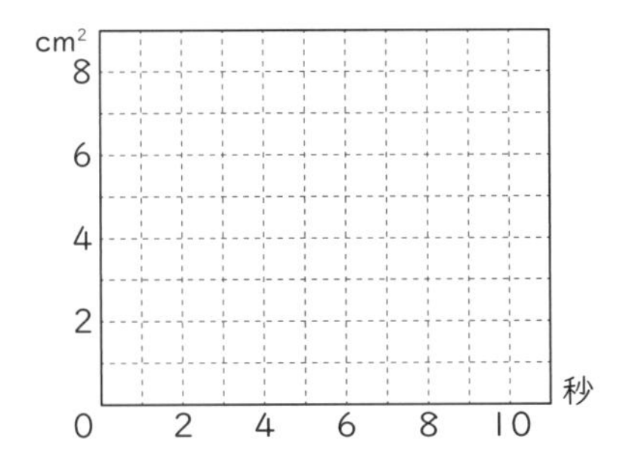

(2)　重なった部分の面積が三角形EFGの面積の $\frac{1}{4}$ になるのは何秒後と何秒後ですか。

答え　　　秒後と　　　秒後

（参考問題 check!　江戸川学園取手中学校）

解答・解説

合否を分ける 練習問題 25-1　答え　(1)　12 秒後より後の 2 秒間　　(2)　33cm^2

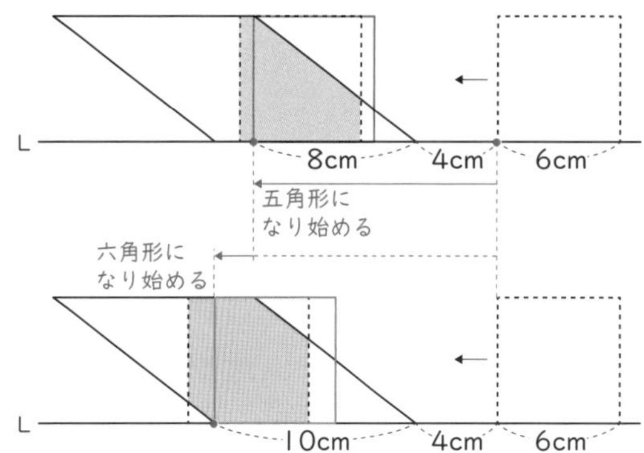

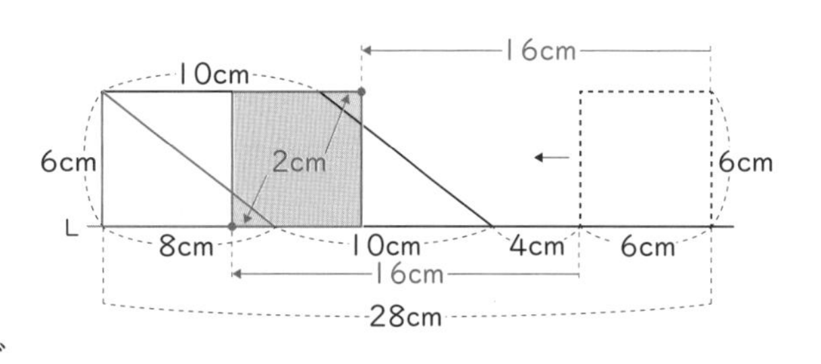

(1)　(4cm＋8cm)÷1cm/ 秒＝12 秒　…　この後、五角形になり始める

(4cm＋10cm)÷1cm/ 秒＝14 秒　…　この後、六角形になり始める

14 秒－12 秒＝2 秒間

(2)　1cm/ 秒×16 秒＝16cm

16cm－(4cm＋10cm)＝2cm　…　赤色（下）の三角形の底辺

6cm ＋ 4cm ＋ 10cm＋8cm＝28cm

28cm－(16cm ＋ 10cm)＝2cm　…　赤色（上）の三角形の底辺

赤色の三角形と赤線の三角形は相似なので、

$2\text{cm}\times\frac{3}{4}=1.5\text{cm}$　…　赤色の三角形の高さ

$6\text{cm}\times6\text{cm}-2\text{cm}\times1.5\text{cm}\times\frac{1}{2}\times2=33\text{cm}^2$

「キリ」のよい図を少し前後に動かしてみましょう。

合否を分ける 練習問題 25-2　答え　(1)　下図　　(2)　5 秒後と 9 秒後

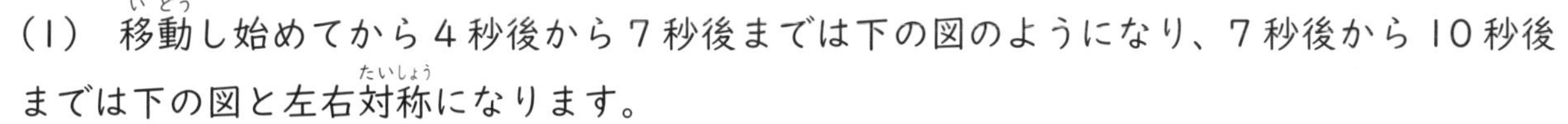

(1)　移動し始めてから 4 秒後から 7 秒後までは下の図のようになり、7 秒後から 10 秒後までは下の図と左右対称になります。

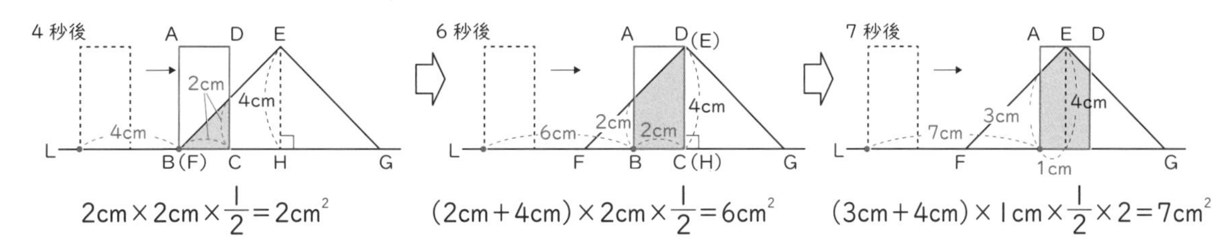

$2\text{cm}\times2\text{cm}\times\frac{1}{2}=2\text{cm}^2$　　$(2\text{cm}+4\text{cm})\times2\text{cm}\times\frac{1}{2}=6\text{cm}^2$　　$(3\text{cm}+4\text{cm})\times1\text{cm}\times\frac{1}{2}\times2=7\text{cm}^2$

長方形の頂点や辺が三角形の頂点と交わるとき、長方形が三角形の真ん中にくるときの図をかきましょう。

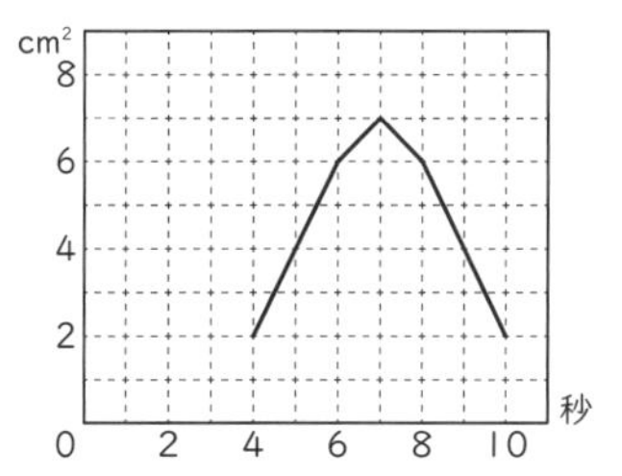

(2)　(1) のグラフを利用すると、$8\text{cm}\times4\text{cm}\times\frac{1}{2}\times\frac{1}{4}$

$=4\text{cm}^2$　…　三角形 EFG の面積の$\frac{1}{4}$

右のグラフより、重なった面積が 4cm^2 になるのは 5 秒後と 9 秒後です。

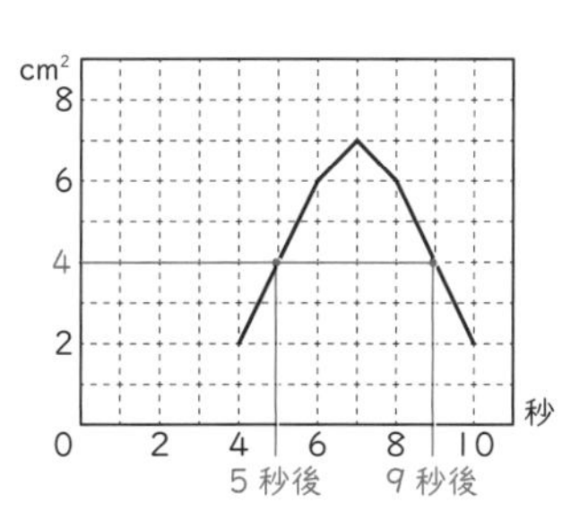

26 平面図形の軌跡 ～「平行を保って移動」「回転移動」～

合否を分ける例題26 図のように、直角三角形 ABC の各辺の内側に沿って半径 1cm の円が 1 周して元の位置に戻ります。次の問いに答えなさい。(円周率は 3.14)

(1) (あ) の長さは何 cm ですか。

(2) 円が通過した部分 (灰色部分) の面積は何 cm^2 ですか。

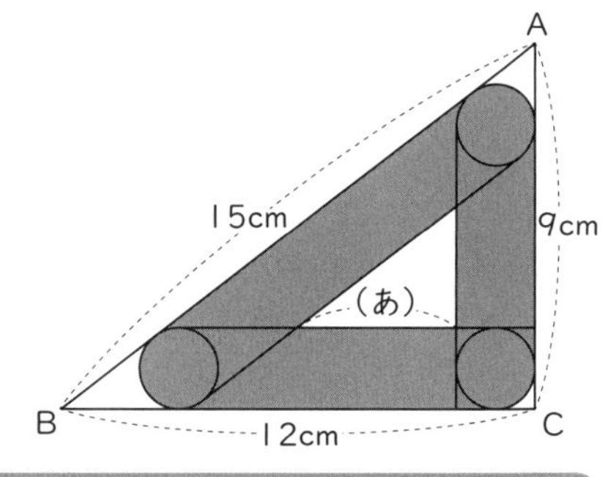

参考問題 check!　成蹊中学校

💡: 直角三角形 ABC にぴったりと入る円 (内接円) を利用します。

考え方と答え

(1) 直角三角形 ABC の 3 辺に内側で接する [円] を作図し、

[円] の [中心] と直角三角形の [頂点] を結びます。

三角形 PAB、PBC、PCA の [高さ] は、円 P の [半径] と等しいので、面積比は [底辺] の比と同じとなり、

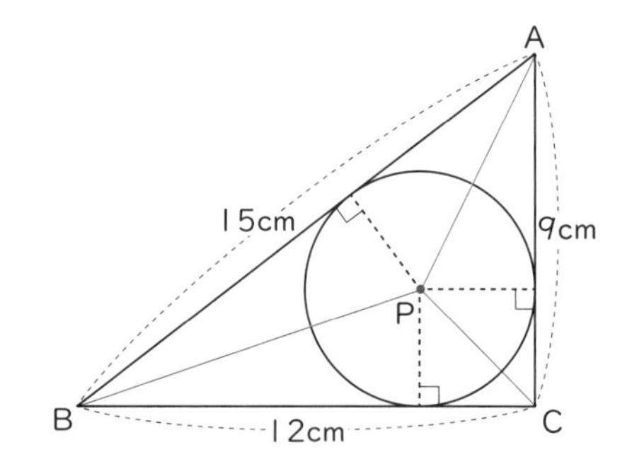

三角形 PAB：三角形 PBC：三角形 PCA＝[15] cm：[12] cm：[9] cm＝5：4：3

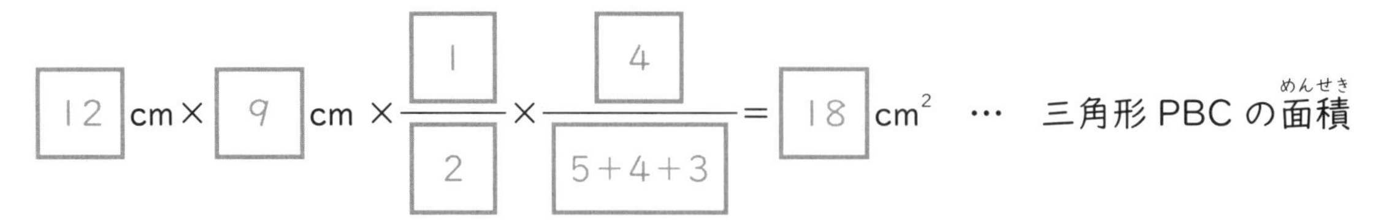

$$12\text{cm} \times 9\text{cm} \times \frac{1}{2} \times \frac{4}{5+4+3} = 18\text{cm}^2$$ … 三角形 PBC の面積

[18] cm^2 × [2] ÷ [12] cm＝[3] cm … 三角形 PBC の高さ＝円 P の半径

問題図を重ね合わせると右のようになります。

三角形 ABC と三角形 [EFG] が [相似]、小円 P の半径が [3] cm－[1] cm×[2]＝[1] cm ですから、

三角形 ABC と三角形 EFG の相似比＝大円 P の [半径]：小円 P の [半径]＝[3]：[1] です。

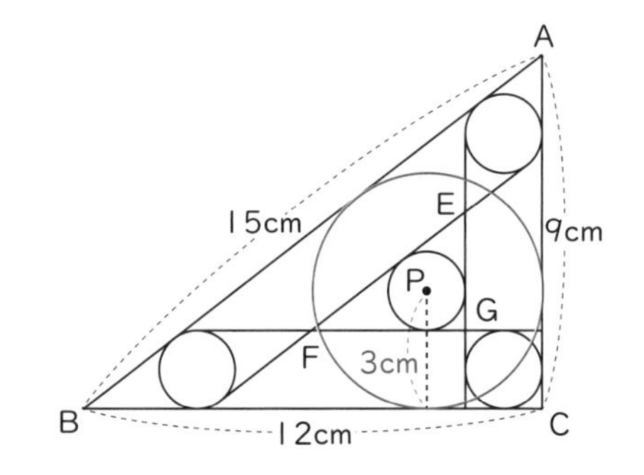

$12\text{cm} \times \dfrac{1}{3} = 4\text{cm}$

答え　4　cm

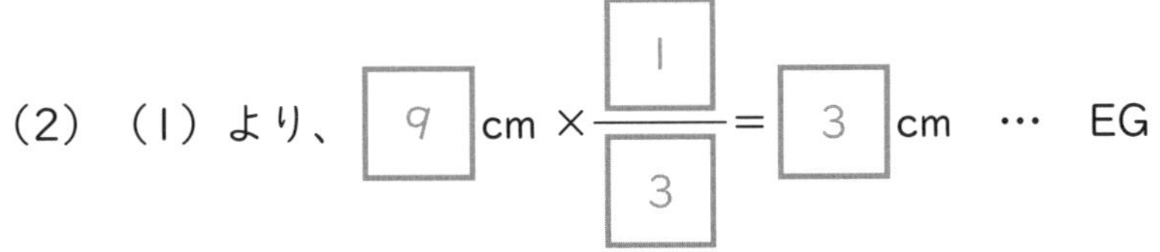

(2)（1）より、$9\text{cm} \times \dfrac{1}{3} = 3\text{cm}$ … EG

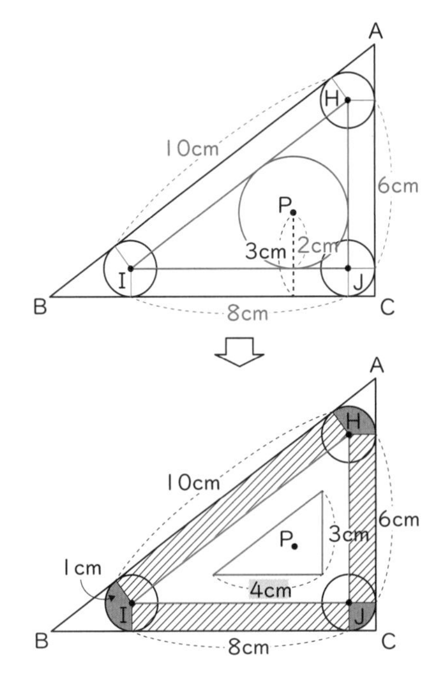

３つの円の中心を結んでできる直角三角形 HIJ についても３辺に内側で接する［円］を作図すると、

中円Ｐの半径は［3］cm－［1］cm＝［2］cm です。

三角形 ABC と三角形 HIJ の相似比＝大円Ｐの［半径］：中円Ｐの［半径］＝［3］：［2］ですから、HI＝［10］cm、IJ＝［8］cm、JH＝［6］cm とわかります。

求める面積を、半径 1cm の円（灰色のおうぎ形を合体）、斜線の長方形、赤線部分に分けて計算します。

$1\text{cm} \times 1\text{cm} \times 3.14 = 3.14\text{cm}^2$

$1\text{cm} \times (10\text{cm} + 8\text{cm} + 6\text{cm}) = 24\text{cm}^2$

$8\text{cm} \times 6\text{cm} \times \dfrac{1}{2} - 4\text{cm} \times 3\text{cm} \times \dfrac{1}{2} = 18\text{cm}^2$

$3.14\text{cm}^2 + 24\text{cm}^2 + 18\text{cm}^2 = 45.14\text{cm}^2$

答え　45.14　cm^2

平面図形の軌跡の「魔法ワザ」

直角三角形の３つの辺に内側で接する円（内接円）を利用する。

合否を分ける 練習問題 26-1

右の図のように、正方形 ABCD の辺 BC が常におうぎ形の半径 OF と平行となるように、点 B をおうぎ形の弧 EF に沿って E から F まで動かしました。次の問いに答えなさい。（円周率は 3.14）

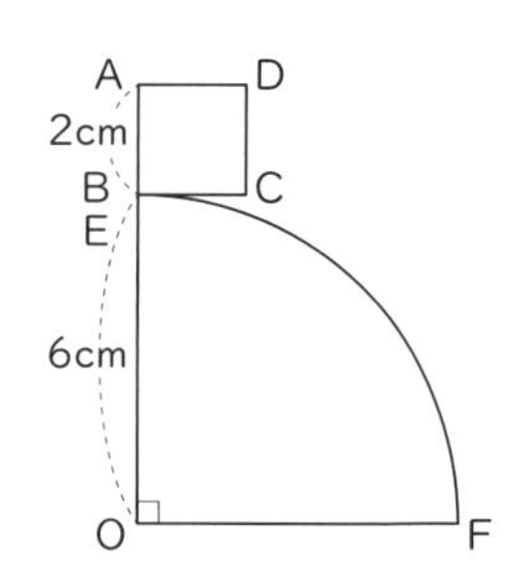

（1） 辺 DC が通過した部分を下の図中に斜線で示しなさい。

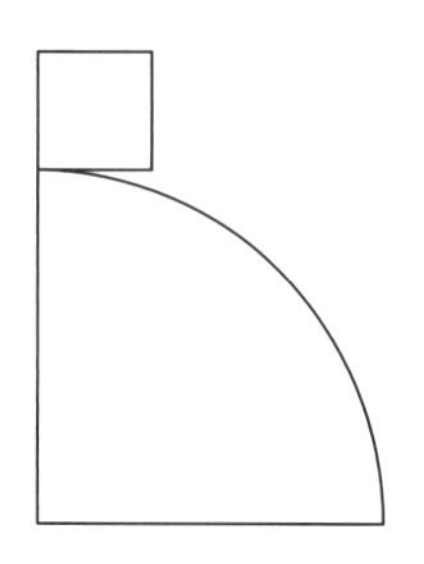

（2）（1）の斜線部分の面積は何 cm^2 ですか。

「図形式」で考えてみましょう。

答え　　　　　cm^2

（参考問題 check!　淑徳与野中学校）

合否を分ける 練習問題 26-2

右の図の四角形 ABCD は、1 辺の長さが 10cm の正方形です。この正方形を点 B を中心に反時計回りに 180 度だけ回転させるとき、三角形 ACD が通過する部分の面積は何 cm^2 ですか。

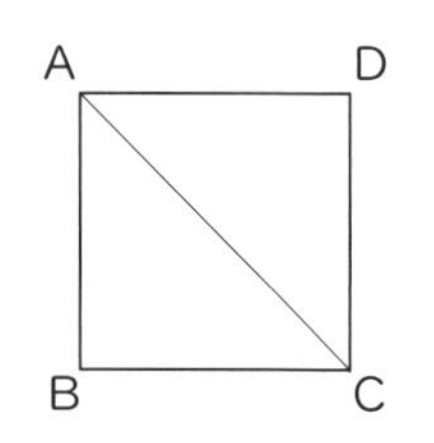

回転移動は、回転の中心から最も近い点と遠い点に着目します。

答え　　　　　cm^2

（参考問題 check!　白百合学園中学校）

合否を分ける 練習問題 26-1　答え　(1)　下図　　(2)　$12cm^2$

(1)　右の図のようになります。

※コンパスの使用・不使用は受験校の持ち物指定に合わせてください。

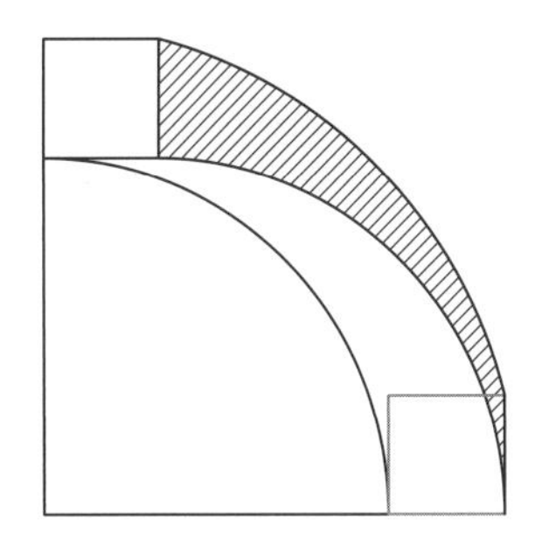

(2)　(1) の斜線部分の面積は、下の「図形式」のように考えると、下図右の色のついた長方形の面積と等しいことがわかります。

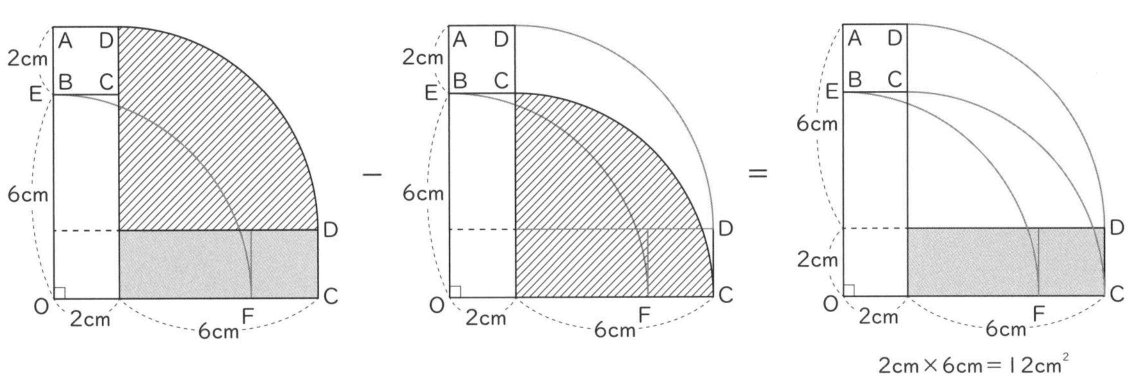

合否を分ける 練習問題 26-2　答え　$285.5cm^2$

三角形 ACD の頂点 A、C と、回転の中心 B から最も近い点 M（AC の真ん中の点）と最も遠い点 D の動きを作図します。

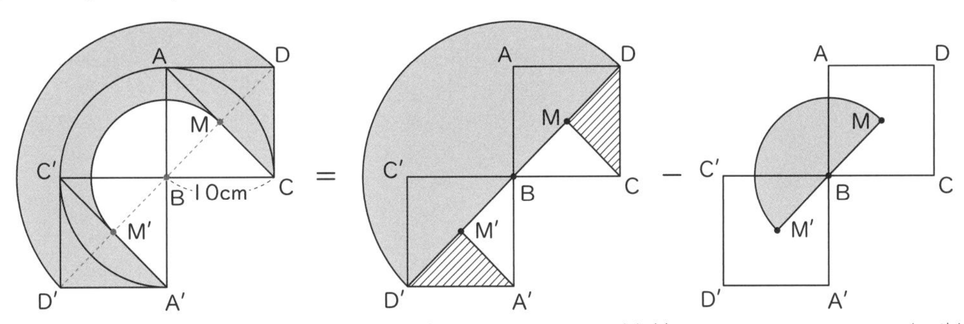

上の「図形式」より、三角形 ACD が通過する部分の面積は、半円（大）＋斜線の直角二等辺三角形×2－半円（小）とわかります。

BD＝□ cm とすると、□ cm×□ cm×$\frac{1}{2}$＝10cm×10cm ですから、□ cm×□ cm＝$200cm^2$ です。

また、2 つの半円は相似で、相似比は BD：BM＝2：1 ですから、面積比は 4：1 です。

$200cm^2 \times 3.14 \times \frac{1}{2} \times \frac{4-1}{4} + 10cm \times 5cm \times \frac{1}{2} \times 2 = 285.5cm^2$

27 平面図形の転がり移動 〜「弧の組み合わせ」「周期性」〜

合否を分ける例題27 右の図のPからQまで半径6cmの円が転がります。円の中心Oが通過したあとの線の長さは何cmですか。（円周率は3.14）

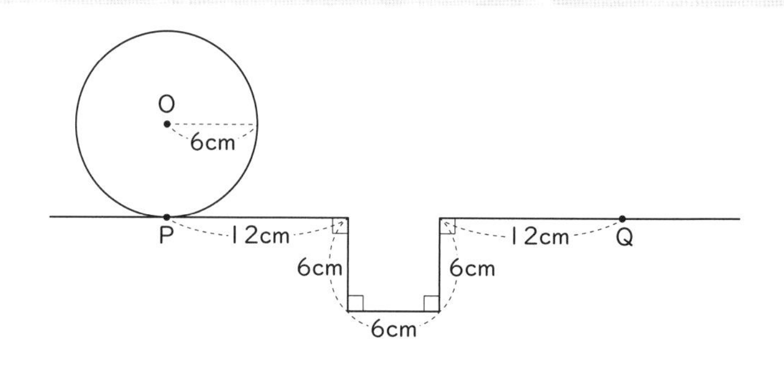

参考問題check!　東邦大学付属東邦中学校

：円は右に12cm転がったあと、回転移動します。

考え方と答え

円は、次の図1〜4のように転がります。

図1　円がPから R まで転がるとき、円の中心Oが通過してできる線の長さは 12 cmです。

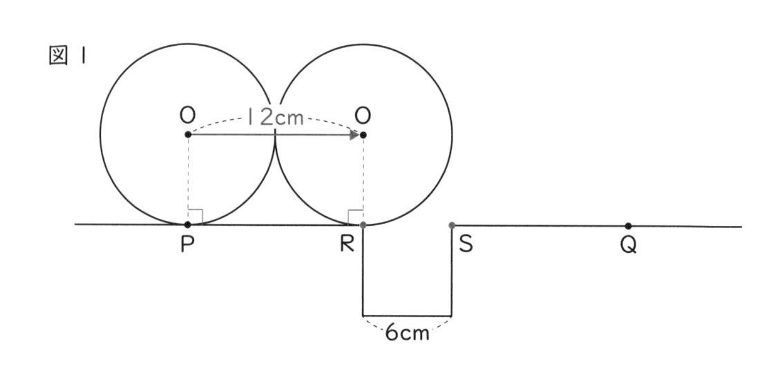

図2　円は［R］を中心に、［S］に接するまで［回転］します。

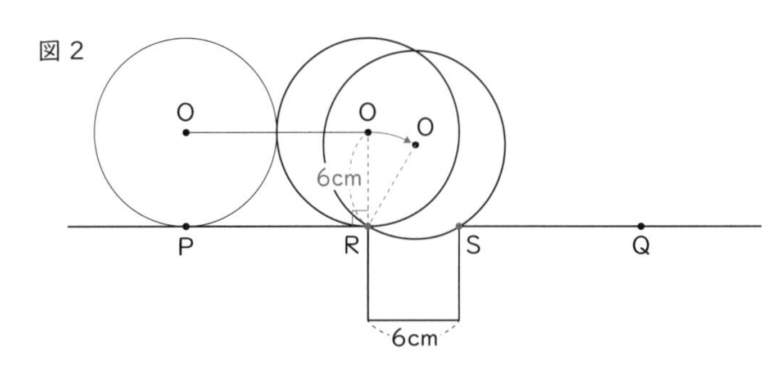

図3　円は［S］を中心に、［半径 OS］が直線 SQ と［垂直］になるまで［回転］します。

このとき、色のついた三角形は1辺の長さが［6］cm の［正三角形］ですから、回転する角の大きさは［30］度です。

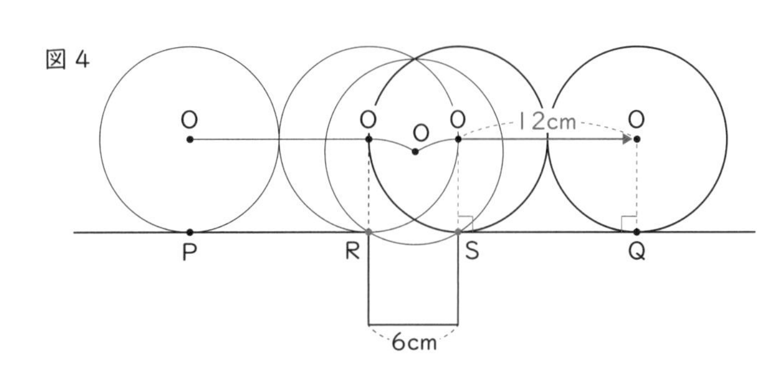

図4　円が［S］から Q まで転がるとき、円の中心 O が通過してできる線の長さは［12］cm です。

図 4

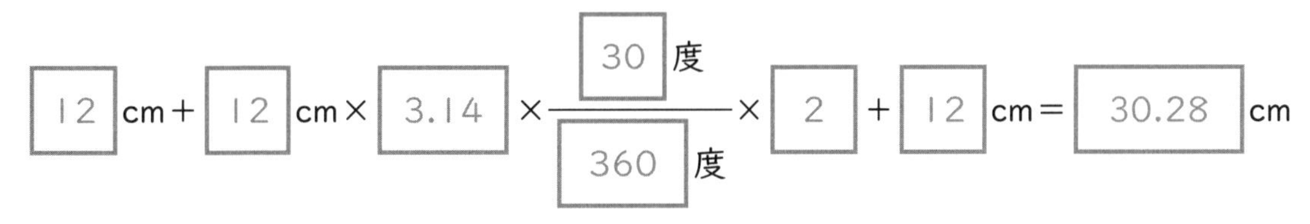

［12］cm＋［12］cm×［3.14］×$\dfrac{［30］度}{［360］度}$×［2］＋［12］cm＝［30.28］cm

答え　30.28　cm

平面図形の転がり移動の「魔法ワザ」

・転がる円の中心と接している点を結ぶ半径は、接している直線と垂直になる。（図1）
・円周上で接しているときは、接している円の半径の延長線上に転がる円の中心がある。（図2）

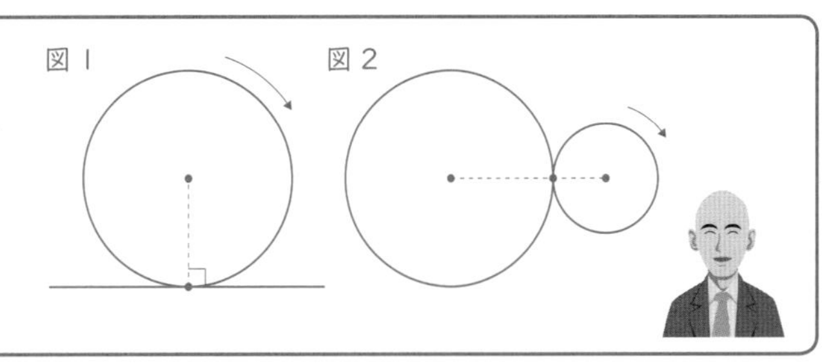

合否を分ける
練習問題 27-1

図1は、半径16cmの円の$\frac{1}{4}$と直径16cmの半円2つを組み合わせた図形で、図2は、図1の図形から灰色部分を抜き出したもの（図形ア）です。図3のように、半径4cmの円Oが図形アの周上の外側を点Pから転がって元の位置まで戻るとき、円Oが通過した部分の図形の面積は何cm^2ですか。（円周率は3.14）

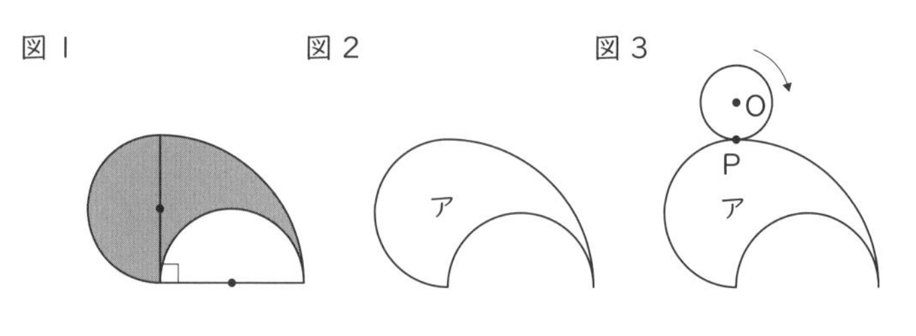

答え　　　　cm^2

（参考問題check!　芝浦工業大学柏中学校）

合否を分ける
練習問題 27-2

図のように1辺の長さが9cmの正方形ABCDと1辺の長さが3cmの正三角形PQRがあり、点Pは点Aと重なっています。いま、正三角形PQRが正方形ABCDの周りを図の矢印の方向に点Pが再び点Aと重なるまで、すべらないように転がり続けます。図の点線の三角形は、正三角形PQRが1回だけ転がったようすを表しています。次の問いに答えなさい。（円周率は3.14）

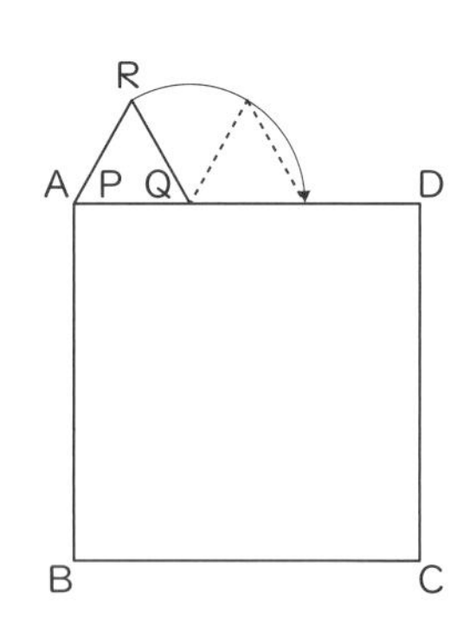

（1）　正三角形が転がる回数は何回ですか。

答え　　　　回

（2）　点Pが通過したあとの線の長さは何cmですか。

答え　　　　cm

（参考問題check!　中央大学附属横浜中学校）

解答・解説

合否を分ける 練習問題 27-1　答え　$803.84cm^2$

右の図のようになります。

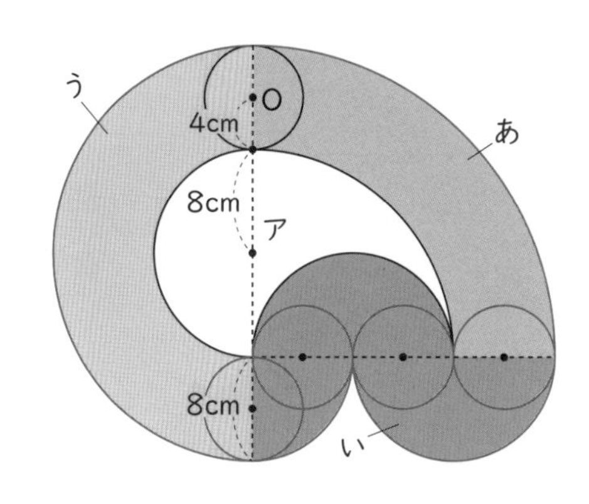

$24cm \times 24cm \times 3.14 \times \frac{1}{4} - 16cm \times 16cm \times 3.14 \times \frac{1}{4}$

$= 80cm^2 \times 3.14$　…　あの図形の面積

$8cm \times 8cm \times 3.14 \times \left(\frac{1}{2} + \frac{1}{2} + \frac{1}{4}\right) = 80cm^2 \times 3.14$　…　いの図形の面積

$16cm \times 16cm \times 3.14 \times \frac{1}{2} - 8cm \times 8cm \times 3.14 \times \frac{1}{2} = 96cm^2 \times 3.14$　…　うの図形の面積

図形アの半径を延長しましょう。

$80cm^2 \times 3.14 + 80cm^2 \times 3.14 + 96cm^2 \times 3.14 = 803.84cm^2$

合否を分ける 練習問題 27-2　答え　(1)　12回　　(2)　50.24cm

(1)　右の図のように、正三角形PQRが3回転がると正三角形の頂点Pが再び正方形ABCDの頂点と重なりますから、元の位置に戻るまでに、この動きを全部で4周期くり返すことがわかります。

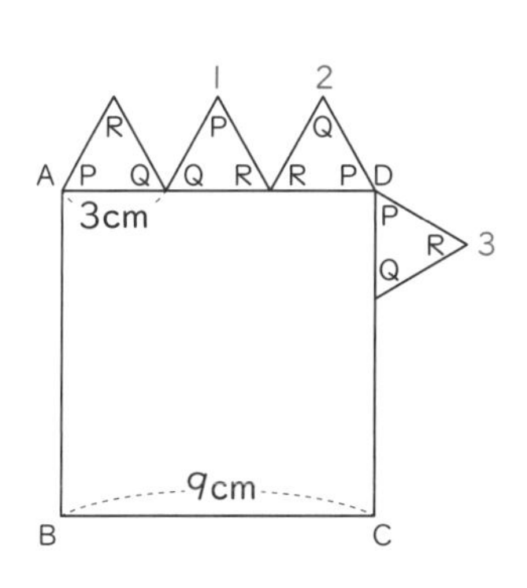

9cm÷3cm＝3回

3回×4周期＝12回

(2)　右の図のように、点Pは通過します。

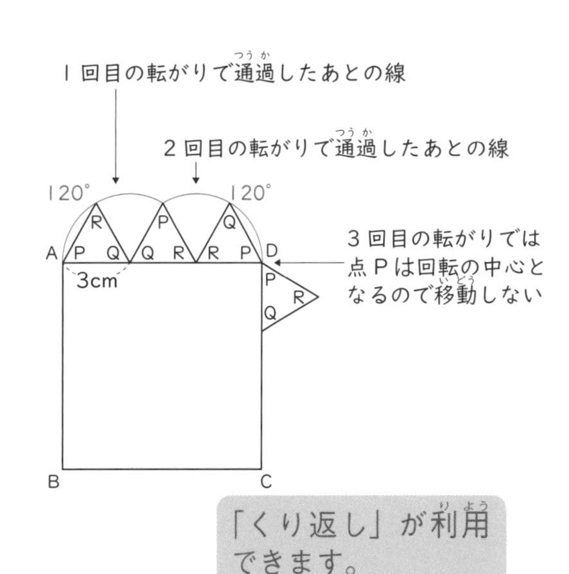

$6cm \times 3.14 \times \frac{120°}{360°} + 6cm \times 3.14 \times \frac{120°}{360°} + 0cm = 4cm \times 3.14$　…　1周期で点Pが通過したあとの線の長さ

$4cm \times 3.14 \times 4$ 周期 $= 50.24cm$

「くり返し」が利用できます。

28 点の移動と面積 ～「グラフの読み取り」「$\frac{1}{\square}$が重なる」～

合否を分ける例題 28 右の図で、四角形 ABCD は AD＝20cm、BC＝30cm の台形です。点 P は辺 AD 上を A から毎秒 4cm の速さで AD 間を往復し、点 Q は辺 BC 上を点 P と同時に C から毎秒 2cm の速さで往復し始めます。次の問いに答えなさい。

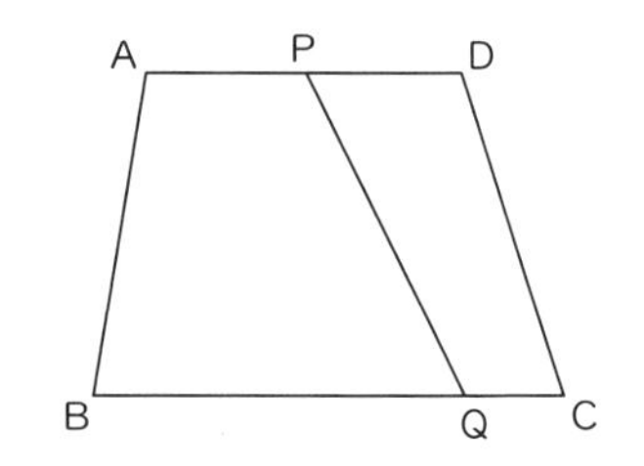

(1) 動き始めてから 15 秒後までの間で、四角形 ABQP が平行四辺形になるのは何秒後と何秒後ですか。

(2) 動き始めてから 30 秒後までの間で、四角形 ABQP の面積が最小になるのは何秒後と何秒後ですか。

参考問題 check!　武蔵中学校

：図をかいて考えることもできますし、2 点の動きをグラフにして解くこともできます。

考え方と答え

(1) 右のように四角形 ABQP が平行四辺形になる図をかきます。

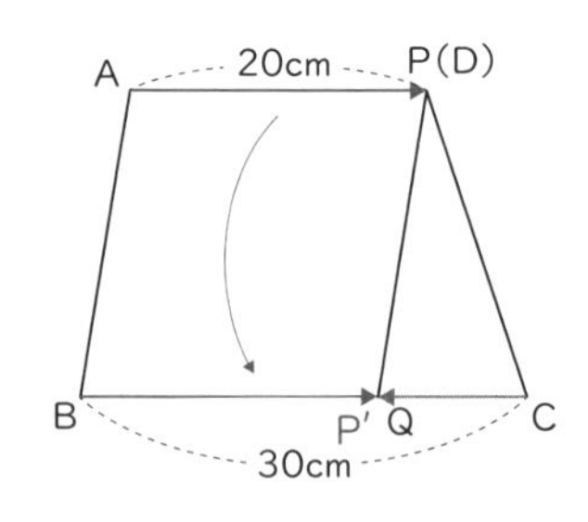

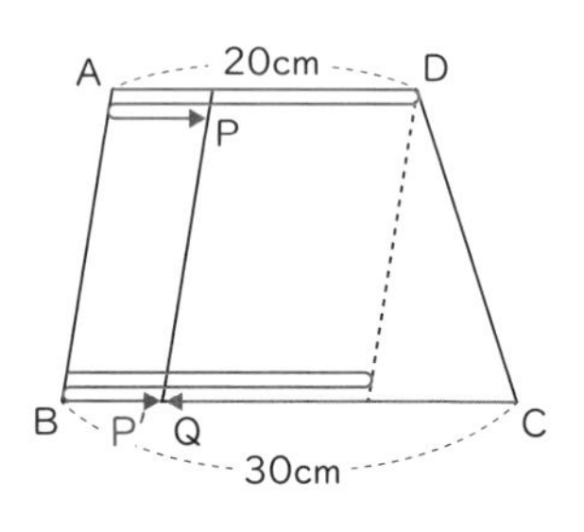

このとき、点 P と同じ動きをする点 P′ を辺 BC 上にもかくと、1 回目は点 P′ と点 Q が 初めて出会う とき、2 回目は点 P′ と点 Q が 2 回目に出会う ときであることがわかります。

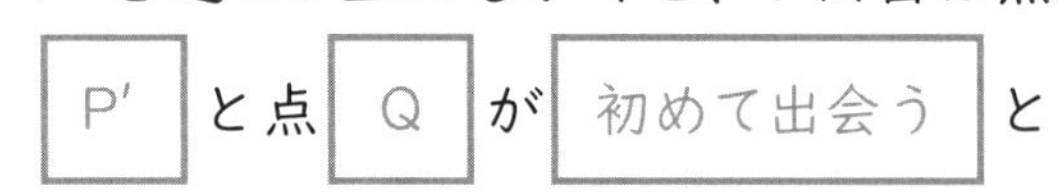

30 cm÷(4 cm/ 秒＋ 2 cm/ 秒)＝ 5 秒 … 1 回目

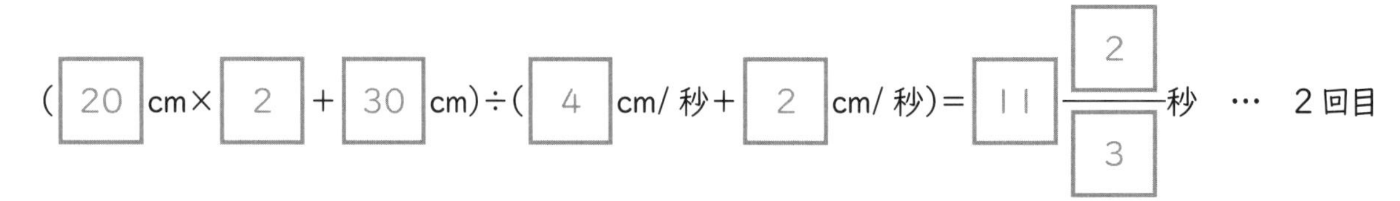

(20 cm× 2 ＋ 30 cm)÷(4 cm/ 秒＋ 2 cm/ 秒)＝ $11\frac{2}{3}$ 秒 … 2 回目

答え　5　秒後と　$11\frac{2}{3}$　秒後

（別解）「平行四辺形になる」＝「点 P′ と点 Q が 重なる 」ときですから、2 点の旅人算として解くことができます。

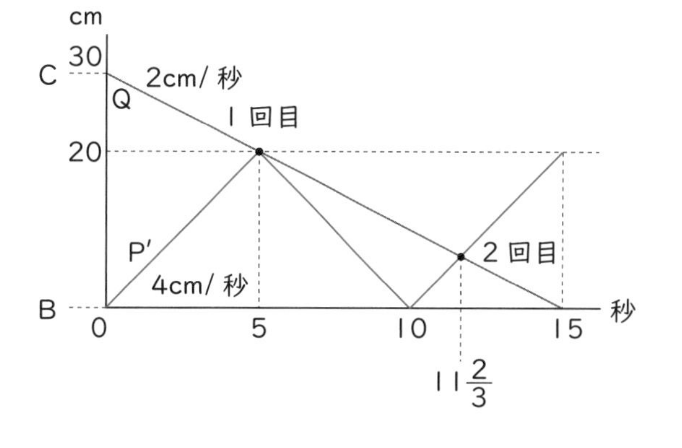

右のように 2 点 P′ と Q の動きをグラフに表すと、2 点が 1 回目に重なるのは 5 秒後、2 回目に重なるのは、

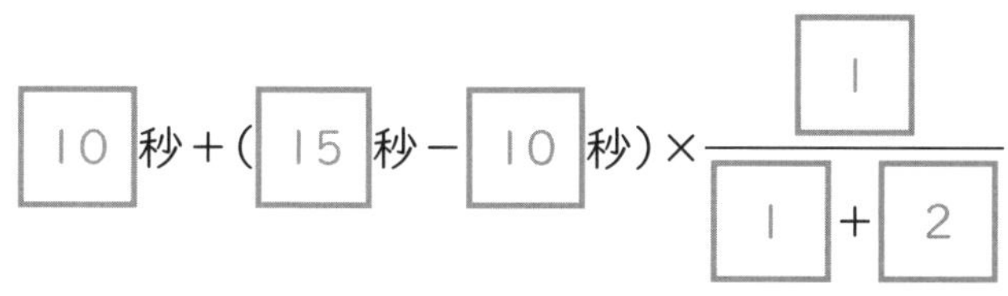

10 秒＋(15 秒－ 10 秒)×$\frac{1}{1+2}$

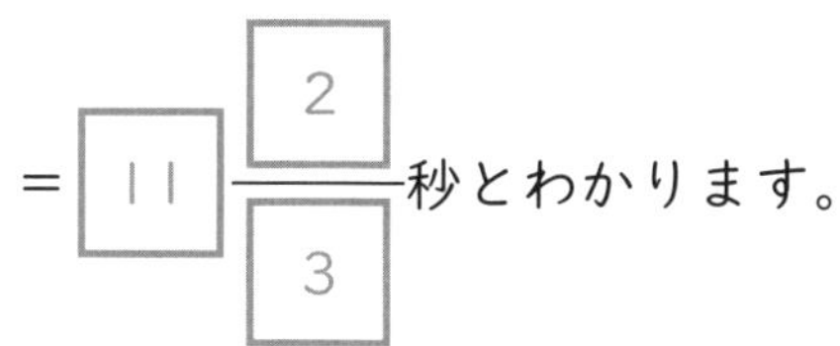

＝ 11 $\frac{2}{3}$ 秒とわかります。

(2) 四角形 ABQP は、常に高さが台形 ABCD と同じ台形（または平行四辺形）ですから、面積が最小になるときは、AP ＋ BQ が最小のときです。

（1）の別解と同じように、2 点 P、Q の動きをグラフに

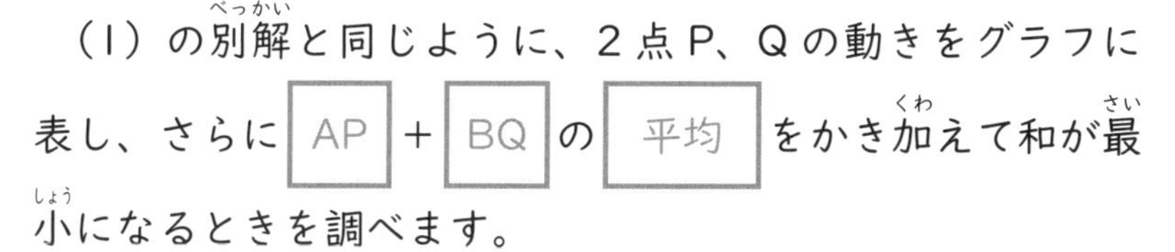

表し、さらに AP ＋ BQ の 平均 をかき加えて和が最小になるときを調べます。

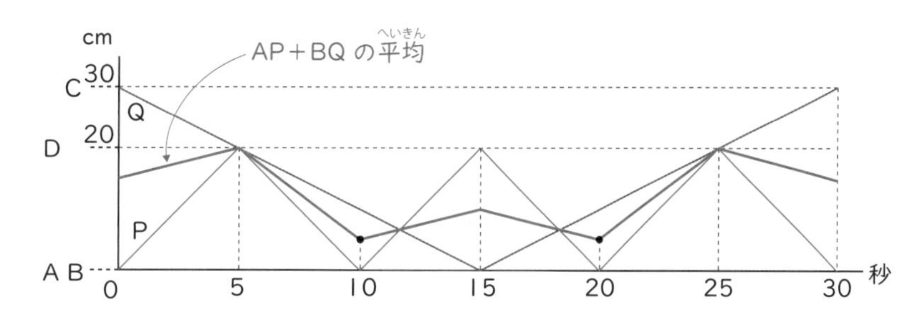

上のグラフより、AP ＋ BQ が最小になるのは、10 秒後と 20 秒後です。

答え　10　秒後と　20　秒後

点の移動と面積の「魔法ワザ」

点の動きをグラフに表すと、面積の変化やできる図形がわかりやすくなる。

合否を分ける
練習問題 28-1

右の図1のような台形ABCDがあります。点Pは点Bを出発して点C、Dを通り、点Aまで一定の速さで台形の辺上を動きます。また、図2のグラフは、点Pが点Bを出発してからの時間と三角形ABPの面積の関係を表したものです。次の問いに答えなさい。

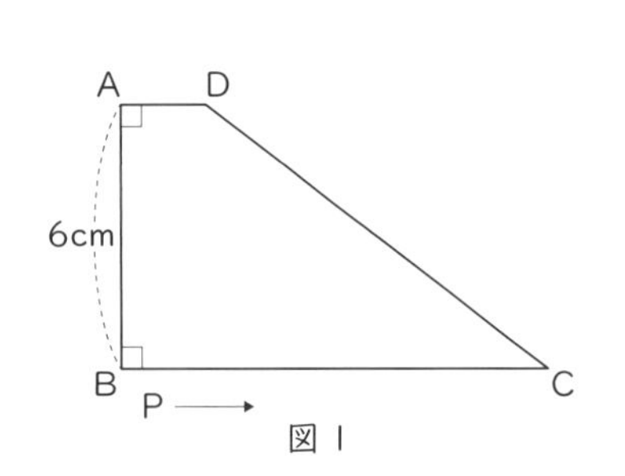

図1

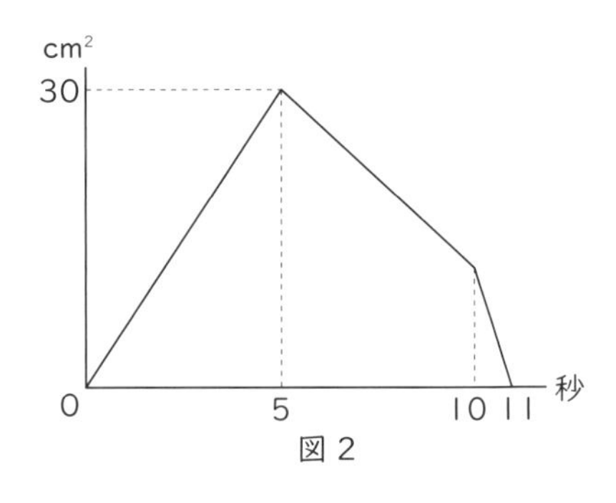

図2

(1) 点Pの速さは毎秒何cmですか。

答え　毎秒　　　　cm

(2) 三角形PBCと三角形PDAの面積が初めて等しくなるのは、点Pが出発してから何秒後ですか。

答え　　　　秒後

(参考問題check!　共立女子中学校)

合否を分ける
練習問題 28-2

縦12cm、横16cmの長方形ABCDの辺上を、点Pは点Aを出発して毎秒4cmの速さでA→D→C→B→A→D→…と移動し、点Qは点Pと同時に点Bを出発して毎秒2cmの速さでB→C→D→A→B→C→…と移動します。2点が出発してからの三角形BPCと三角形AQDの重なっている部分の面積について、次の問いに答えなさい。

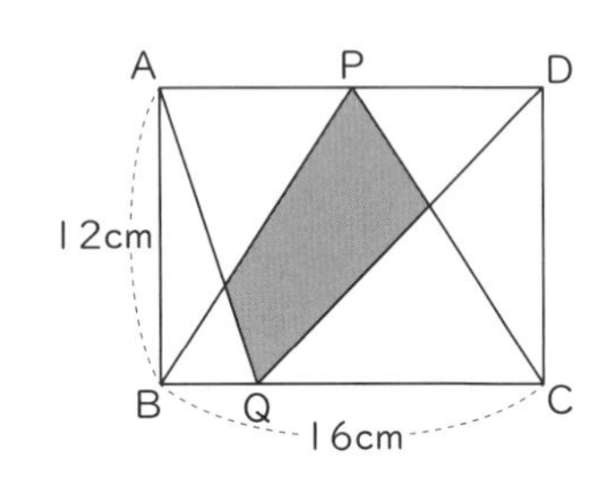

(1) 出発してから2秒後に重なっている部分の面積は何cm^2ですか。

答え　　　　cm^2

(2) 重なっている部分の面積が初めて$48cm^2$となるのは、出発してから何秒後ですか。

答え　　　　秒後

(参考問題check!　神戸女学院中学部)

解答・解説

合否を分ける 練習問題 28-1　答え　(1)　毎秒 2cm　　(2)　$5\frac{5}{6}$秒後

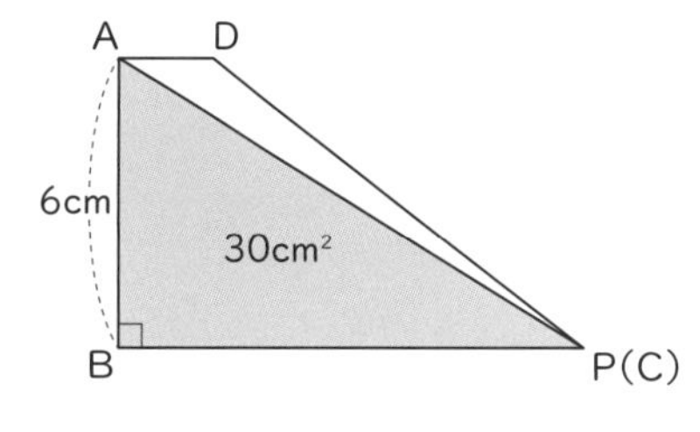

(1)　5 秒後は、右の図のようになります。

$30cm^2 \times 2 \div 6cm = 10cm$　…　辺 BC の長さ

$10cm \div 5$ 秒 $= 2cm/$ 秒

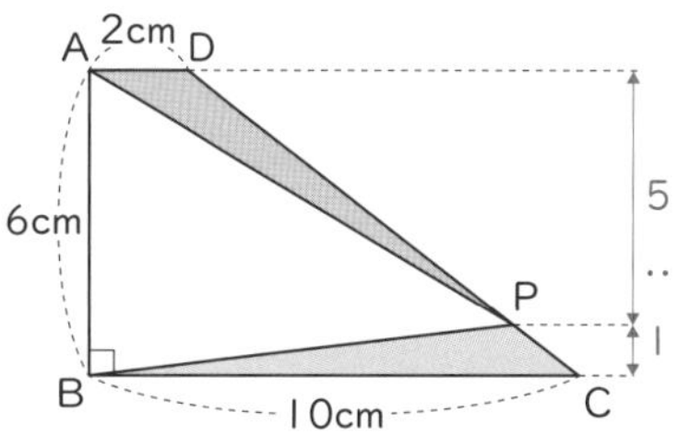

(2)　2cm/ 秒×(11 秒－10 秒)＝2cm　…　辺 AD の長さ

三角形 PBC の底辺と三角形 PDA の底辺の長さの比は、10cm：2cm＝5：1 ですから高さの比は 1：5 とわかり、CP：PD も 1：5 です。

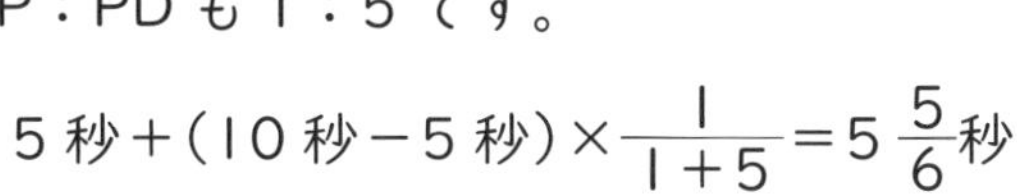

$$5\text{秒} + (10\text{秒} - 5\text{秒}) \times \frac{1}{1+5} = 5\frac{5}{6}\text{秒}$$

合否を分ける 練習問題 28-2　答え　(1)　$44.8cm^2$　　(2)　28 秒後

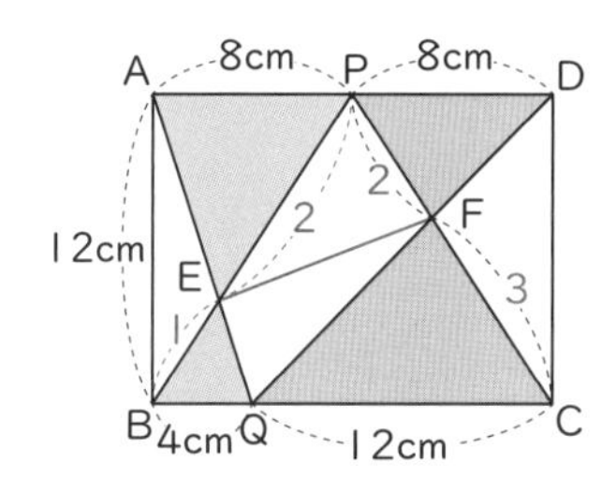

(1)　2 秒後は、右の図のようになります。

三角形 AEP と三角形 QEB の相似比は 8cm：4cm＝2：1、三角形 PFD と三角形 CFQ の相似比は 8cm：12cm＝2：3 です。

また、三角形 AQD、三角形 BPC の面積はどちらも、

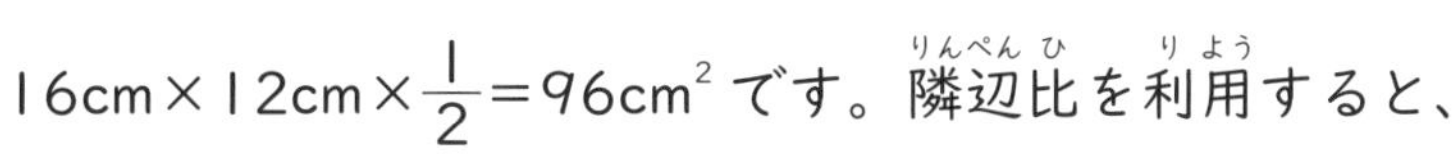

$16cm \times 12cm \times \frac{1}{2} = 96cm^2$ です。隣辺比を利用すると、

$$96cm^2 \times \frac{2}{2+1} \times \frac{2}{2+3} = 25.6cm^2$$　…　三角形 PEF の面積

$$96cm^2 \times \frac{1}{2+1} \times \frac{3}{2+3} = 19.2cm^2$$　…　三角形 QFE の面積

$$25.6cm^2 + 19.2cm^2 = 44.8cm^2$$

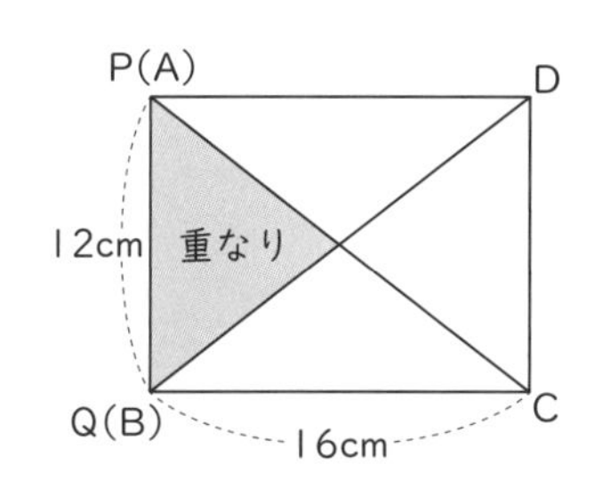

(2)　長方形 ABCD の面積：重なっている部分の面積＝12cm×16cm：$48cm^2$＝4：1 ですから、点 P が A または D、点 Q が B または C にあるとき、重なっている部分の面積が $48cm^2$ となります。

(12cm＋16cm)×2÷4cm/ 秒＝14 秒…点 P が 1 周する時間

(12cm＋16cm)×2÷2cm/ 秒＝28 秒…点 Q が 1 周する時間

ですから、最小公倍数の 28 秒後までについて、点 P が A または D、点 Q が B または C にあるときを調べます。

点 P が A にある…14 秒後と 28 秒後、点 P が D にある…4 秒後と 18 秒後

点 Q が B にある…28 秒後、点 Q が C にある…8 秒後

28 秒後に点 P が A、点 Q が B にある（右上の図）ことがわかります。

重なりの面積が長方形の面積の$\frac{1}{4}$になっていることがポイントです。

29 角の大きさ ～「外角」「○+●」～

合否を分ける例題 29 右の図で、AB、AC、AD、AE の長さは等しく、また BC、CD、DE の長さも等しいとき、次の問いに答えなさい。

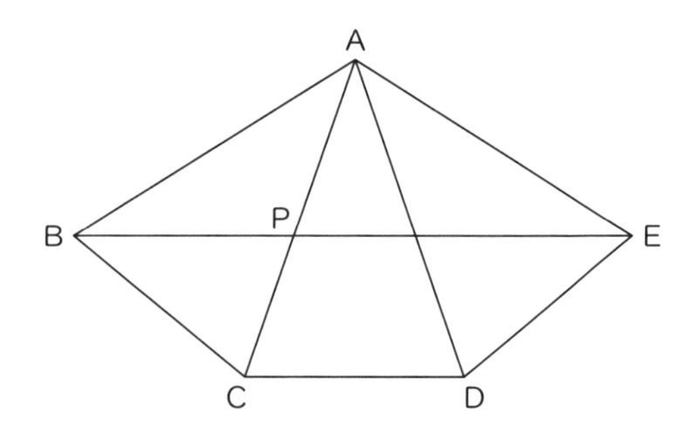

(1) 角 ABE の大きさが 30 度のとき、角 ABC の大きさは何度ですか。

(2) AB＝18cm、BC＝12cm のとき、PC と BE の長さはそれぞれ何 cm ですか。

参考問題 check!　帝京大学中学校

：図の中にある二等辺三角形を利用しましょう。

考え方と答え

(1) 図 1 で、三角形 ABE は AB と AE が同じ長さの 二等辺 三角形です。また、三角形 ABC、ACD、ADE は 対応 する 3 つの辺の長さがそれぞれ等しいので 合同 です。

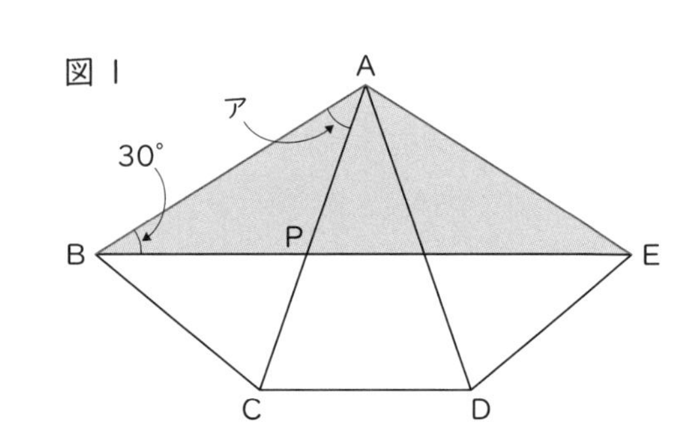

（180度－30度×2）÷3＝40度
…角ア

図２で、三角形ABCはABとACが同じ長さの二等辺三角形です。

（180度－40度）÷2＝70度　…　角イ

図２
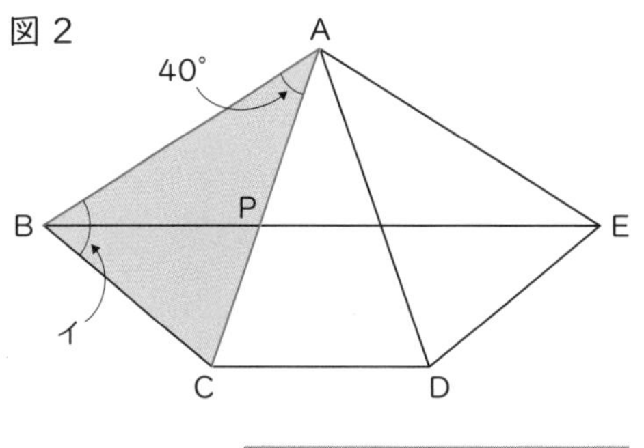

答え　70　度

（2）　二等辺三角形（にとうへんさんかくけい）の等しい角に同じ印（しるし）を入れていくと、図３のようになりますから、図４の三角形ABCと三角形BCPは相似とわかります。

AB：BC＝BC：CP＝3：2

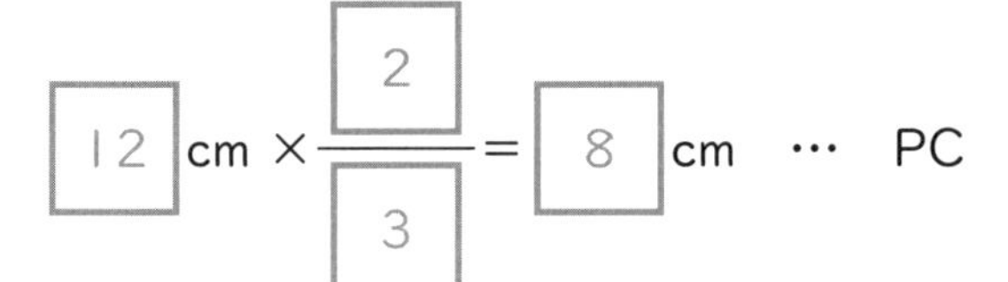

$12\text{cm}\times\frac{2}{3}=8\text{cm}$　…　PC

18cm－8cm＝10cm　…　AP

また、図５の三角形ACDと三角形APQは相似で、AC：AP＝9：5ですから、

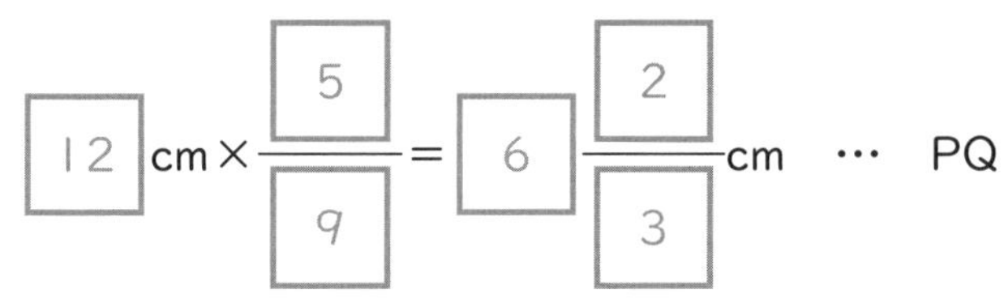

$12\text{cm}\times\frac{5}{9}=6\frac{2}{3}\text{cm}$　…　PQ

です。

$12\text{cm}+6\frac{2}{3}\text{cm}+12\text{cm}=30\frac{2}{3}\text{cm}$　…　BE

図３
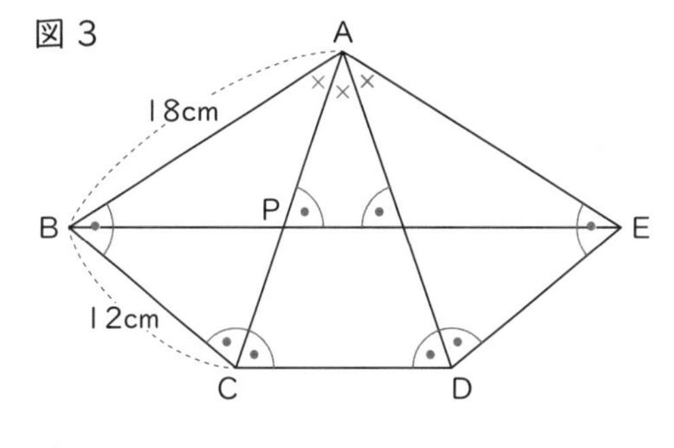

図４
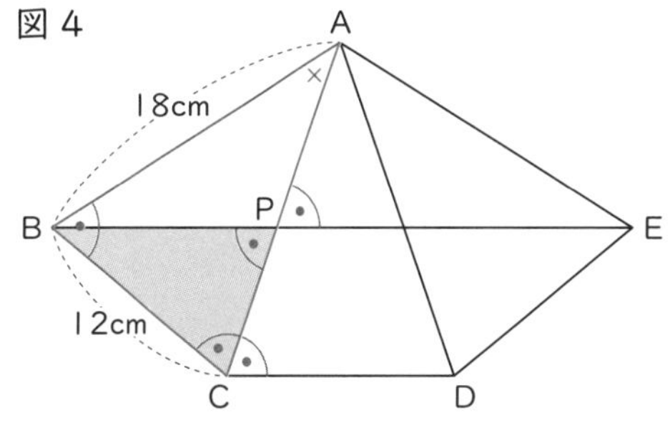

図５
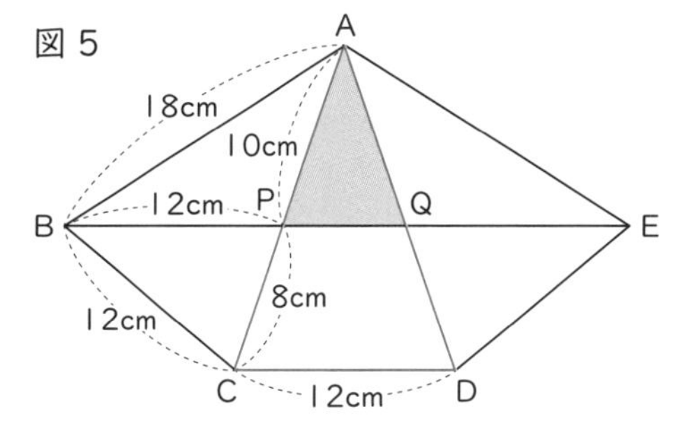

答え　PC　8　cm、BE　$30\frac{2}{3}$　cm

角の大きさの「魔法（まほう）ワザ」

角の大きさは、①内角の和、②外角、③二等辺三角形（にとうへんさんかくけい）、④合同　に着目する。

合否を分ける 練習問題 29-1

右の図の三角形 ABC は正三角形、六角形 DEFGHI は正六角形です。また、点 C は GH 上、点 I は CA 上、点 D は AB 上にあります。次の問いに答えなさい。

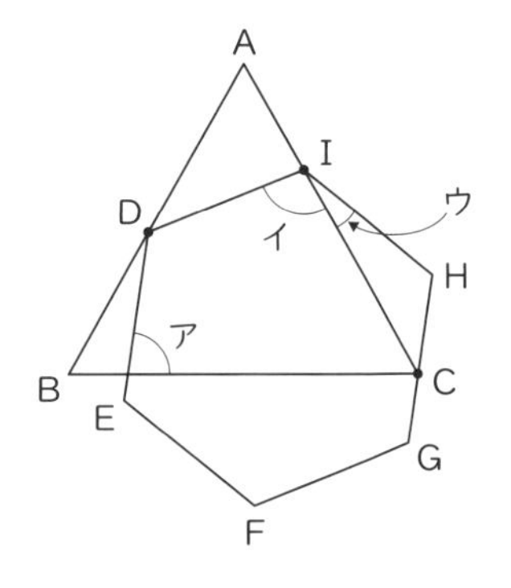

(1)　角アと角イの大きさの和は何度ですか。

答え　　　　　度

(2)　角アと角ウの角の大きさの差は何度ですか。

（参考問題 check!　大妻中学校）

合否を分ける 練習問題 29-2

次の問いに答えなさい。

(1)　右の図の四角形 ABCD は長方形で、AB：BC＝2：3、点 E は辺 AD を 3 等分する点の 1 つ、点 F は辺 CD の真ん中の点です。角アの大きさは何度ですか。

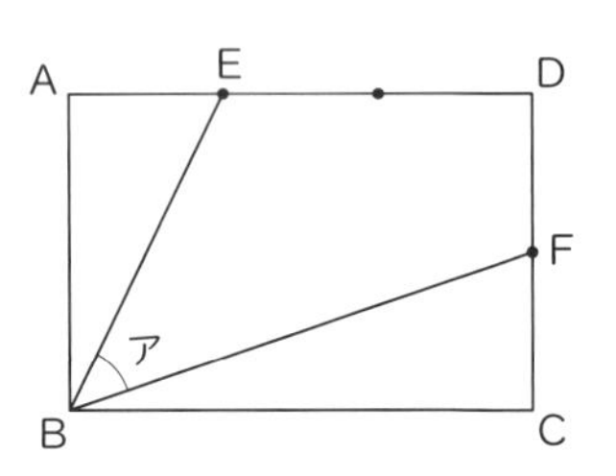

答え　　　　　度

(2)　右の図のように、三角形 ABC の角 B、角 C をそれぞれ 3 等分、2 等分しました。角アの大きさは何度ですか。

答え　　　　　度

（参考問題 check!　東京農業大学第一高等学校中等部）

解答・解説

合否を分ける 練習問題 29-1　答え　(1)　180 度　　(2)　60 度

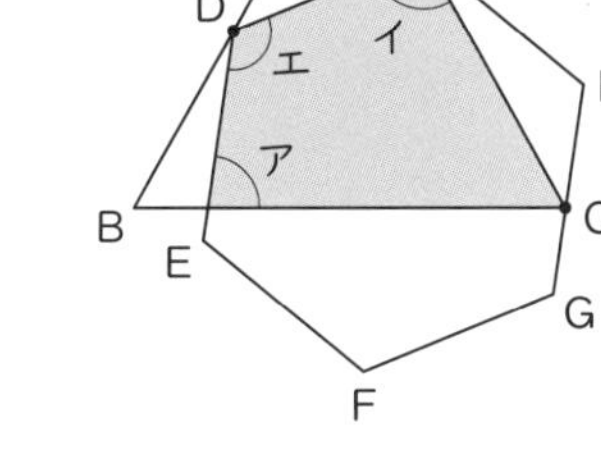

(1)　色のついた四角形に着目します。

角エは正六角形の内角なので 120 度、角 ACB は正三角形の内角なので 60 度です。

360 度−(120 度+60 度)=180 度

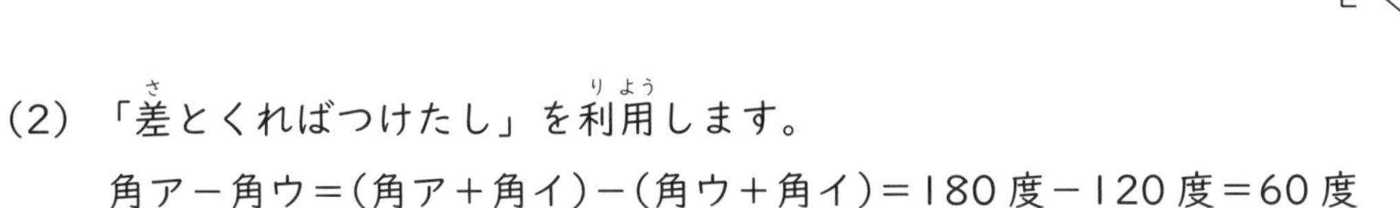

(2)　「差とくればつけたし」を利用します。

角ア−角ウ=(角ア+角イ)−(角ウ+角イ)=180 度−120 度=60 度

合否を分ける 練習問題 29-2　答え　(1)　45 度　　(2)　140 度

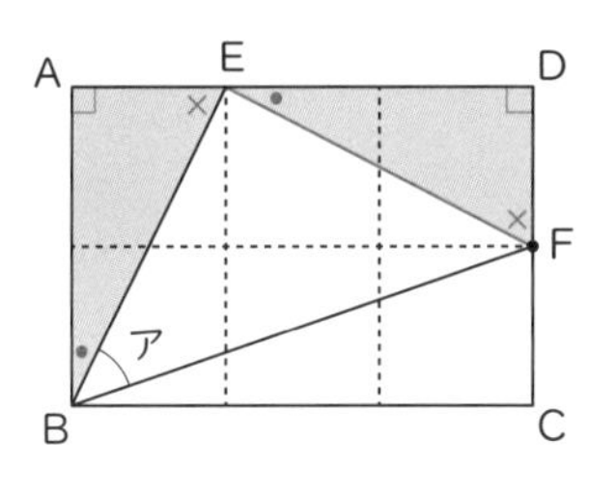

(1)　右の図のように長方形 ABCD を合同な 6 つの正方形に分け、E と F を結びます。

三角形 ABE と三角形 DEF は合同な直角三角形ですから、EB=FE、角 BEA+ 角 DEF= ×+ ●=180 度−90 度=90 度です。

従って、三角形 EBF は直角二等辺三角形とわかりますので、角ア=45 度です。

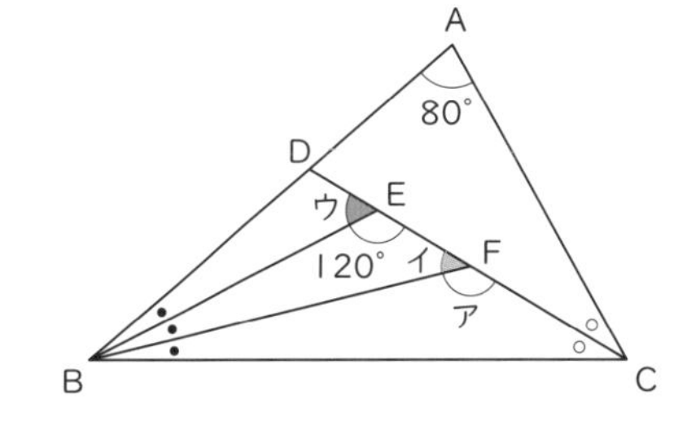

(2)　角イは三角形 FBC、角ウは三角形 EBC の外角ですから、

角イ=●+○

角ウ=●+●+○=180 度−120 度=60 度…①

です。

また、三角形の内角の和は 180 度ですから、

角 ABC+角 BCA=●+●+●+○+○=180 度−80 度=100 度…②

①の式と②の式の差に着目すると、

●+○=100 度−60 度=40 度

ですから、角イの大きさは 40 度とわかります。

角ア=180 度−40 度=140 度

●や○の大きさを求めなくても●+○の大きさがわかります。

Chapter 6

立体図形

30 水問題とグラフ ～「時間比と体積比」「幅のある仕切り」～

合否を分ける例題 30 右の図のような、立方体の形をした水槽があります。水槽は底面に垂直な、高さ 10cm と 20cm の仕切り板で３つの部分ア、イ、ウに分けられています。アの部分には蛇口 A、ウの部分には蛇口 B があり、２つの蛇口 A、B からは同じ量の水を毎秒一定の割合で注ぐことができます。蛇口 A、B を同時に開いて、水槽に水を注ぎました。右下のグラフは水を注ぎ始めてからの時間と、アの部分の水面の高さの関係を表したものです。ただし、仕切りの厚みは考えないことにします。

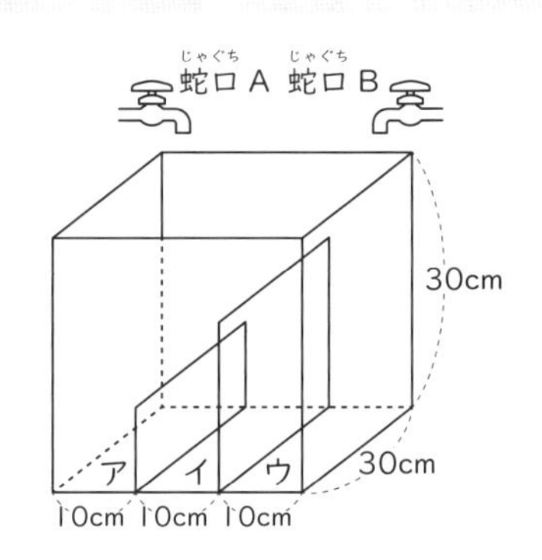

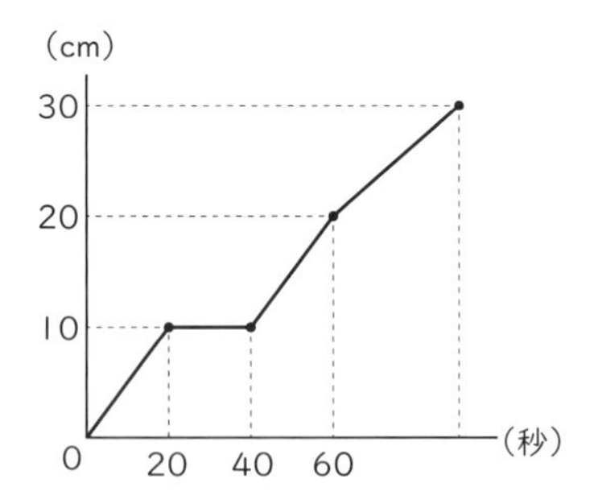

(1)　1 つの蛇口から、毎秒何 cm^3 の割合で水が注がれていますか。

(2)　水槽が満水になったのは、蛇口 A、B を同時に開いてから何分何秒後ですか。

次に、水槽の中を空にしたあとで、蛇口 A のみを開いて水を注ぎ始めました。蛇口 A を開いた 20 秒後に蛇口 B を開いてウの部分にも水を注ぎ始めました。

(3)　アの部分の水面の高さが 24cm になるのは、蛇口 A を開いてから何分何秒後ですか。

参考問題 check!　浦和明の星女子中学校

：水問題は、水槽を真正面から見た図をかいて考えます。

考え方と答え

(1) グラフより、水槽を 真正面 から見ると 20 秒後は右の図のようになります。

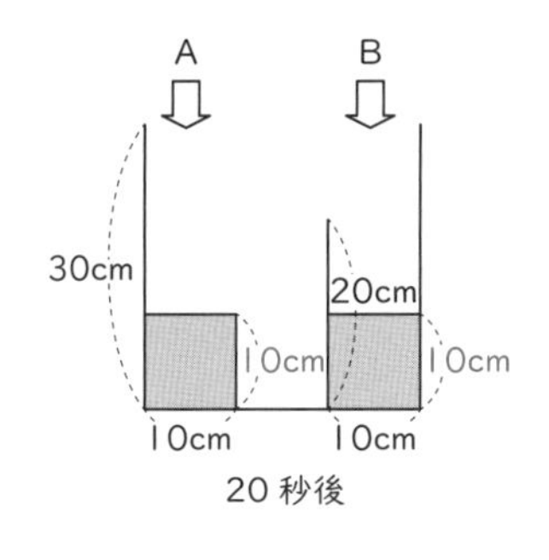

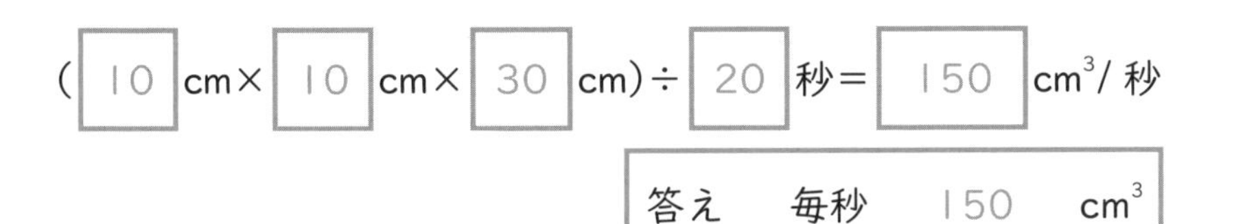

(10 cm× 10 cm× 30 cm)÷ 20 秒＝ 150 cm^3/ 秒

答え　毎秒　150　cm^3

(2) 満水になれば しきり はあってもなくても同じです。

(30 cm× 30 cm× 30 cm)÷(150 cm^3/ 秒× 2)＝ 90 秒

答え　1　分　30　秒後

(3) 水槽に水が入る様子は下の図の通りです。

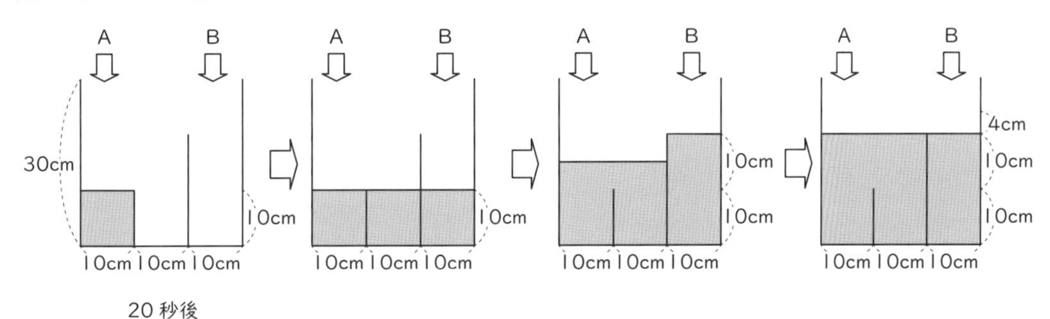

20 秒後からは A、B の両方から水が入ります。

また、水の深さが 24cm になったときは、水面は仕切り板の高さよりも 高い ので しきり がないものとして計算できます。

150 cm^3/ 秒÷ 30 cm＝ 5 cm^2/ 秒 … 真正面から見たときに水が 1 秒ごとに入る部分の面積

(24 cm× 30 cm－ 10 cm× 10 cm)÷(5 cm^2/ 秒× 2)＝ 62 秒

20 秒＋ 62 秒＝ 82 秒

答え　1　分　22　秒後

水問題とグラフの「魔法ワザ」

立方体や直方体など角柱の形をした水槽では、水面が上がっていく時間は
「水槽に入る水の体積÷決まった時間に入る水の体積」以外に、
「真正面から見える水の面積÷決まった時間に入る水の面積」で計算することもできる。

合否を分ける 練習問題 30-1

右の図のような直方体から直方体を取り除いた形をした水槽に仕切りがあり、仕切りの左側の部分に一定の割合で水を入れました。グラフは仕切りの右側の部分について、水を入れ始めてからの時間と水の深さの関係を表したものです。次の問いに答えなさい。ただし、仕切りの厚みは考えないことにします。

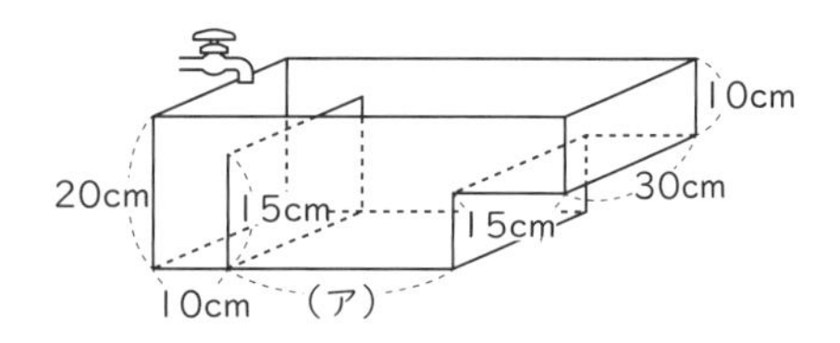

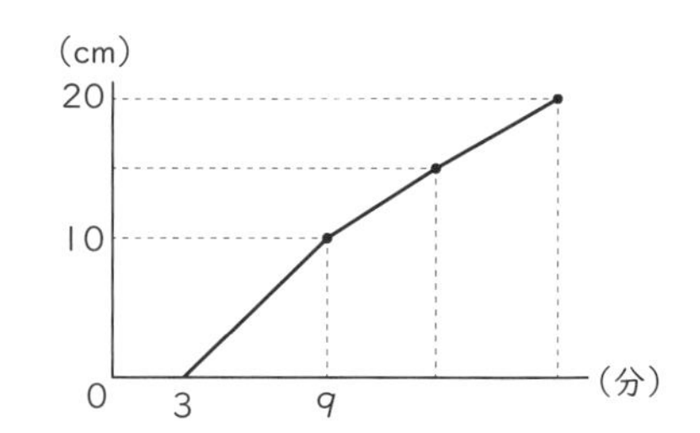

(1) (ア)の長さは何 cm ですか。

(2) この水槽をいっぱいにするまでに何分かかりますか。

(参考問題 check! 立教池袋中学校)

合否を分ける 練習問題 30-2

右の図のような直方体から直方体を取り除いた形をした水槽があり、毎分 2L ずつ注水できる蛇口 A と排水口 B がついています。空の水槽に B を閉じた状態で A から注水し、満水になると同時に A を閉じて B を開けます。グラフは底面(ウ)を基準にした水面の高さ(高い方)と水を注水し始めてから底面(ウ)にある水がなくなるまでの時間と水の深さの関係を表したものです。図の(あ)、グラフの(い)~(え)にあてはまる数を求めなさい。

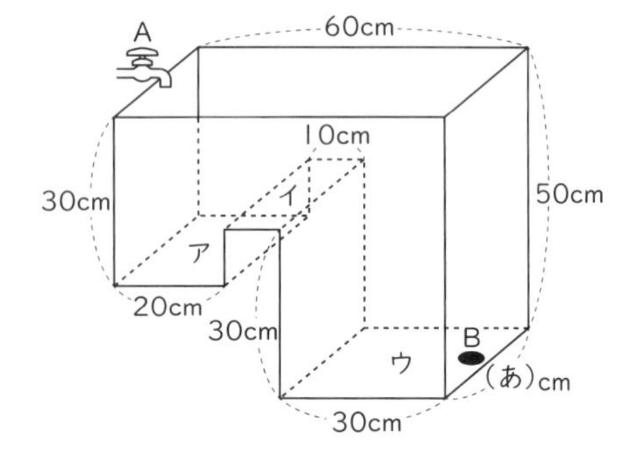

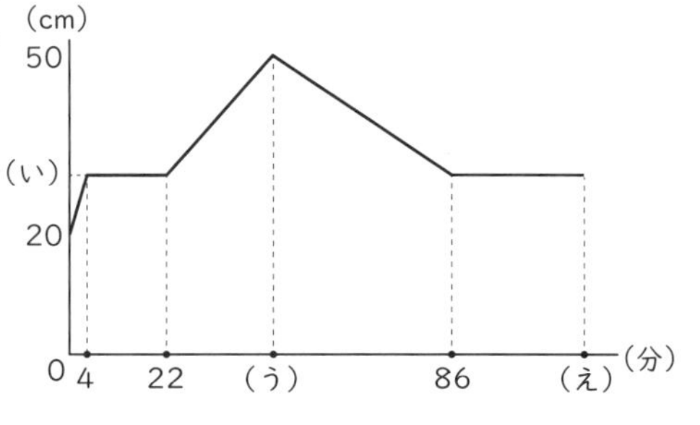

答え あ 、い 、う 、え

(参考問題 check! 東京女学館中学校)

解答・解説

合否を分ける 練習問題 30-1　答え　(1)　30cm　　(2)　19分

(1)　水はA→Bの順に入ります。

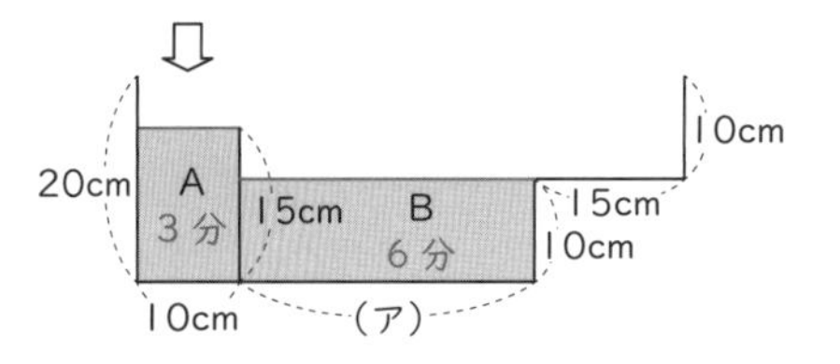

	A		B
水が入る時間	3分	:	6分
‖			
面積	1	:	2
高さ(縦)	15cm	:	10cm
=	3	:	2
横	1÷3	:	2÷2
=	①	:	③
	10cm		(ア)

1分間に入る水の量を求めてもOKです。

10cm×3＝30cm

(2)　15cm×10cm＝150cm^2　…　Aの面積

20cm×(10cm＋30cm＋15cm)－10cm×15cm＝950cm^2　…　水槽を真正面から見た面積

(1)と同様に、真正面から見た水が入る部分の面積比と水が入る時間の比は比例します。

$$3分\times\frac{950cm^2}{150cm^2}=19分$$

合否を分ける 練習問題 30-2　答え　あ　40、い　30、う　46、え　116

水は、右の図の①→②→③の順に入ります。

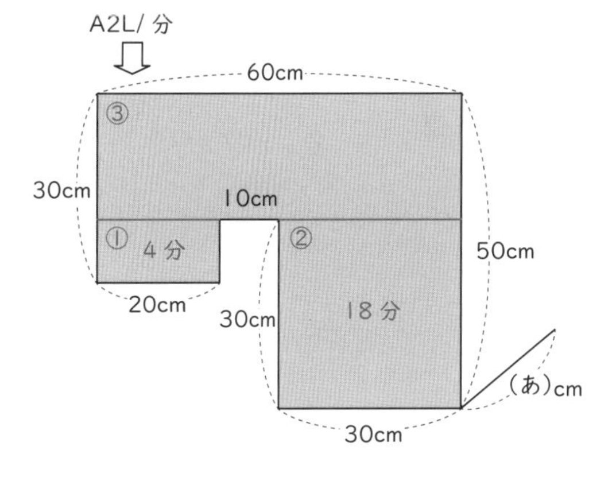

(あ)　②に着目します。

30cm×30cm×(あ)cm＝2000cm^3/分×18分

(あ)cm＝40cm

(い)　右の図の①の部分に水が入ったときの底面(ウ)からの水面の高さですから、30cmです。

(う)　水槽が満水になる時間です。

(50cm－30cm)×60cm×40cm÷2000cm^3/分

＝24分　…　③に水が入る時間

4分＋18分＋24分＝46分

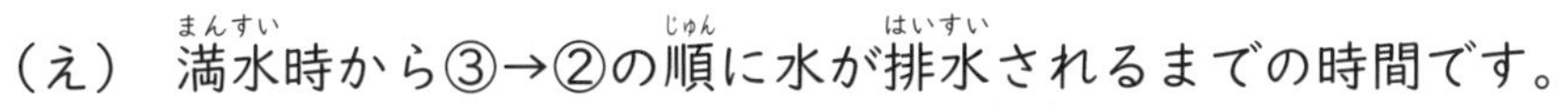

(え)　満水時から③→②の順に水が排水されるまでの時間です。

86分－46分＝40分　…　③の水が排水される時間

③と②の真正面から見た面積比は、(50cm－30cm)×60cm：30cm×30cm＝4：3ですから、排水にかかる時間の比も4：3です。

$$40分\times\frac{3}{4}=30分$$　…　②の水が排水される時間

86分＋30分＝116分

31 容器の向きを変える水問題 〜「傾ける」「倒す」〜

合否を分ける例題 31 図1のように、底面が正方形、高さの比が1：4の2つの四角柱をつなぎ合わせた容器に水が入っています。図2はこの容器を真上から見た図で、小さい正方形の頂点は大きい正方形の辺の真ん中の点、大きい正方形の面積は24cm^{2}です。次の問いに答えなさい。

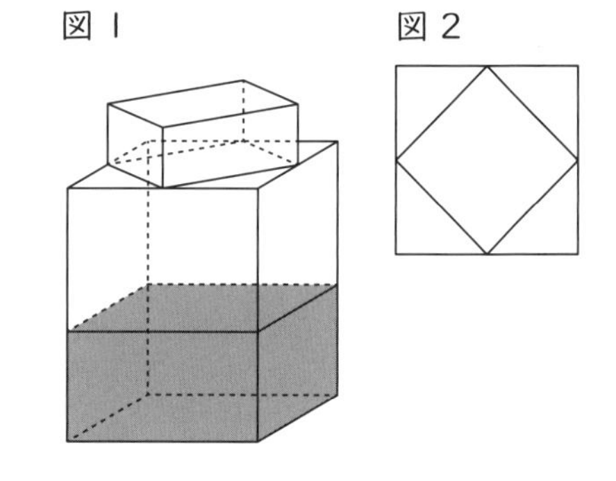

(1) 小さい四角柱と大きい四角柱の体積の比を、最も簡単な整数の比で求めなさい。

(2) この容器を逆さまにしたところ、水の高さははじめの水の高さよりも2cm高くなりました、この容器の高さは何cmですか。

参考問題check! 東海中学校

：水面変化の補助線は高い方の水面を延長した直線です。

考え方と答え

(1) 図２より、２つの正方形の面積比が、正方形（小）：正方形（大）＝ 1 ： 2 、

また、四角柱（小）と四角柱（大）の高さの比が１：４ですから、

体積比は 底面積比 × 高さの比 なので、

四角柱（小）の体積：四角柱（大）の体積＝ 1 × 1 ： 2 × 4 ＝ 1 ： 8 です。

答え 1 ： 8

(2) 真正面 から見た図を 横 に並べて比べます。

図３の赤線より下の体積と図４の太線より下の体積（図５の水が入っていない部分も含む）は 同じ ですから、図３の ☆ の体積＝図５の 水が入っていない部分 の体積です。

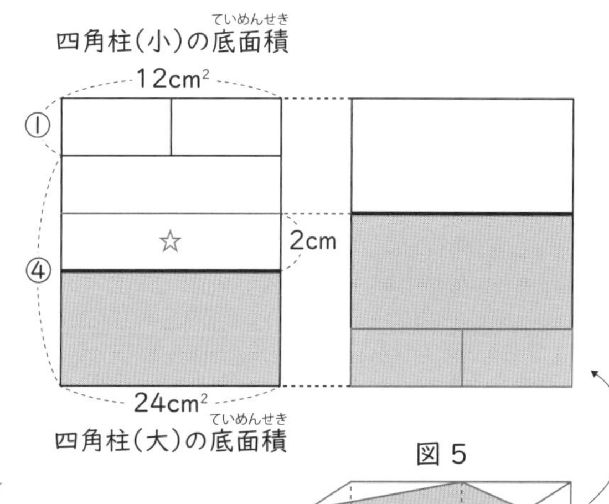

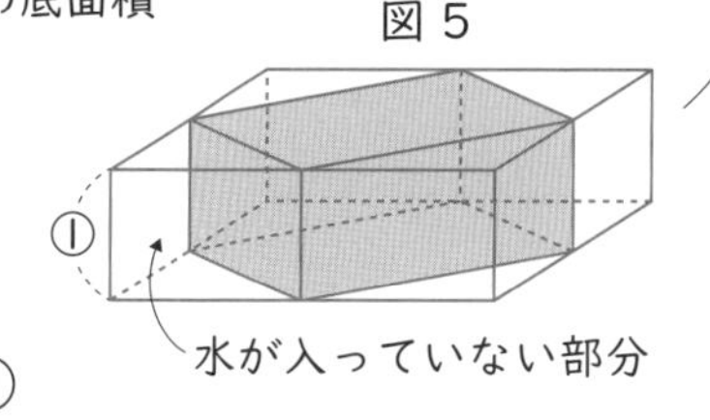

24 cm^2 × 2 cm ＝ 48 cm^3 … ☆ の体積

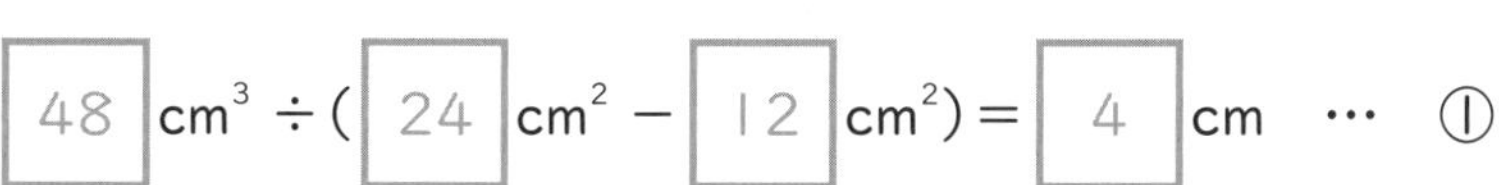

48 cm^3 ÷(24 cm^2 － 12 cm^2)＝ 4 cm … ①

4 cm＋ 4 cm× 4 ＝ 20 cm

答え 20 cm

容器の向きを変える水問題の「魔法ワザ」

容器を逆さにしたり棒を入れたりして、水面の高さが変化する問題では、真正面から見た図で高い方の水面を延長する。

合否を分ける
練習問題 31-1

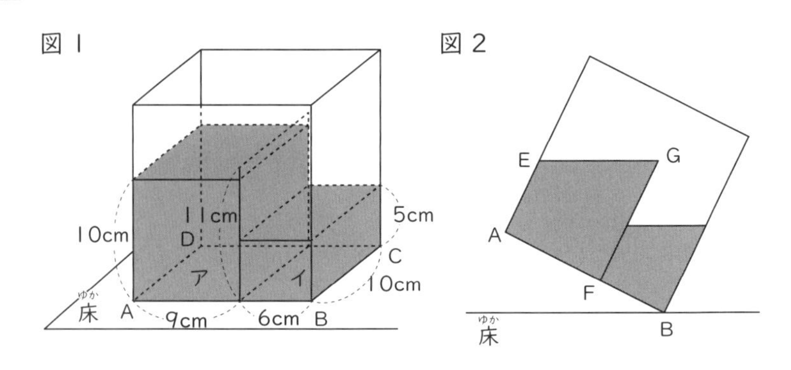

図１のように、底面ABCDに垂直で高さが11cmの仕切りによって２つの部分ア、イに分けられた直方体の水槽があり、アの部分に底面から10cmまで、イの部分に底面から5cmまで水が入っています。この水槽を、辺BCを床につけたまま静かに傾けたところ、図２のようになりました。その後、水槽を元に戻すと、ア、イの部分の水面の高さがちょうど同じになりました。次の問いに答えなさい。ただし、仕切りの厚みは考えないことにします。

(1)　水槽を元に戻して同じになった水面の高さは何cmですか。

答え　　　　cm

(2)　AEの長さは何cmですか。

答え　　　　cm

（参考問題check!　神奈川大学附属中学校）

合否を分ける
練習問題 31-2

右の図のように、底面が台形の四角柱の容器があり、27cmの高さまで水を入れてふたをしました。次に、この容器を面ABCDが底面となるように置き変えると、水面の高さは何cmになりますか。

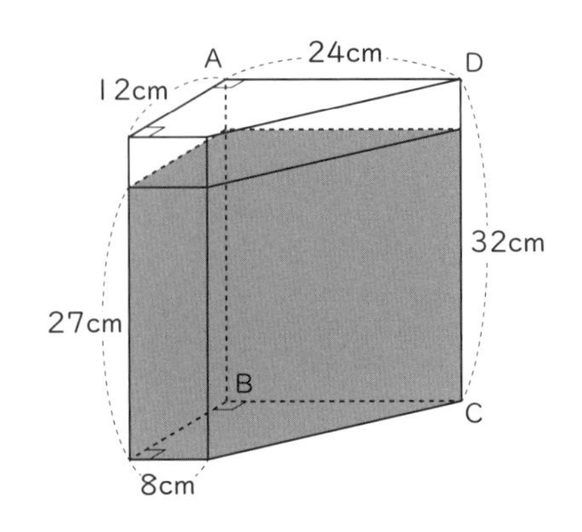

容器の向きを変えても、水の体積と容積の比は変わりません。

答え　　　　cm

（参考問題check!　早稲田中学校）

解答・解説

合否を分ける 練習問題 31-1

答え　(1)　8cm　　(2)　5cm

(1)　水は容器の外にこぼれていませんから、はじめとあとの水全体の体積は同じです。

10cm×9cm＋5cm×6cm＝120cm² …真正面から見た水の面積

120cm²÷(9cm＋6cm)＝8cm　…　□ cm

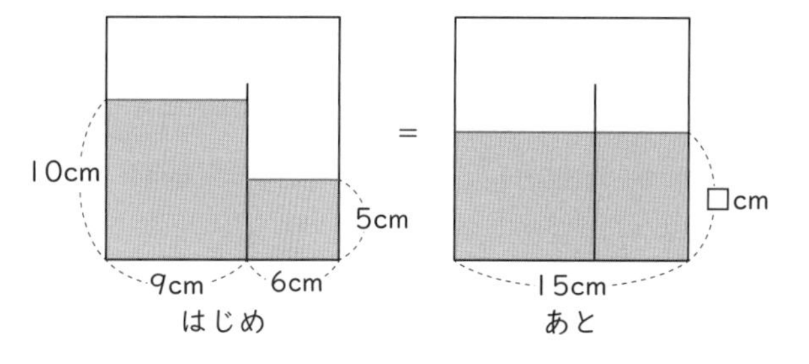

(2)　図２のアの部分に入っている水の体積と元に戻したときにアの部分に入っている水の体積は同じですから、真正面から見た面積と高さが同じ台形 AFGE と長方形 AFHI について、「等高図形の面積比＝（上底＋下底）の比」を利用すると、

AE＋11cm（GF）＝8cm＋8cm　→　AE＝5cm

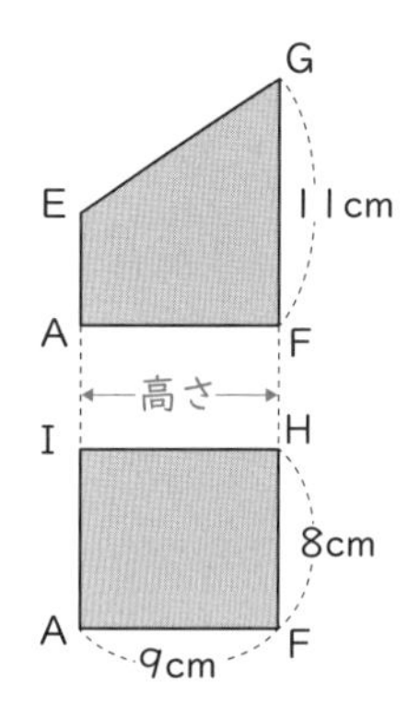

合否を分ける 練習問題 31-2

答え　9cm

問題図の水の入った部分と容器は底面が同じ台形の四角柱ですから、水の体積：容積＝水面の高さ：容器の高さ＝27cm：32cm ＝ 27：32 です。

容器を置き変えても水の体積や容積の比は同じなので、図１の台形 FADG の面積：台形 EADH の面積＝㉗：㉜です。

次に、図２のように、台形の辺 AE、DH を延長してできる直角三角形 IEH と直角三角形 IAD は相似です。

相似比　EH：AD＝8cm：24cm＝1：3

↓

面積比　三角形 IEH：三角形 IAD＝1：9

差 8 ＝㉜

このことから、三角形 IEH の面積＝④、三角形 IFG の面積＝④＋⑤＝⑨、三角形 IAD ＝㊱とわかります。

面積比　三角形 IEH：三角形 IFG：三角形 IAD ＝④：⑨：㊱

↓

相似比　IE：IF：IA ＝ 2：3：6

図３より、□ cm＝12cm×$\frac{3}{6-2}$＝ 9cm

図１

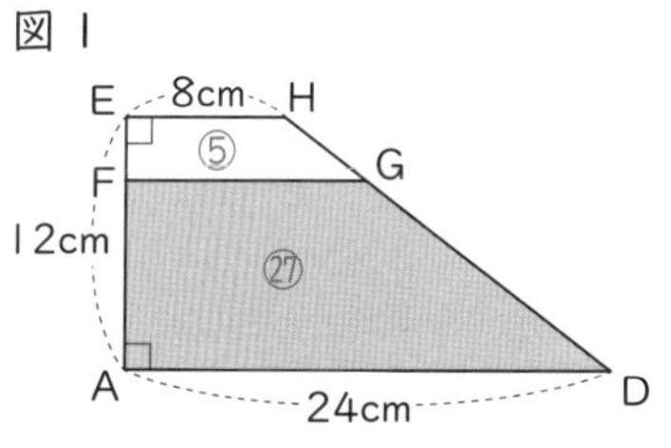

図２

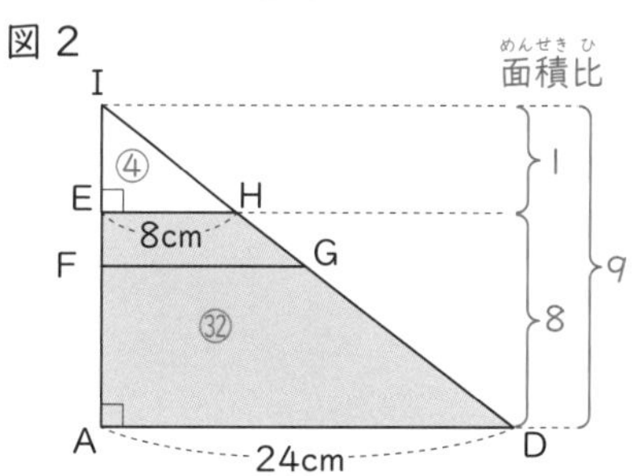

図３

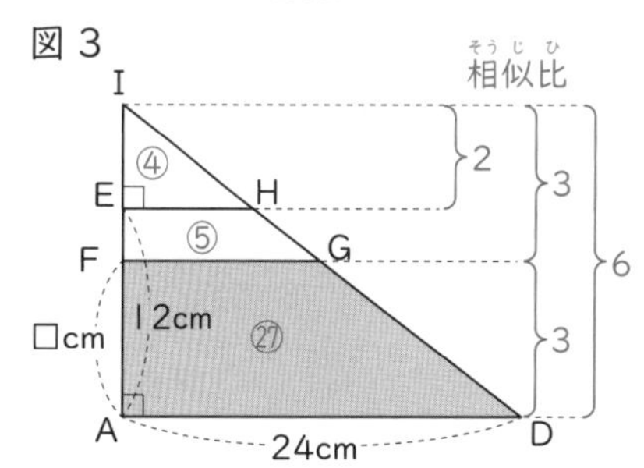

32 積み木の問題 ～「一部を取り除く」「着色された面の数」～

合否を分ける例題32 大きさが同じで、中まで白い立方体と中まで黒い立方体があります。これらを積み重ねて右の図のように大きな立方体を作りました。図の中の黒い部分は反対側の面まで黒い立方体だけが使われており、それ以外は白い立方体が使われています。このとき、次の問いに答えなさい。

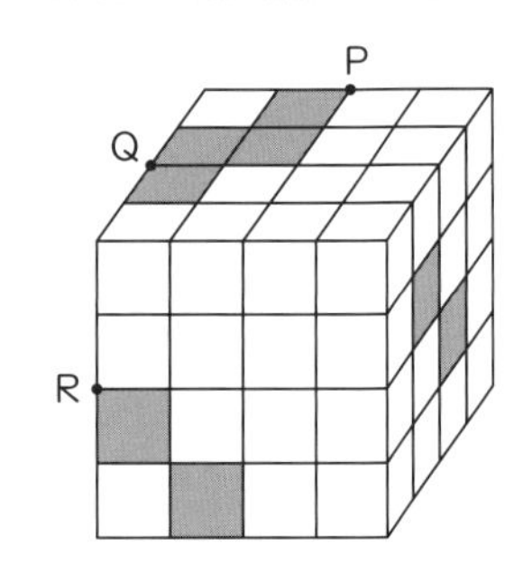

(1) 黒い立方体は全部で何個使われていますか。

(2) 図のような３点P、Q、Rを通る平面で大きな立方体を切断します。このとき、上から１段目にある黒い立方体は何個切断されますか。

(3) (2)でできた大きな立方体の切断面において、白い部分と黒い部分の面積の比を最も簡単な整数の比で表しなさい。

参考問題check!　市川中学校

💡：隠れて見えない積み木を調べるときは、「スライス解法」が利用できます。

考え方と答え

(1) 隠れて見えない積み木を調べるために、大きな立方体を［底面］に［平行］な面で４段に切り分け、それぞれを［真上］から見た図をかきます。（［スライス］解法）

上から１段目　　上から２段目　　上から３段目　　上から４段目

［4］個＋［7］個＋［8］個＋［6］個＝［25］個

答え　25　個

(2) 切断の３原則を利用します。はじめに「 同じ面の２点を結ぶ 」を利用して交点Sをかき（下図左）、次に「 平行な面の切り口は平行 」を利用して点Sから PQ と 平行 な直線STをかいて、切断面PQSTを作図します。

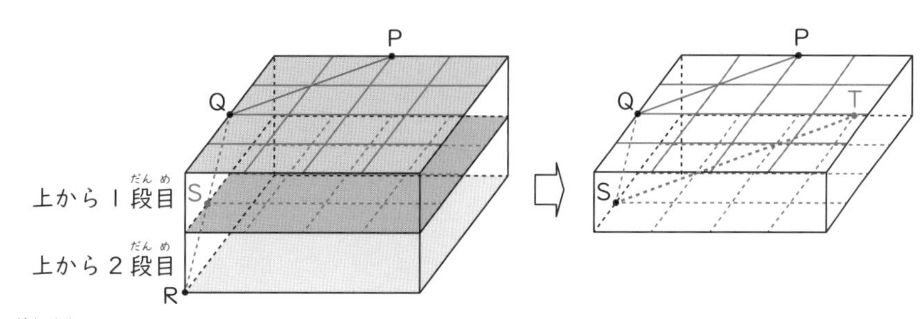

この切断面を（１）の上から１段目を真上から見た図にかき込むと、○をつけた黒い立方体が切断されたことがわかります。（右図）

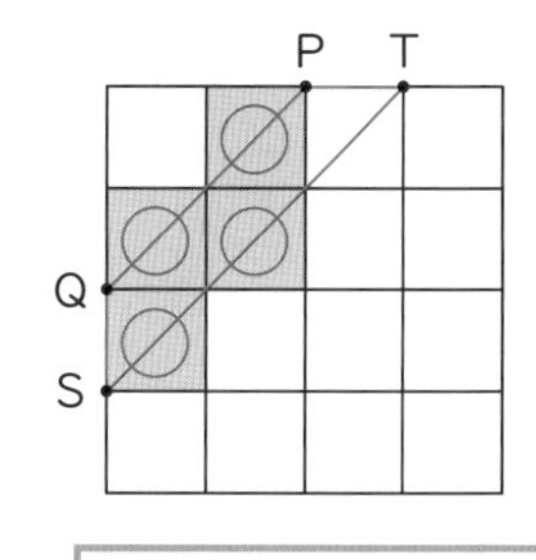

答え 4 個

切断の３原則
① 同じ面の２点を結ぶ
② 平行な面の切り口は平行
③ 延長

(3) （２）と同様に真上から見た図に切断面をかき込みます。

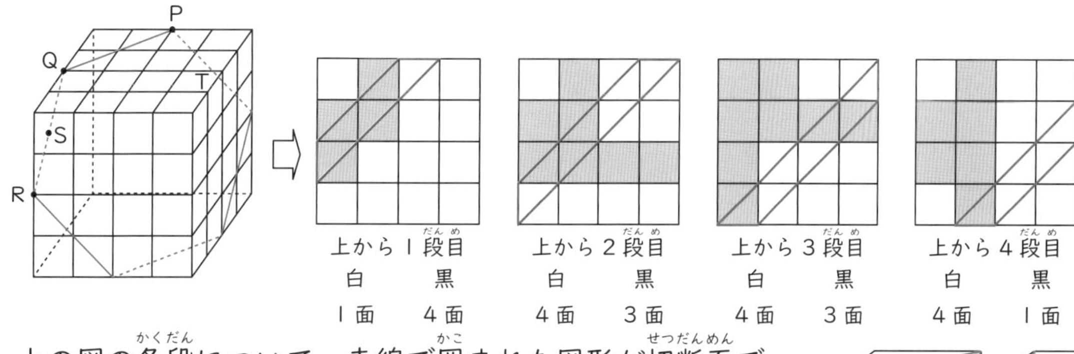

上の図の各段について、赤線で囲まれた図形が切断面です。また、小さな立方体ひとつひとつの切断面は 合同 な 正三角形 ですので、個数の比は面積の比と同じです。

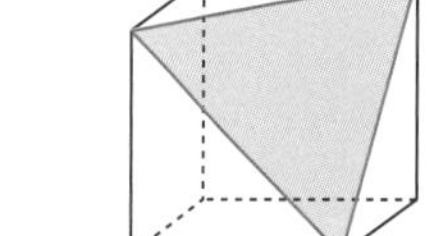
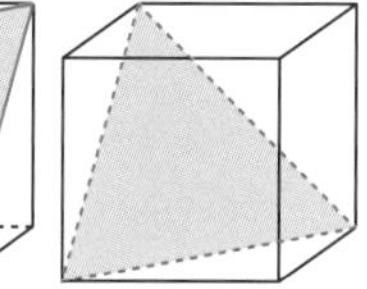

１ 個＋ ４ 個＋ ４ 個＋ ４ 個＝ 13 個 … 白い面の個数

４ 個＋ ３ 個＋ ３ 個＋ １ 個＝ 11 個 … 黒い面の個数

答え 13 ： 11

積み木の問題の「魔法ワザ」

隠れた積み木は、底面に平行な面で切り分ける「スライス解法」で調べられる。

合否を分ける 練習問題 32-1

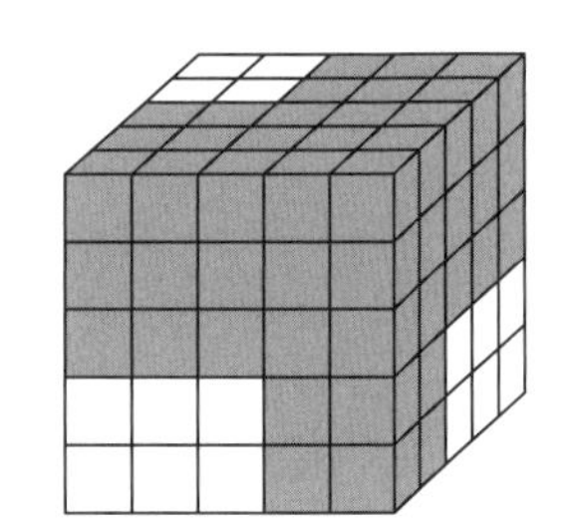

1辺が1cmの小さな立方体が125個集まってできた立方体があります。この立方体の3つの面の一部に図のように色をつけました。色がついた面をもつ小さな立方体を取り除いてできる立体について、次の問いに答えなさい。

(1) 表面積は何 cm^2 ですか。

答え　　　　cm^2

(2) 体積は何 cm^3 ですか。

答え　　　　cm^3

(参考問題 check!　頌栄女子学院中学校)

合否を分ける 練習問題 32-2

1辺が1cmの小さな立方体を積み上げて大きな立方体Aを作り、立方体Aの6つの面すべてに色をつけます。次の問いに答えなさい。

(1) 小さな立方体27個で立方体Aを作ったとき、2面に色がついている小さな立方体は何個ありますか。

答え　　　　個

(2) 小さな立方体何個かで立方体Aを作ったとき、3面に色がついている小さな立方体の個数と色のついていない小さな立方体の個数が同じになりました。立方体Aを作るのに使った小さな立方体の個数は何個ですか。

答え　　　　個

(3) 小さな立方体9個以上で立方体Aを作ったとき、2面に色がついている小さな立方体の個数の3倍と1面に色のついている小さな立方体の個数が同じになりました。立方体Aを作るのに使った小さな立方体の個数は何個ですか。

答え　　　　個

(参考問題 check!　須磨学園中学校)

解答・解説

合否を分ける 練習問題 **32-1**　答え　(1)　124cm²　　(2)　80cm³

(1)　色のついた小さな立方体を取り除いたあとの立体を、真正面、真横、真上の 3 つの方向から見た図（投影図）をかきます。

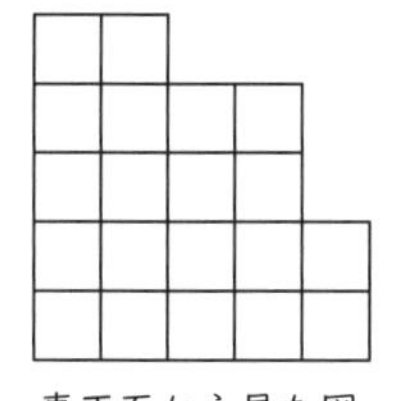
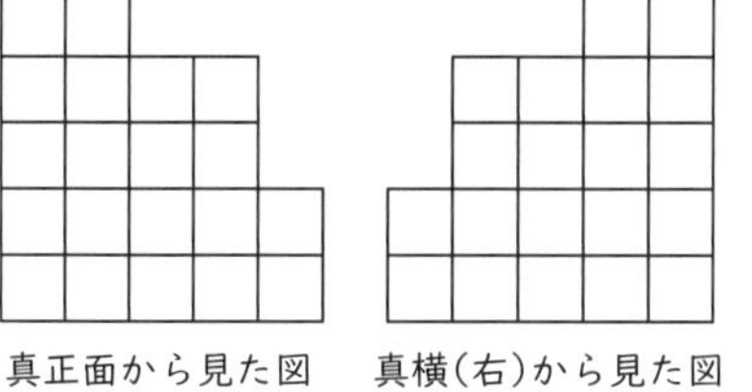
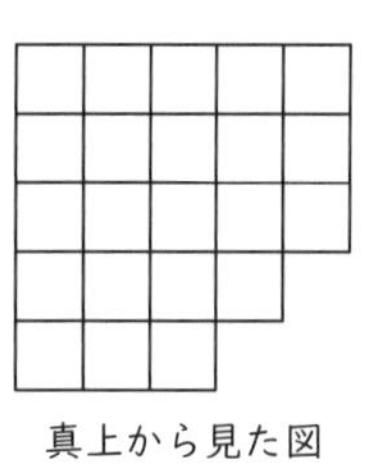

真正面から見た図　真横（右）から見た図　真上から見た図

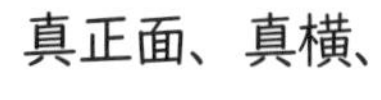

積み木の表面積は「3方向から見た面積×2」で求められます。

$(20\text{cm}^2 + 20\text{cm}^2 + 22\text{cm}^2) \times 2 = 124\text{cm}^2$

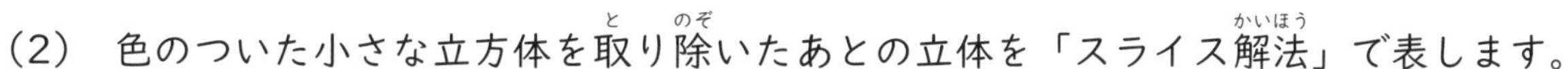

(2)　色のついた小さな立方体を取り除いたあとの立体を「スライス解法」で表します。

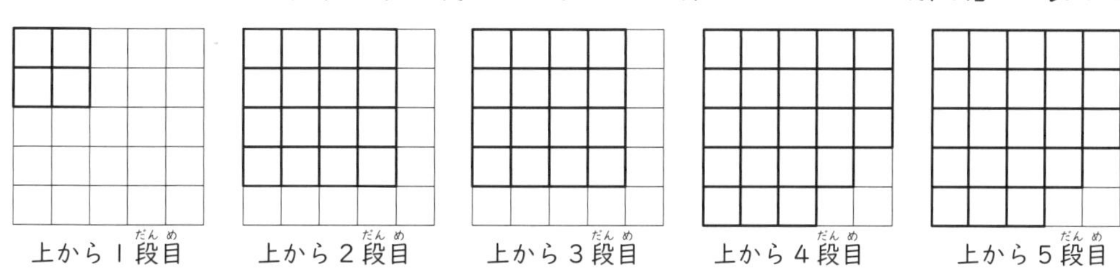

上から 1 段目　上から 2 段目　上から 3 段目　上から 4 段目　上から 5 段目

$4\text{cm}^3 + 16\text{cm}^3 + 16\text{cm}^3 + 22\text{cm}^3 + 22\text{cm}^3 = 80\text{cm}^3$

合否を分ける 練習問題 **32-2**　答え　(1)　12 個　　(2)　64 個　　(3)　512 個

(1)　右の図より、12 個とわかります。

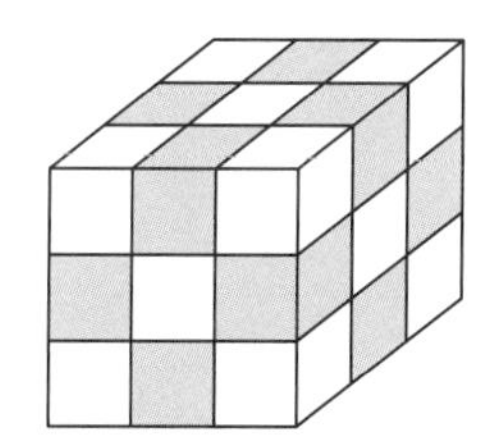

(2)　3 面に色がついている小さな立方体は、立方体 A の頂点にありますから、8 個です。
色のついていない立方体 8 個がある立方体 A は右の図のようなときです。

4 個× 4 個× 4 個＝ 64 個

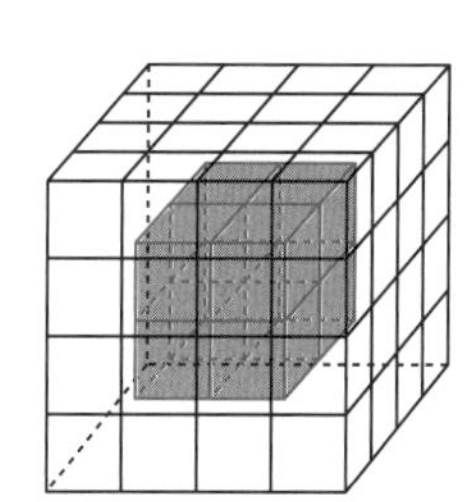

(3)　色のついた小さな立方体の個数を調べます。

立方体 A の 1 辺（cm）	3	4	5	6	7	8
2 面（個）	12	24	36	48	60	72
1 面（個）	6	24	54	96	150	216

8 個× 8 個× 8 個＝ 512 個

33 立方体の切断 ～「積み木の切断」「立体の重なり」～

合否を分ける例題33 右の図は、１辺が6cmの立方体です。この立方体を、３点A、B、Gを通る平面と３点A、D、Fを通る平面で切ります。できた立体のうち、面EFGHを含む立体Vについて、次の問いに答えなさい。

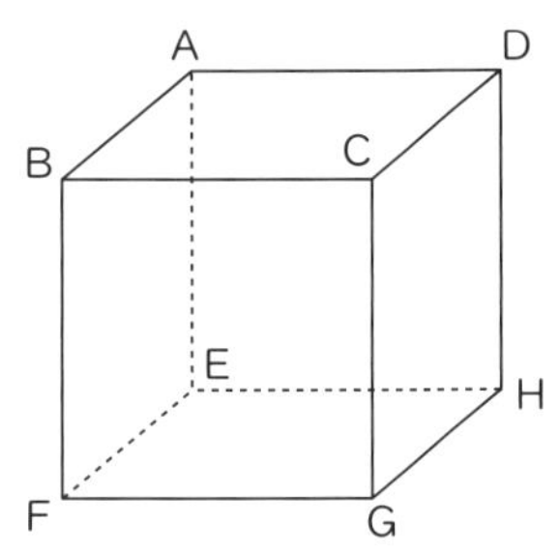

(1)　立体Vの体積は何cm^3ですか。

(2)　立体Vを、３点D、E、Fを通る平面と３点B、E、Hを通る平面で切ってできる、面EFGHを底面とする立体Wの体積は何cm^3ですか。

参考問題check!　南山中学校女子部

：「２回切断」では、２つの切断面が交わる線を結ぶことができます。

考え方と答え

(1)　はじめに面ABGHで切断（下図左）すると、 三角柱AEH–BFG が残ります。次に面AFGDで切断すると、面ABGHと AG で 交わり ます（下図中）から、 四角すいA–EFGH が残る（下図右）ことがわかります。

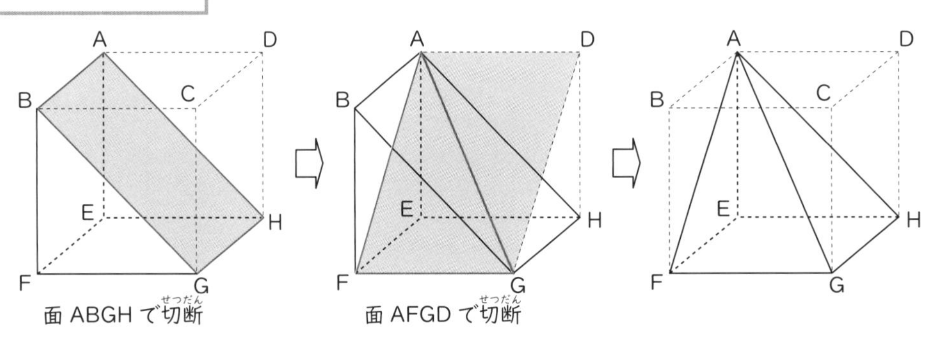

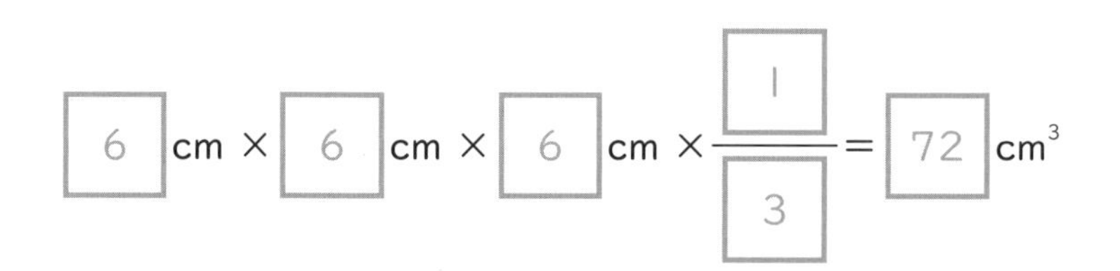

答え 72 cm³

(2) 立体Vを面CDEFで切断するとき、立体Vと面CDEFの交わる様子をわかりやすくするため、下図左の⇒の向きから立方体を見た図をかくと、AGの 真ん中 の点I、AHの 真ん中 の点Jで交わる（下図中）ことがわかります。

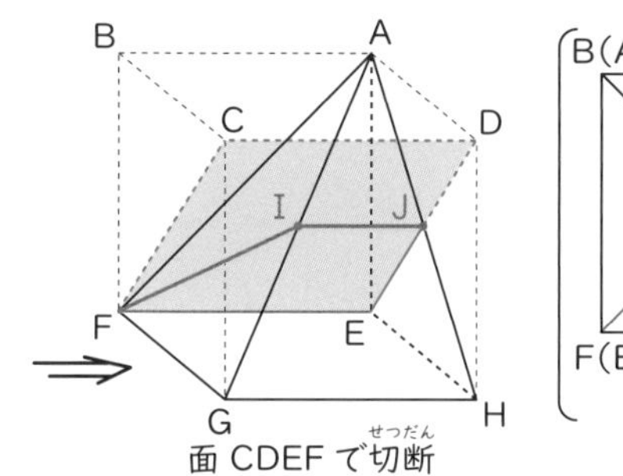

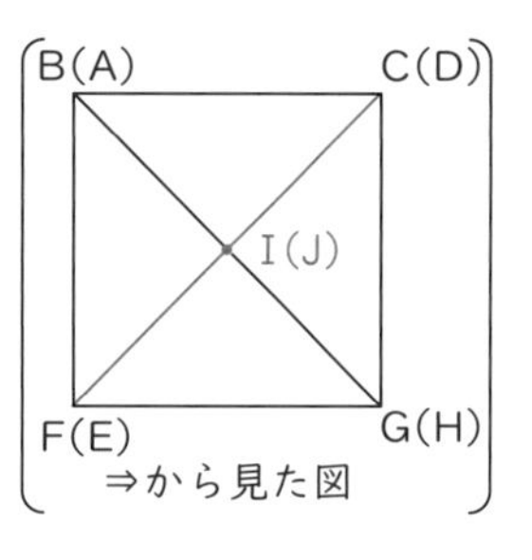

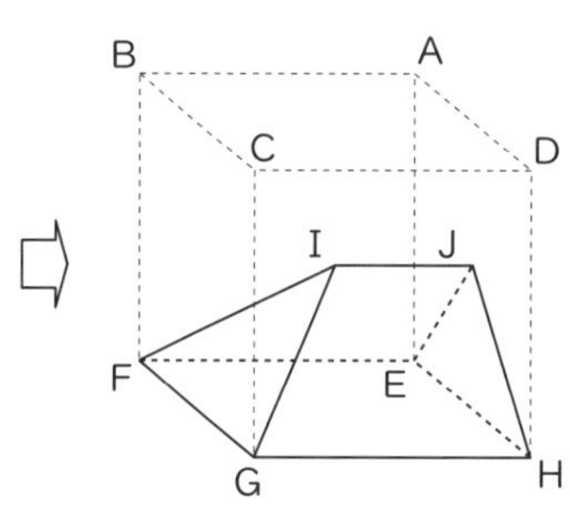

最後に面BCHEで切断する（下図左）と、 四角すいI-EFGH が残ります。（下図右）

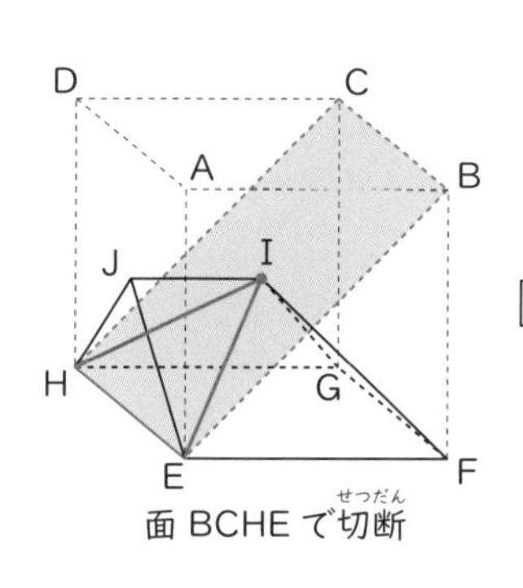

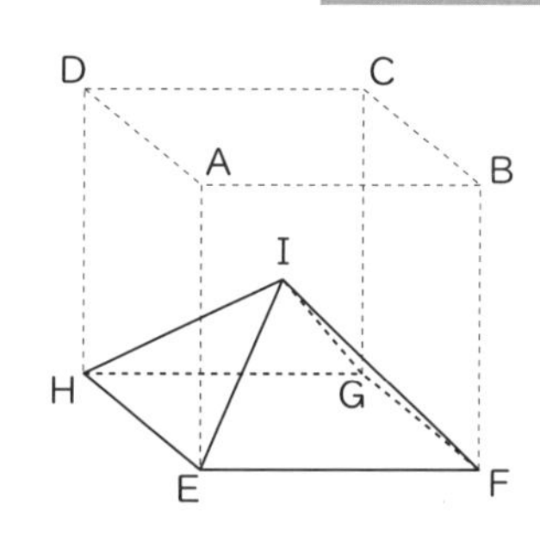

見にくいときは、見取り図の向きを変えて見ましょう。

点Iは立方体の 真ん中 にありますから、 四角すいI-EFGH の高さは 3 cmです。

$$6\text{cm} \times 6\text{cm} \times 3\text{cm} \times \frac{1}{3} = 36\text{cm}^3$$

答え 36 cm³

立方体の切断の「魔法ワザ」

見取り図でイメージをつかみ、投影図で点の位置や線の長さを求める。

合否を分ける
練習問題 33-1

右の図は、1辺が9cmの立方体と1辺が12cmの立方体を、同じ向きにし、頂点が点Aで重なるように組み合わせた立体です。この立体を、3点B、C、Dを通る平面で2つの立体に切ります。2つの立体のうち、点Aを含む立体の体積は何cm^3ですか。

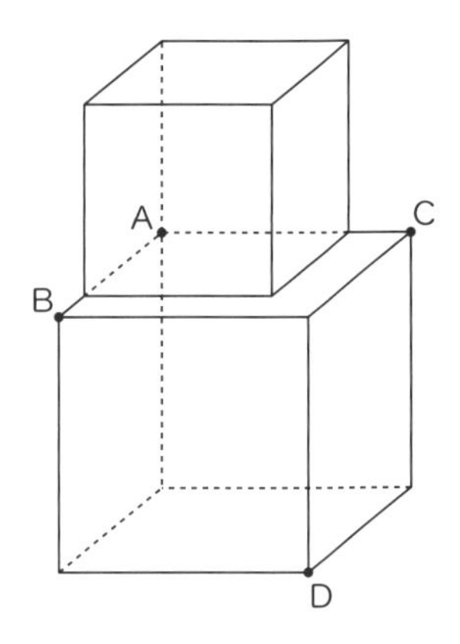

答え　　　　　cm^3

（参考問題check!　専修大学松戸中学校）

合否を分ける
練習問題 33-2

右の図は、1辺が12cmの立方体で、辺ABの真ん中の点をM、辺ADの真ん中の点をNとします。次の問いに答えなさい。

（1）　この立方体を、3点M、N、Hを通る平面で切ります。点Aを含む方の立体の体積は何cm^3ですか。

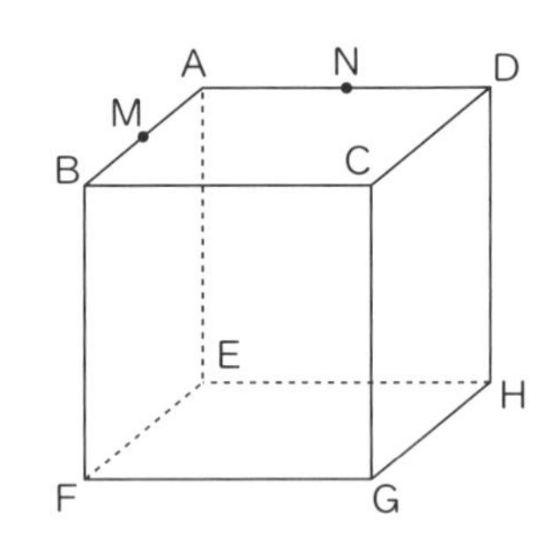

答え　　　　　cm^3

（2）（1）の立体と三角すいF-ABCが重なっている部分の体積は何cm^3ですか。

答え　　　　　cm^3

（参考問題check!　東京都市大学等々力中学校）

解答・解説

合否を分ける 練習問題 33-1　答え　1714.5cm^3

切断面を作図すると、下の図のようになります。

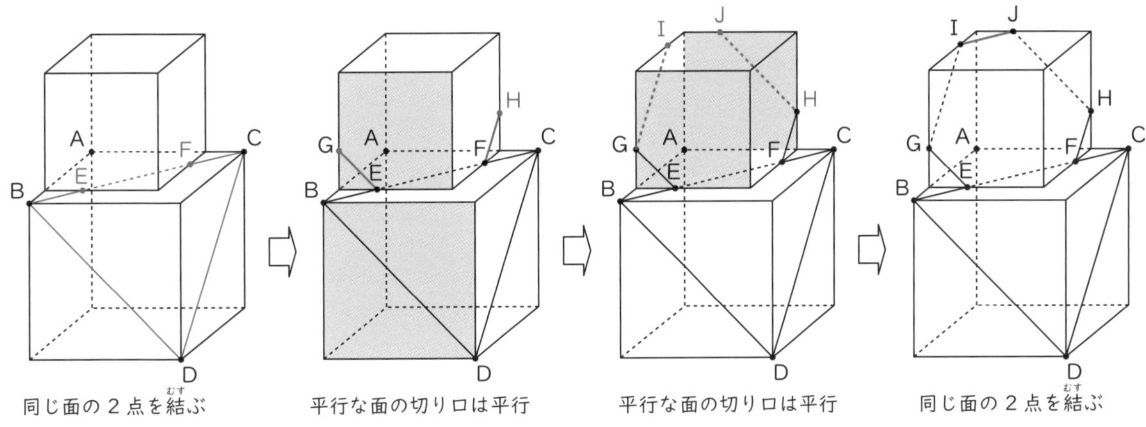

$3\text{cm}\times3\text{cm}\times\frac{1}{2}\times3\text{cm}\times\frac{1}{3}=4.5\text{cm}^3$ … 三角すいア

$12\text{cm}\times12\text{cm}\times\frac{1}{2}\times12\text{cm}\times\frac{1}{3}=288\text{cm}^3$ … 三角すいイ（１つ分）

$(288\text{cm}^3-4.5\text{cm}^3\times3)+(12\text{cm}\times12\text{cm}\times12\text{cm}-288\text{cm}^3)=1714.5\text{cm}^3$

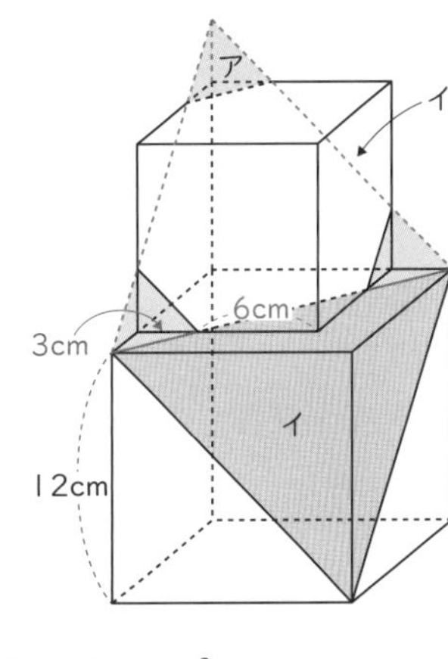

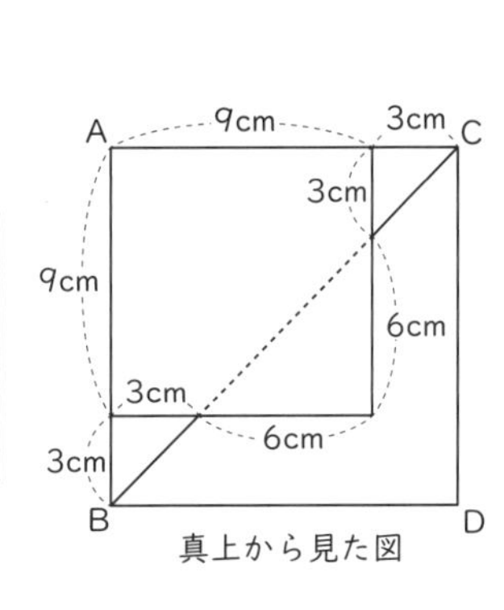

真上から見た図

合否を分ける 練習問題 33-2　答え　(1)　504cm^3　　(2)　36cm^3

(1)　右の図で、三角すい（小）と三角すい（大）の相似比は、$6\text{cm}:12\text{cm}=1:2$ なので、体積比は $1:8$ です。

$12\text{cm}\times12\text{cm}\times\frac{1}{2}\times24\text{cm}\times\frac{1}{3}\times\frac{8-1}{8}=504\text{cm}^3$

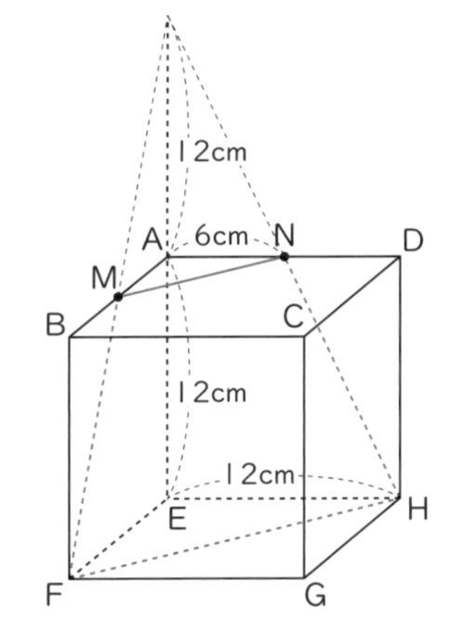

(2)　四角すい台 AMN-EFH に三角すい F-ABC を重ね合わせると、面 MFHN と面 AFC が IF で交わることがわかります。（下図左）

従って、重なっている部分は三角すい F-AMI（下図中）です。

立方体を真上から見ると下図右のようになります。

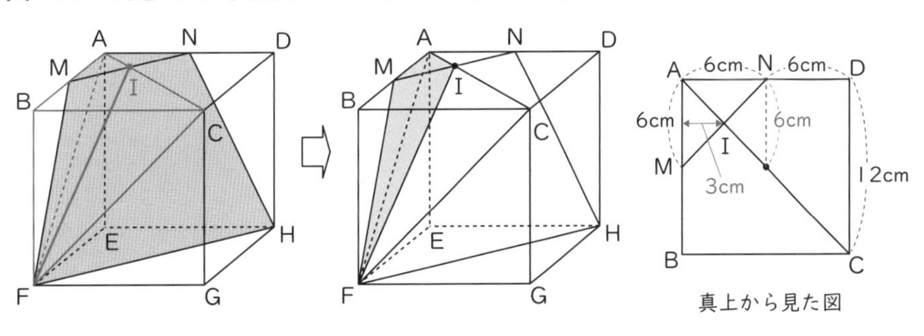

真上から見た図

$6\text{cm}\times3\text{cm}\times\frac{1}{2}\times12\text{cm}\times\frac{1}{3}=36\text{cm}^3$

34 立体の展開図と切断 ～「頂点記号の利用　2題」～

合否を分ける例題34　右の図の立体ABCD-EFGHは1辺が6cmの立方体、右下の図はその展開図で、点P、Qは辺EF、FGの真ん中の点です。この立方体を、3点D、P、Qを通る平面で切り、その断面と辺AE、CGの交わる点をそれぞれ点R、Sとします。次の問いに答えなさい。

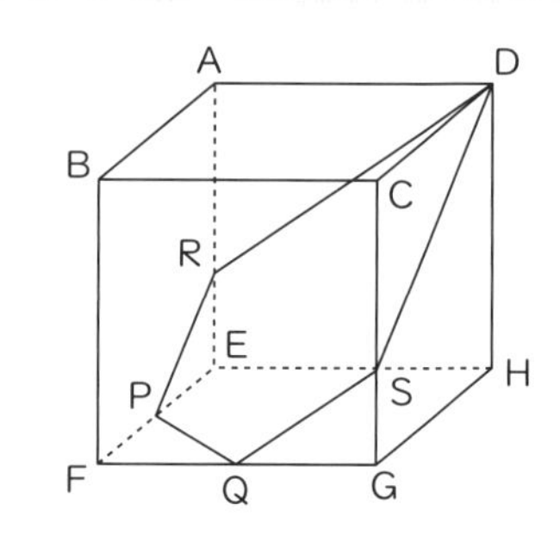

(1)　断面の辺PQと立方体の辺EHを延長して交わる点をTとします。TEの長さは何cmですか。

(2)　断面（五角形）の頂点と辺を展開図の中に記入しなさい。

(3)　断面で2つに分けられた立体の表面積の差は何cm²ですか。

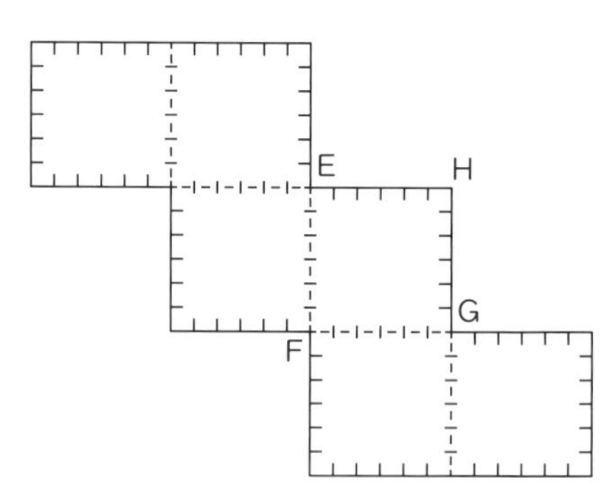

参考問題 check!　攻玉社中学校

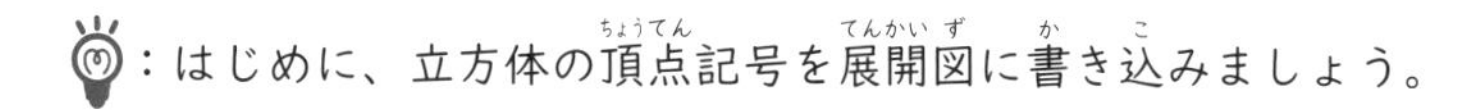
：はじめに、立方体の頂点記号を展開図に書き込みましょう。

考え方と答え

(1)　真上から見ると右の図のようになります。

三角形TPEと三角形QPFは、[合同]な[直角二等辺三角形]ですから、

TE＝[3]cmです。

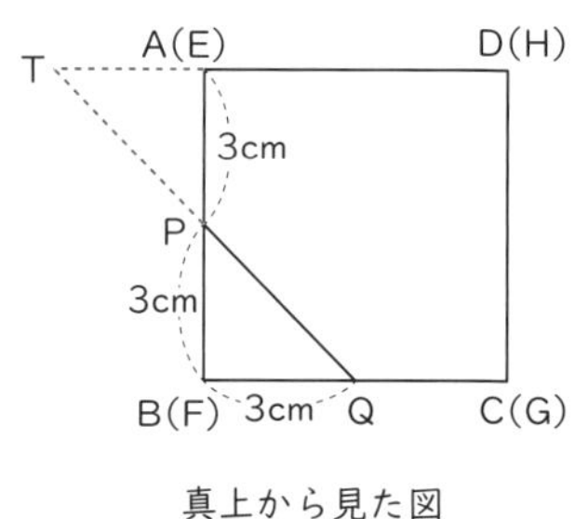

真上から見た図

答え　3　cm

(2) 展開図に、立方体の頂点と断面（五角形）の頂点を記入し、断面（五角形）の頂点を結びます。

（1）を利用すると、三角形 TER と三角形 DAR の 相似比 は、TE : DA = 3 cm : 6 cm = 1 : 2 ですから、RE = 6 cm × $\frac{1}{3}$ = 2 cm とわかります。

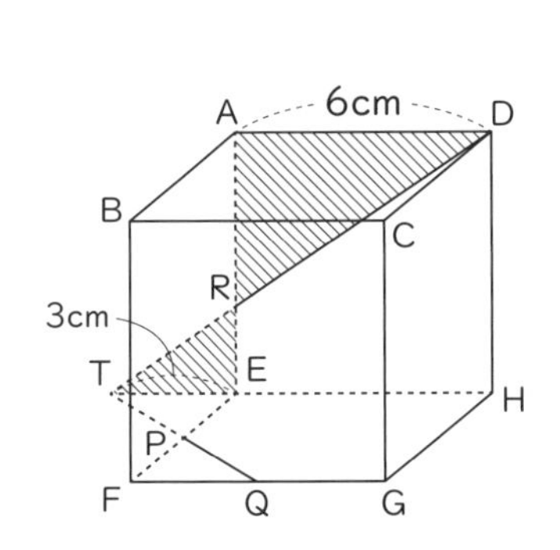

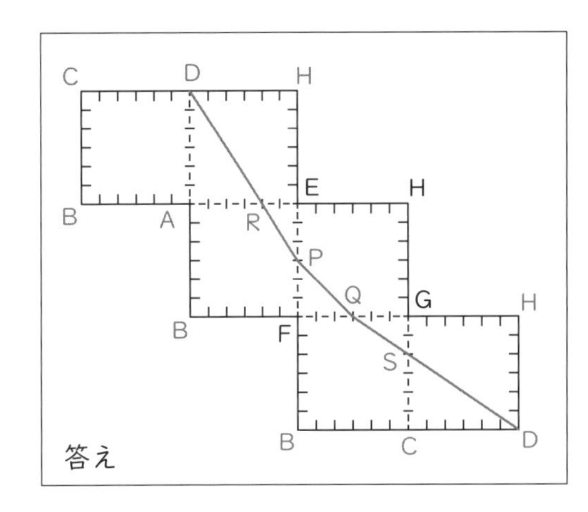

(3) 断面 は分けられたどちらの立体にも共通ですから、2 つの立体にある元の立方体の面の面積の差と同じです。

（2）の展開図を利用すると、

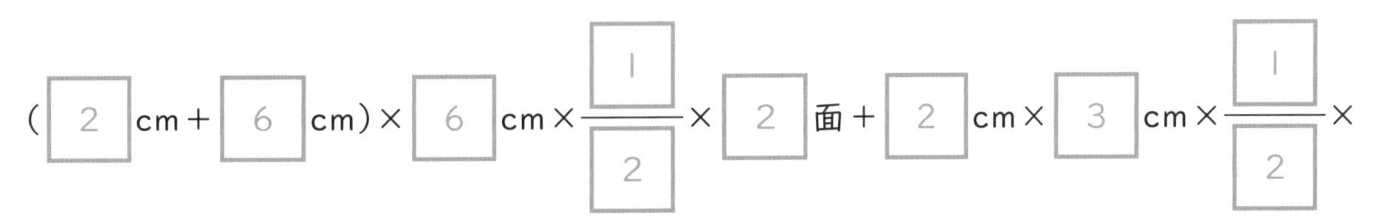

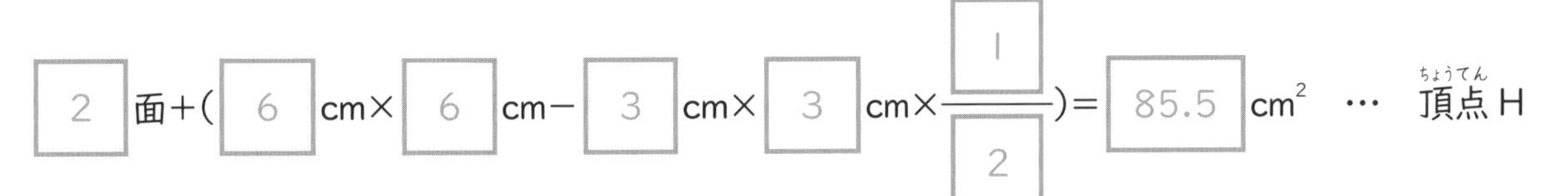

(2 cm + 6 cm) × 6 cm × $\frac{1}{2}$ × 2 面 + 2 cm × 3 cm × $\frac{1}{2}$ × 2 面 + (6 cm × 6 cm − 3 cm × 3 cm × $\frac{1}{2}$) = 85.5 cm^2 … 頂点 H を含む立体の表面積（除く：断面）とわかります。

6 cm × 6 cm × 6 面 − 85.5 cm^2 = 130.5 cm^2

… 頂点 B を含む立体の表面積（除く：断面）

130.5 cm^2 − 85.5 cm^2 = 45 cm^2

答え 45 cm^2

見取り図を利用して求めることもできます。

立体の展開図と切断の「魔法ワザ」

展開図に頂点記号を書く。

合否を分ける 練習問題 34-1

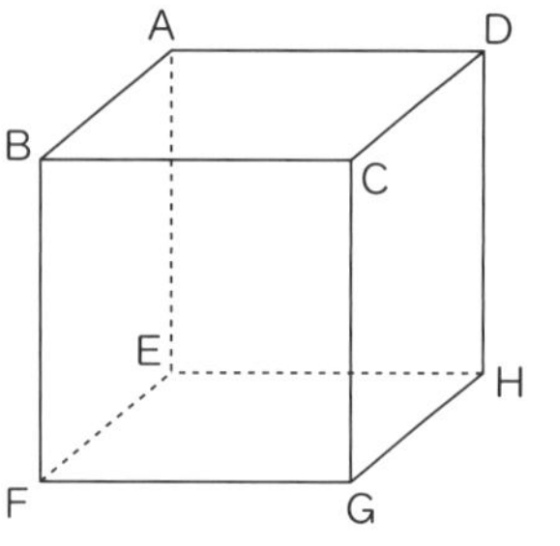

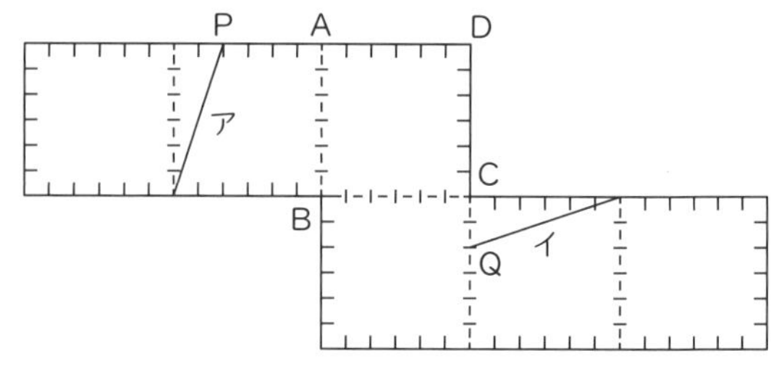

右の図は、1辺が6cmの立方体とその展開図です。展開図の中にある線ア、イは、この立方体をある平面で2つに切断したときの断面の辺の一部です。次の問いに答えなさい。

(1) 断面の残りの辺を、展開図に記入しなさい。

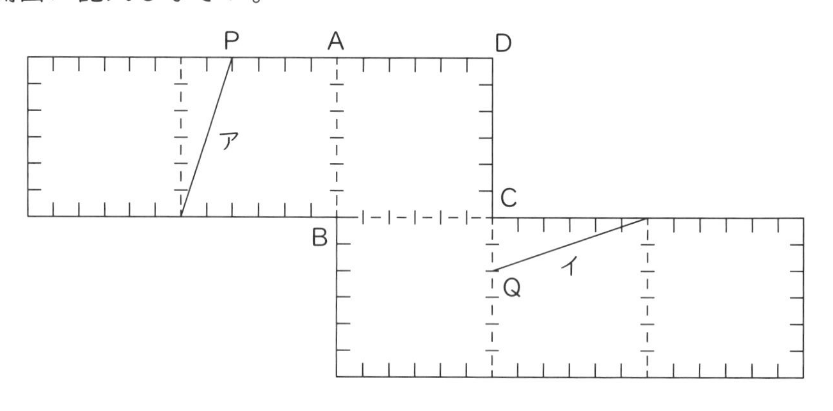

(2) 2つに分けられた立体のうち、頂点Bを含む立体の体積は何cm³ですか。

(参考問題 check! 学習院女子中等科)

合否を分ける 練習問題 34-2

右の図の四角形ABCDは正方形で、点M、Nはそれぞれ辺AB、ADの真ん中の点です。この展開図を点線で折り曲げて三角すいを作り、太線(BD)に沿って2つの立体に切断します。切断されてできた2つの立体の体積比を最も簡単な整数の比で大、小の順に答えなさい。

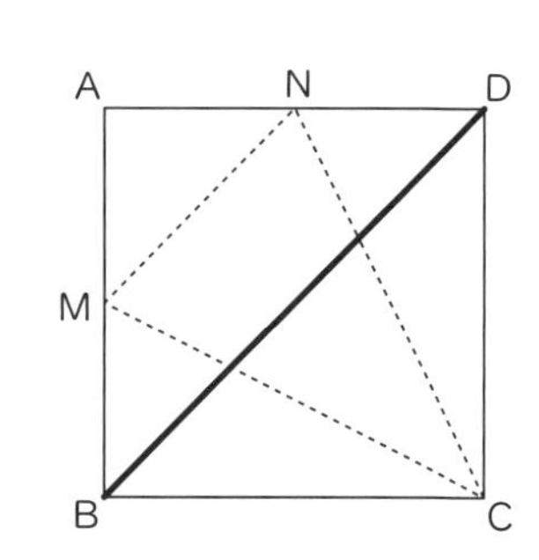

答え (大:小) = :

(参考問題 check! 城北中学校)

解答・解説

合否を分ける 練習問題 34-1　答え　(1)　下の右図　　(2)　108cm³

(1)　はじめに立方体の頂点を展開図に書き込み、次に断面の頂点 P、Q を書くと、下のようになります。

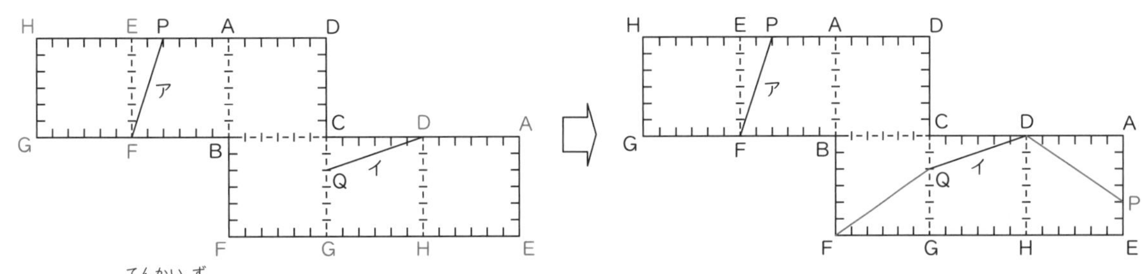

(2)　(1) の展開図を組み立てて立方体を作ると右の図のようになります。

断面は立方体の向かい合う頂点を通る平行四辺形ですから、立方体の体積を 2 等分します。

$6\text{cm} \times 6\text{cm} \times 6\text{cm} \times \frac{1}{2} = 108\text{cm}^3$

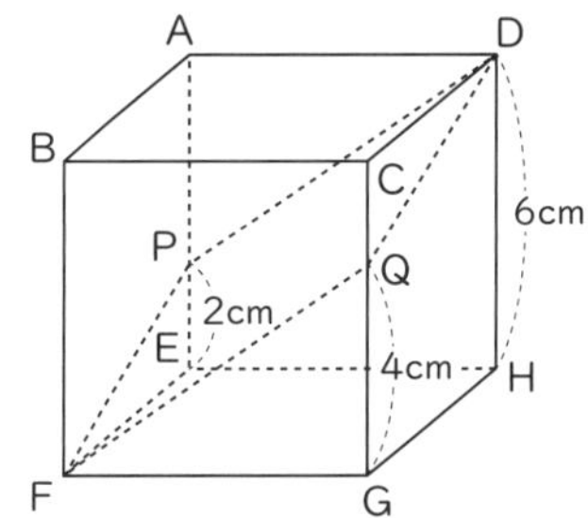

頂点記号を書くと、正しい位置関係がわかります。

合否を分ける 練習問題 34-2　答え　5：4

展開図を折り曲げてできる三角すいは、右の図のように立方体の一部となり、太線で切断すると、四角すいと三角すいに分けられることがわかります。

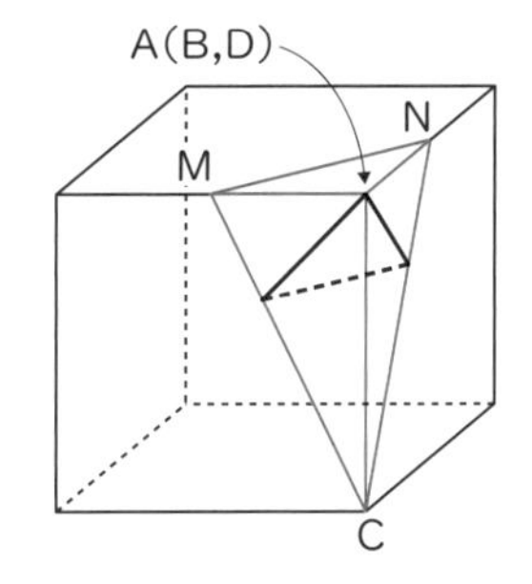

展開図で、太線 BD と MC、NC が交わる点をそれぞれ E、F とすると、右下の図のように、NC：FC＝3：2 となります。

四角すいの底面を四角形 MEFN、三角すいの底面を三角形 ECF とすると、見取り図より高さは同じことがわかりますので、体積比＝底面の面積比となります。

三角形 MCN と三角形 ECF は相似比が 3：2 ですから、面積比は 9：4、四角形 MEFN の面積：三角形 ECF の面積＝5：4　→　四角すいの体積：三角すいの体積＝5：4　です。

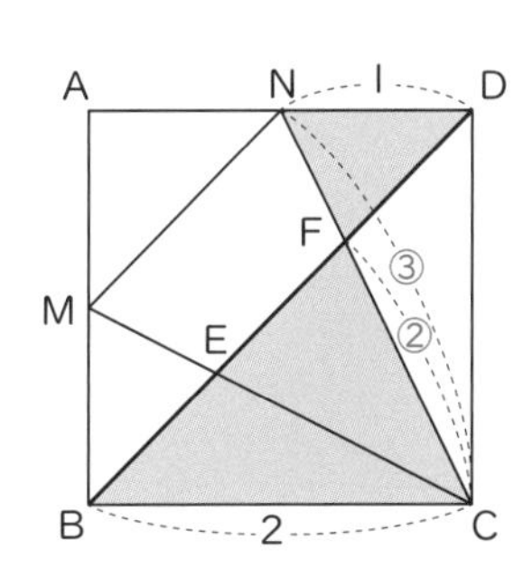

35 角すいの切断 ～「四角すいの分割」「三角すいの切断」～

合否を分ける例題35 右の図の四角すい O-ABCD で、底面は1辺12cm の正方形、OA＝OB＝OC＝OD＝12cm です。いま、辺 OB、辺 OD をともに2：1に分ける点をそれぞれ P、Q とし、四角すい O-ABCD を3点 A、P、Q を通る平面で切ったとき、その平面と辺 OC が交わる点を R とします。次の問いに答えなさい。ただし、角すいの体積は、(底面積)×(高さ)÷3 で求められます。

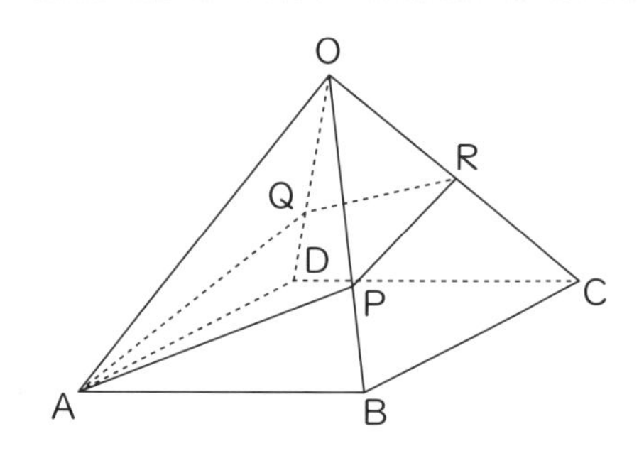

(1) OR の長さは何 cm ですか。

(2) 四角すい O-APRQ の体積と四角すい O-ABCD の体積の比を、最も簡単な整数の比で表しなさい。

参考問題 check! 明治大学付属明治中学校

：四角すい O-ABCD を、頂点 B から頂点 D の向きに見た投影図をかきましょう。

考え方と答え

(1) 四角すい O-ABCD を頂点 B から頂点 D の向きに見ると、図1（投影図）のようになります。

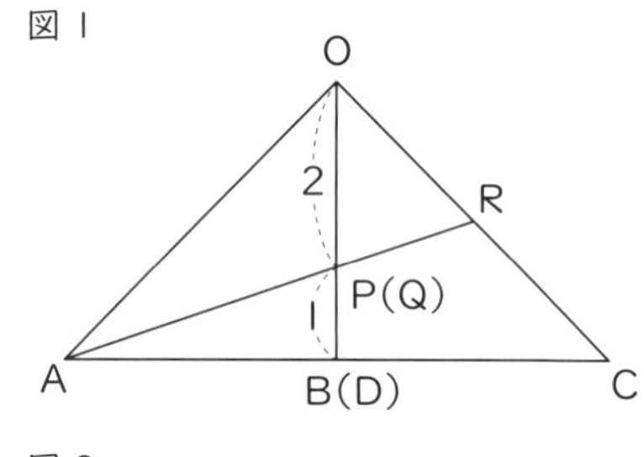

図1で底面 ABCD は正方形ですから、AB：CB

＝ 1 ： 1 です。

三角形 OAP の面積を ② とすると、三角形 PAB の面積は ① ですから、右の図2のように頂点 C から P を通る直線をひくと、三角形 OAP の面積：三角形 PAC の面積＝②：②＝1：1 です。

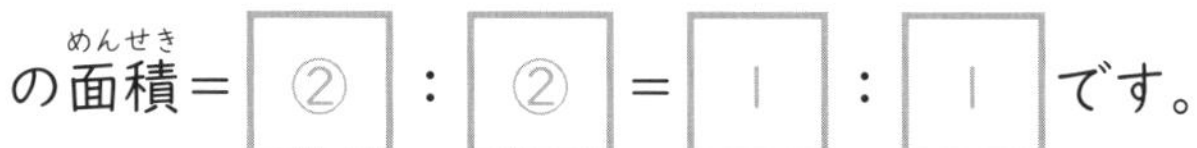

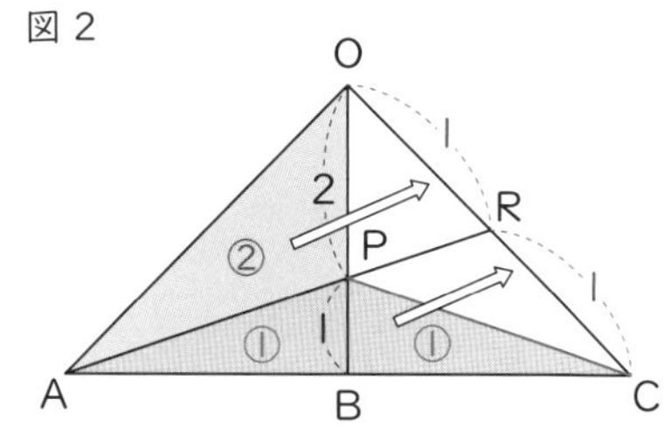

ですから、OR：RC＝1：1 となり、

$OR = 12\text{cm} \times \frac{1}{2} = 6\text{cm}$ が求められます。

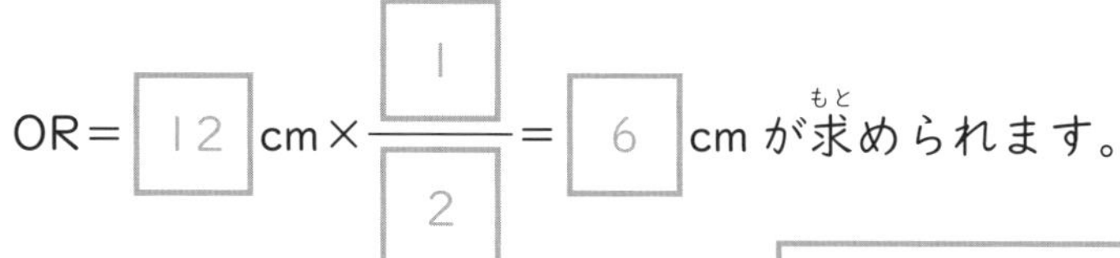

答え　6　cm

AR を R のほうに延長して「角出し」を利用しても OK です。

(2)　四角すい O-ABCD を三角形 OAC で、合同 な２つの 三角すい に分けると、四角すい O-ABCD を切った面 APRQ も直線 AR で三角形 APR と三角形 AQR に分けられます。

下の図のように、三角すい A-OQR と三角すい A-ODC に着目すると、頂点 A が共通なので、体積の比は 底面積 の比に等しいことがわかります。

三角すい A-OQR の底面 OQR と三角すい A-ODC の底面 ODC は、角 O が共通、OQ ： OD ＝ ② ： ③ 、OR ： OC ＝ [1] ： [2] ですから、底面 OQR の面積：底面 ODC の面積＝ ② × [1] ： ③ × [2] ＝ 1 ： 3 です。

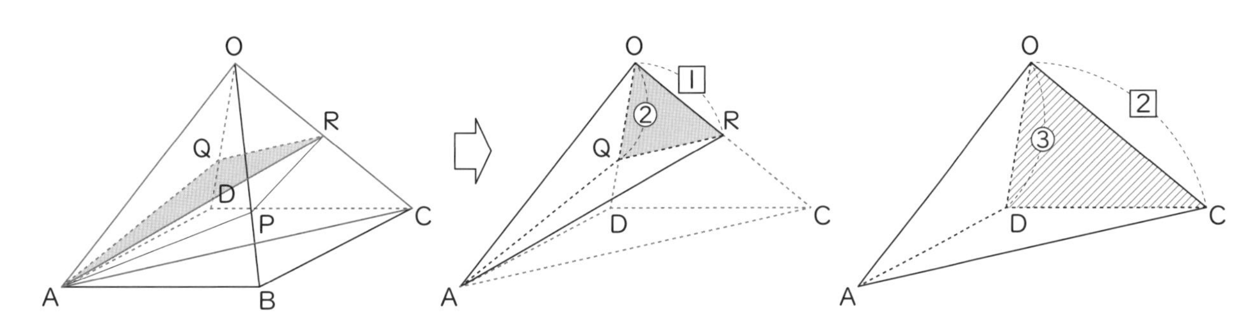

従って、三角すい A-OQR の体積を 1、三角すい A-ODC の体積を 3 とすると、四角すい O-APRQ の体積は 2 、四角すい O-ABCD の体積は 6 となりますから、その体積比は、1 ： 3 です。

答え　1 ： 3

頂点が共通な２つの三角すいの体積比は、共通な頂点からでている３辺の「隣辺比」で求めることもできます。

角すいの切断の「魔法ワザ」

四角すいは、２つの三角すいに分ける。

合否を分ける 練習問題 35-1

右の図の四角すい O－ABCD は、底面が 1 辺 10cm の正方形、高さが 10cm です。いま、辺 OA、OB を 3：2 に分ける点をそれぞれ P、Q、辺 BC、DA の真ん中の点をそれぞれ R、S とし、4 点 P、Q、R、S を通る平面アで四角形 O－ABCD を切って 2 つの立体に分けます。平面アで切ってできた 2 つの立体の体積の比の最も簡単な整数の比を大、小の順に答えなさい。

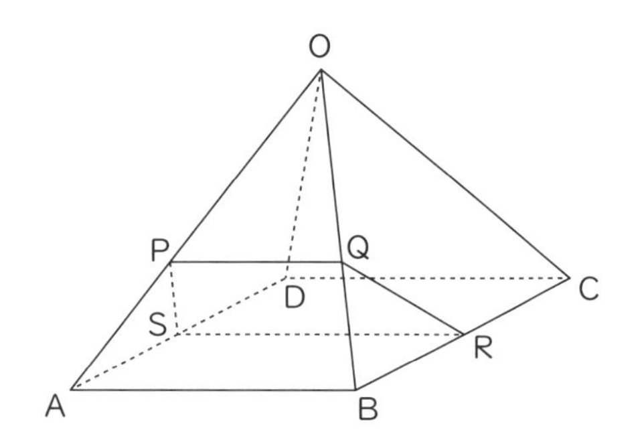

答え　（大：小）＝　　　：

（参考問題 check!　帝京大学中学校）

合否を分ける 練習問題 35-2

右の図で、立方体 ABCD-EFGH の 1 辺は 12cm、4 点 P、Q、R、S はそれぞれ辺 BC、CD、BF、CG の真ん中の点です。次の問いに答えなさい。ただし、角すいの体積は、（底面積）×（高さ）÷3 で求められます。

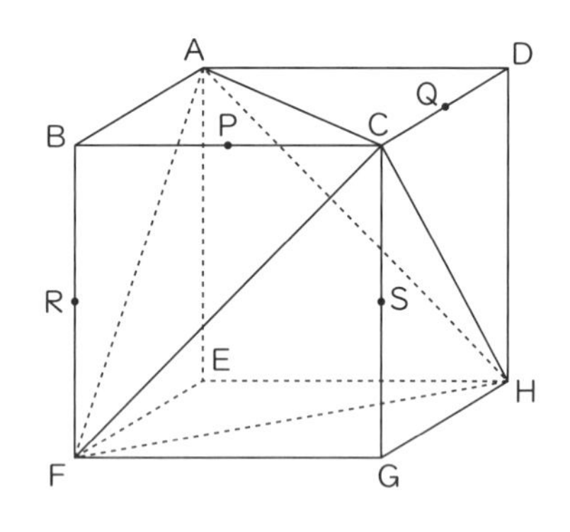

（1）　立方体 ABCD－EFGH の頂点 A、C、F、H を結んでできる正四面体の体積は何 cm^3 ですか。

答え　　　cm^3

（2）（1）の正四面体を 3 点 P、Q、S を通る平面で切ったとき、頂点 C を含む立体の体積は何 cm^3 ですか。

答え　　　cm^3

（3）（1）の正四面体を 3 点 P、Q、R を通る平面で切ったとき、頂点 C を含む立体の体積は何 cm^3 ですか。

答え　　　cm^3

（参考問題 check!　栄東中学校）

解答・解説

合否を分ける 練習問題 35-1　答え　37：13

立体 PAS－QBR を三角柱 TAS－UBR の一部（断頭三角柱）として考えます。

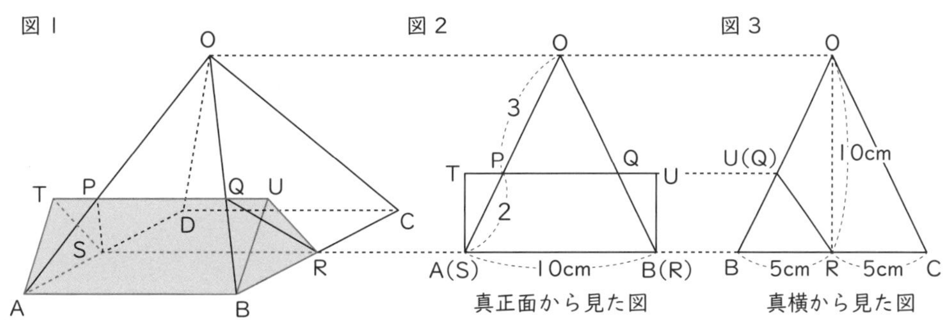

PQ＝10cm×$\frac{3}{5}$＝6cm、三角形 UBR の高さは 10cm×$\frac{2}{5}$＝4cm とわかります（図２・３）。

10cm×10cm×10cm×$\frac{1}{3}$：5cm×4cm×$\frac{1}{2}$×$\frac{10\text{cm}+10\text{cm}+6\text{cm}}{3}$＝50：13　…　四角すい O-ABCD の体積：立体 PAS－QBR の体積

(50－13)：13＝37：13　…　切ってできた大きい方の立体の体積：立体 PAS－QBR の体積

合否を分ける 練習問題 35-2　答え　(1)　576cm^3　　(2)　9cm^3　　(2)　333cm^3

(1)　正四面体の体積＝立方体 ABCD-EFGH の体積－三角すい F-ABC の体積×4 です。

12cm×12cm×12cm－12cm×12cm×$\frac{1}{2}$×12cm×$\frac{1}{3}$×4＝576cm^3

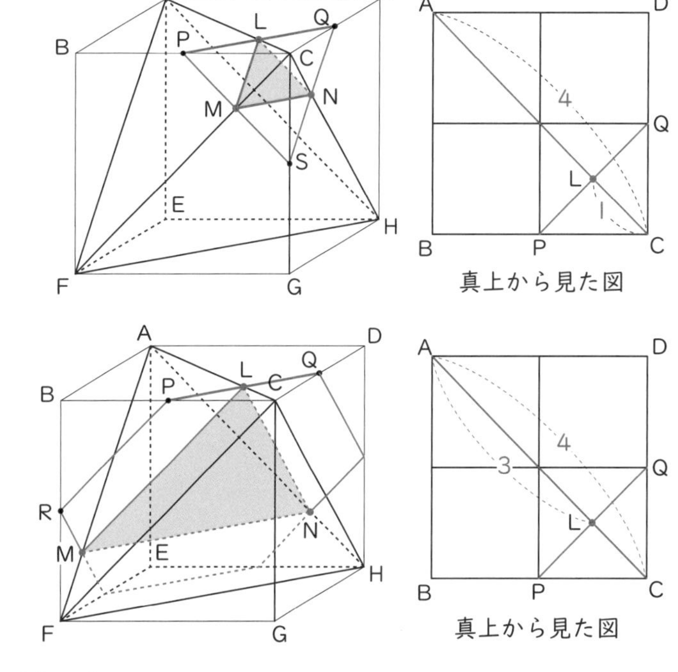

(2)　正四面体を 3 点 P、Q、S を通る平面で切ると、断面 LMN は正三角形 AFH と平行な正三角形です。

真上から見ると、AC：LC＝4：1 ですから、正四面体の体積と切り取られた立体（頂点 C を含む）の体積の比は、4^3：1^3＝64：1 です。

576cm^3×$\frac{1}{64}$＝9cm^3

(3)　断面 LMN は正三角形 CFH と平行な正三角形です。

真上から見ると、AC：AL＝4：3 ですから、正四面体の体積と切り取られた立体（頂点 C を含まない）の体積の比は、4^3：3^3＝64：27 です。

576cm^3×$\frac{64-27}{64}$＝333cm^3

36 立体の移動 ～「三角すいの回転」「円すいの平行移動」～

合否を分ける例題 36 図１の円すいは、底面の半径が 6cm、高さが 8cm です。次の問いに答えなさい。ただし、円すいの体積は、(底面積)×(高さ)÷３で求められます。(円周率は 3.14)

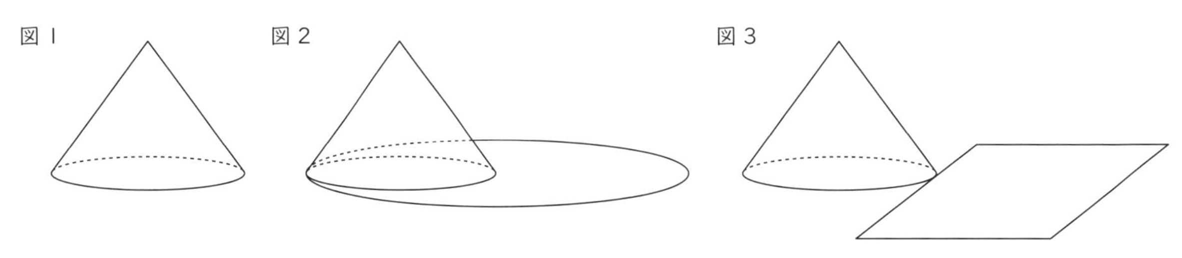

(1)　図１の円すいを机の上に置き、図２のように底面を机から離さずに半径 12cm の円形の輪の内側に沿って１周させます。このとき、円すいを動かしてできる立体の体積を求めなさい。

(2)　図１の円すいを机の上に置き、図３のように底面を机から離さずに１辺が 12cm の正方形の外側に沿って１周させます。このとき、円すいを動かしてできる立体の体積を求めなさい。

参考問題 check!　攻玉社中学校

：立体図形そのものの移動を考えるよりも、立体図形の断面の移動を考える方が作図しやすいでしょう。

考え方と答え

(1)　円すいを円形の内側に沿って１周させると、円すいの底面は常に円形の輪の中心と接しますから、円形の輪の中心を通り、机に垂直な直線を［回転］の［軸］として１回転してできる立体と考えることができます。

従って、円すいを動かしてできる立体は、下の図のように［三角形 ABC］が1回転してできる、［円すい台］から［円すい］をくり抜いたものです。

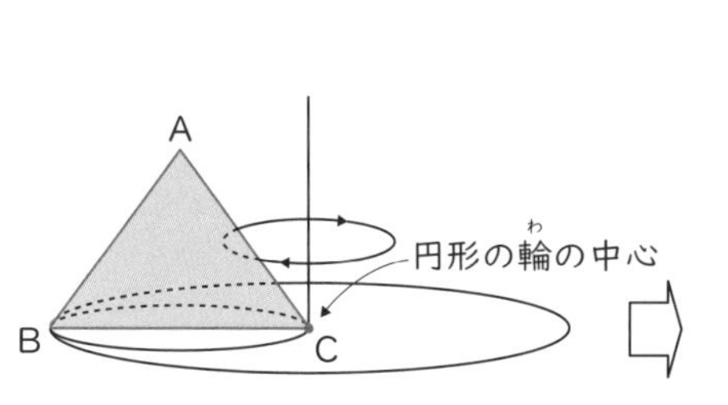

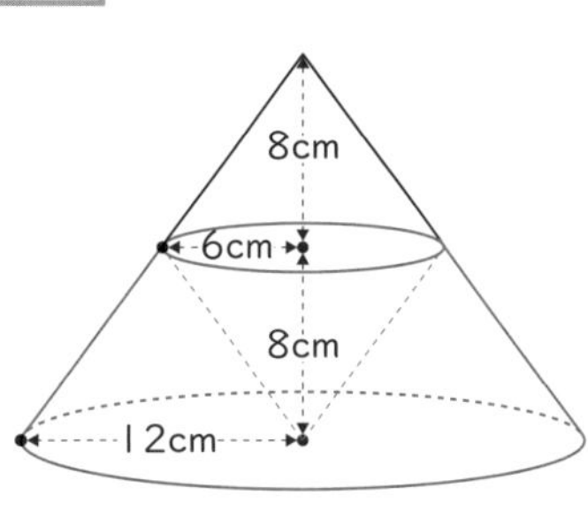

相似な円すいの体積比を利用すると、計算がより簡単になります。

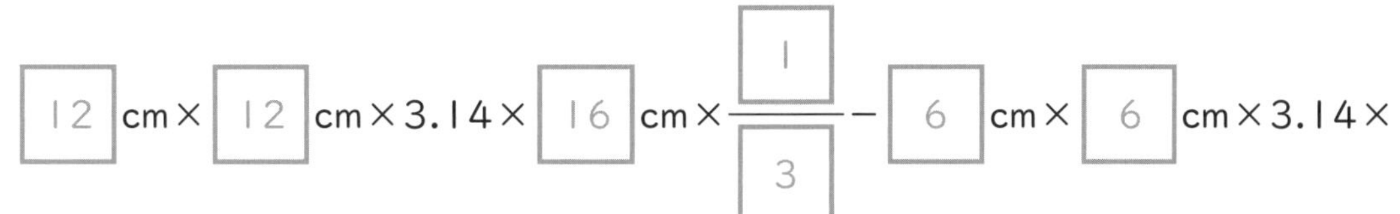

$\boxed{12}\text{cm}\times\boxed{12}\text{cm}\times3.14\times\boxed{16}\text{cm}\times\dfrac{\boxed{1}}{\boxed{3}}-\boxed{6}\text{cm}\times\boxed{6}\text{cm}\times3.14\times$

$\boxed{8}\text{cm}\times\dfrac{\boxed{1}}{\boxed{3}}\times\boxed{2}=\boxed{1808.64}\text{cm}^3$

答え　1808.64　cm^3

(2)　円すいを正方形の外側に沿って1周させたときに円すいを動かしてできる立体は、右の図のように、三角形 ABC を［底面］とする［三角柱］(ア)が4つと、(イ) を4つ合わせて (1) と同じになる立体を合わせたものです。

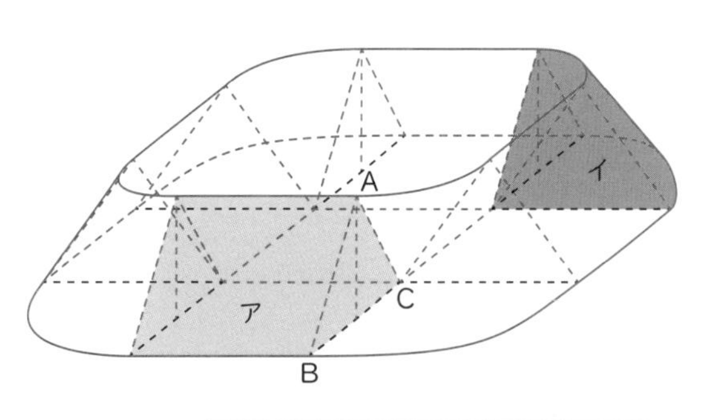

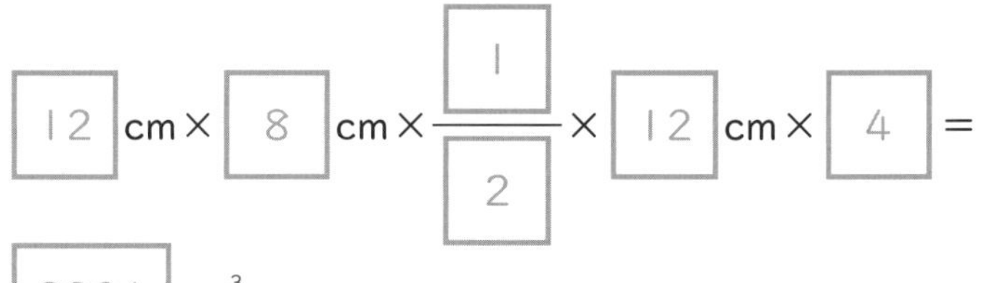

$\boxed{12}\text{cm}\times\boxed{8}\text{cm}\times\dfrac{\boxed{1}}{\boxed{2}}\times\boxed{12}\text{cm}\times\boxed{4}=$

$\boxed{2304}\text{cm}^3$

$\boxed{2304}\text{cm}^3+\boxed{1808.64}\text{cm}^3=\boxed{4112.64}\text{cm}^3$

(1) と同様に、円すいの断面 (三角形 ABC) の動きに着目します。

答え　4112.64　cm^3

立体の移動の「魔法ワザ」

立体の断面の動きに着目します。

合否を分ける
練習問題 36-1

図のように、1辺の長さが12cmの正方形ABCDの辺AD、CDの真ん中の点をE、Fとし、BE、BF、EFで折り曲げて三角すいを作りました。次の問いに答えなさい。ただし、角すいや円すいの体積は、(底面積)×(高さ)÷3で求められます。(円周率は3.14)

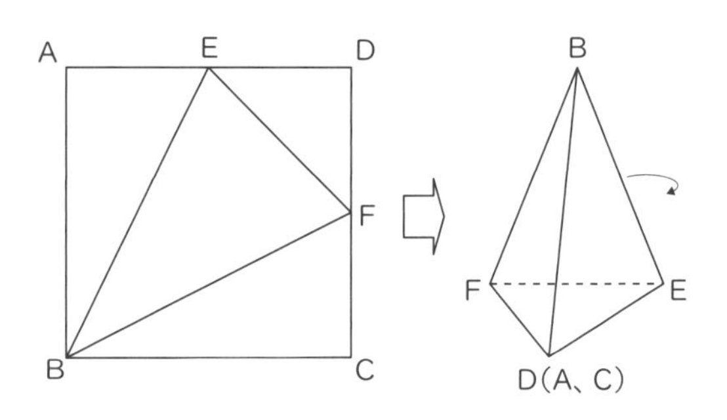

(1)　三角形BFEを底面とするとき、この三角すいの高さは何cmですか。

(2)　この三角すいを、辺BDを軸として図の矢印の方向に90度だけ回転させたとき、三角すいを動かしてできる立体の体積は何cm^3ですか。

(参考問題check!　本郷中学校)

図のように、底面の半径が6cm、高さが8cm、母線が10cmの円すいを、円すいの底面の中心が平面上の点Aに重なるように置き、円すいを矢印の方向に、底面の中心が点Bに重なるまで直線AB上を動かします。点Aと点Bの間は20cmです。次の問いに答えなさい。ただし、円すいの体積は、(底面積)×(高さ)÷3で求められます。(円周率は3.14)

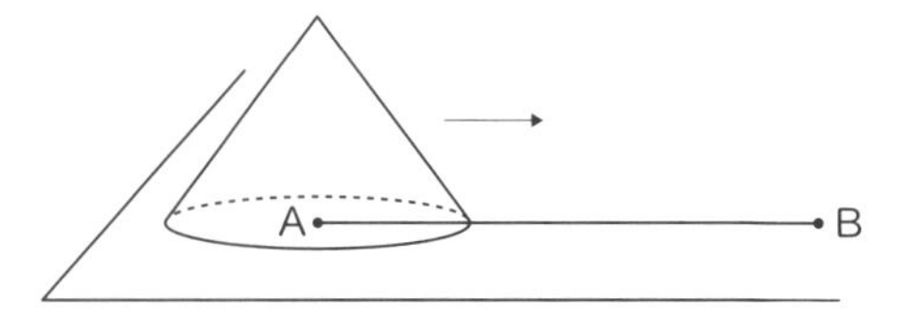

(1)　円すいを動かしてできる立体の体積は何cm^3ですか。

答え　　　　　cm^3

(2)　円すいを動かしてできる立体の表面積は何cm^2ですか。

答え　　　　　cm^2

(参考問題check!　鷗友学園女子中学校)

解答・解説

合否を分ける 練習問題 36-1　答え　(1)　4cm　(2)　226.08cm³

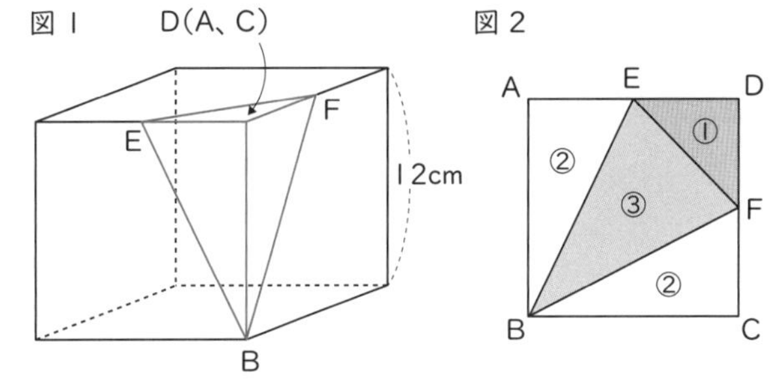

(1)　1辺が12cmの正方形を折ってできる三角すいは、図1のように1辺12cmの立方体の中にちょうど入ります。

ですから、三角形DEFを三角すいの底面としたときの高さは12cmです。

また、図2のように三角形DEFと三角形BFEの面積比は1：3ですから、三角すいの底面を三角形DEFとしたときの高さと三角形BFEとしたときの高さの比は3：1です。

$12\text{cm}\times\frac{1}{3}=4\text{cm}$

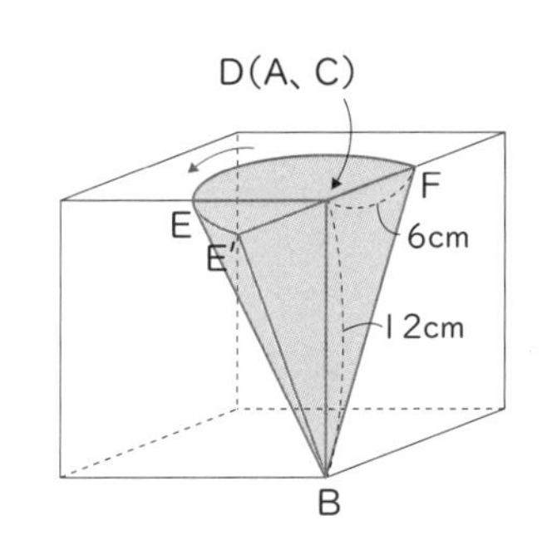

(2)　右の図のように、三角すいの面BEDが90度回転すると、円すいの$\frac{1}{4}$の立体B−DEE′ができます。面BFDが回転しても同様に円すいの$\frac{1}{4}$の立体ができます。

$6\text{cm}\times6\text{cm}\times3.14\times12\text{cm}\times\frac{1}{3}\times\frac{1}{4}\times2=226.08\text{cm}^3$

合否を分ける 練習問題 36-2　答え　(1)　1261.44cm³　(2)　941.44cm²

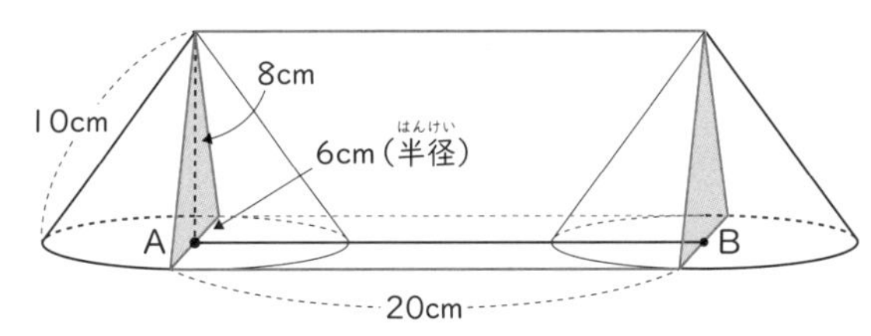

(1)　円すいの断面に着目すると、円すいを動かしてできる立体は、右の図のように円すいの$\frac{1}{2}$と三角柱と円すいの$\frac{1}{2}$を合わせたものとわかります。

$6\text{cm}\times6\text{cm}\times3.14\times8\text{cm}\times\frac{1}{3}\times\frac{1}{2}\times2=301.44\text{cm}^3$　…　円すいの体積

$12\text{cm}\times8\text{cm}\times\frac{1}{2}\times20\text{cm}=960\text{cm}^3$　…　三角柱の体積

$301.44\text{cm}^3+960\text{cm}^3=1261.44\text{cm}^3$

(2)　円すいの側面積＝母線×底面の半径×3.14ですから、

$10\text{cm}\times6\text{cm}\times3.14=60\text{cm}^2\times3.14$　…　円すいの側面積

$6\text{cm}\times6\text{cm}\times3.14=36\text{cm}^2\times3.14$　…　円すいの底面積

$60\text{cm}^2\times3.14+36\text{cm}^2\times3.14=301.44\text{cm}^2$　…　円すいの表面積

$(10\text{cm}+10\text{cm}+12\text{cm})\times20\text{cm}=640\text{cm}^2$　…　三角柱の側面積

$301.44\text{cm}^2+640\text{cm}^2=941.44\text{cm}^2$

三角形が回転すると円すい、平行移動すると三角柱ができます。

37 最短距離問題 ～「立体図形と最短」「平面図形と最短」～

合否を分ける例題 37 右の図のように、1辺が6cmの正三角形ABCを底面とし、OA＝OB＝OC＝12cmである三角すいO-ABCがあります。辺OB、OC上にそれぞれ点M、点Nをとります。次に細い糸を、頂点Aから点M、点Nを通って頂点Aまで糸の長さが最も短くなるように張ります。次の問いに答えなさい。ただし、角すいの体積は、(底面積)×(高さ)÷3で求められます。

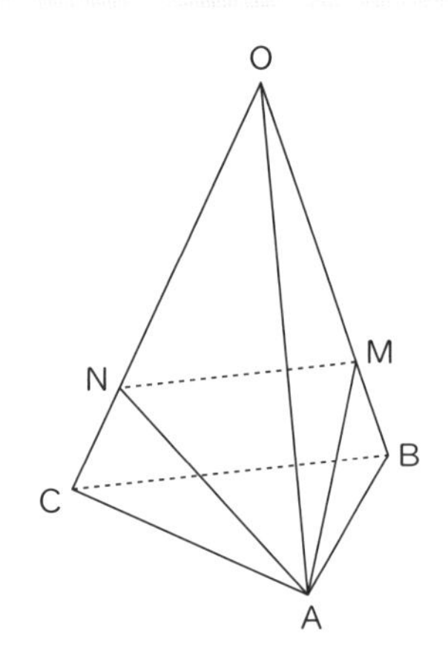

(1) OM：MBを最も簡単な整数の比で求めなさい。

(2) (三角すいO-AMNの体積)：(四角すいA-BMNCの体積)を、最も簡単な整数の比で求めなさい。

参考問題 check!　東京都市大学付属中学校

：立体図形の表面を通る最短距離は、展開図で考えます。

考え方と答え

(1) 最短距離 は、右の図のように、糸が通る3つの 側面 がつながるようにかいた 展開図 で、頂点Aから点M、点Nを通って頂点Aまでを結んだ1本の 直線 の長さです。

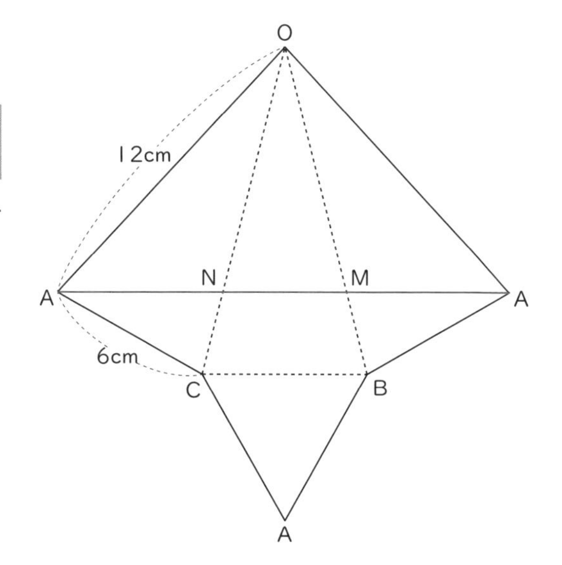

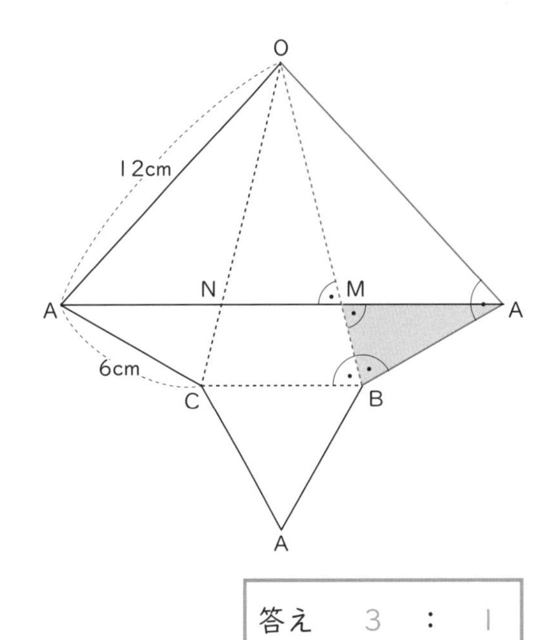

右の図のように、三角形 [OBA] と三角形 [AMB] は●をつけた角が等しいので相似です。

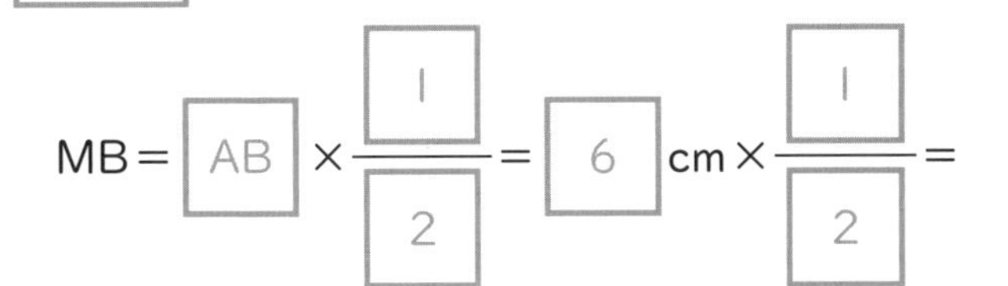

MB＝[AB]×$\frac{[1]}{[2]}$＝[6]cm×$\frac{[1]}{[2]}$＝[3]cm

OM：MB＝([12]cm－[3]cm)：[3]cm
＝[3]：[1]

答え　3：1

(2)　三角すい O-AMN と四角すい A-BMNC は、頂点を [A] とすると [高さ] が同じになりますから、[体積比] は [底面積比] に等しくなります。

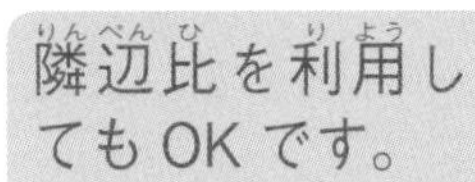

(1) より、OM：OB＝ON：OC＝[3]：[4] とわかりましたから、MN が BC と [平行] となるので、三角形 [OMN] と三角形 [OBC] は [相似] です。

(三角形 OMN の面積)：(三角形 OBC の面積)＝[3]×[3]：[4]×[4]＝9：16

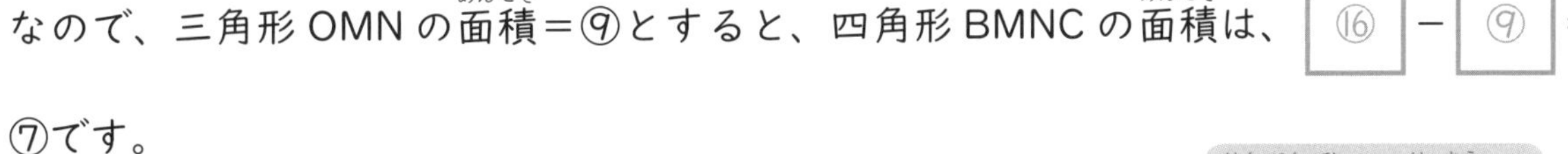

なので、三角形 OMN の面積＝⑨とすると、四角形 BMNC の面積は、[⑯]－[⑨]＝⑦です。

ですから、三角すい O－AMN と四角すい A－BMNC の体積比は、[9]：[7] とわかります。

答え　9：7

最短距離問題の「魔法ワザ」

立体の表面を通る最短距離は、立体の展開図で一直線になる。

合否を分ける
練習問題 **37-1**

図のように、底面が1辺10cmの正方形、高さが20cmの直方体ABCD-EFGHの側面に沿って、細い糸を頂点Aから頂点Eまで糸の長さが最も短くなるようにして2周巻きました。直方体ABCD-EFGHを、3点A、C、Fを通る平面で切ったとき、頂点Bを含む立体に巻き付いている糸の長さと、頂点Dを含む立体に巻き付いている糸の長さの比を最も簡単な整数の比で求めなさい。

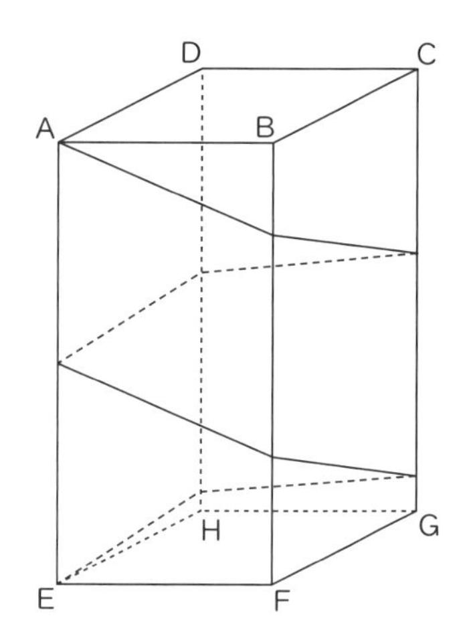

答え　　：

（参考問題check!　大妻中学校）

合否を分ける
練習問題 **37-2**

右の図の三角形ABCは正三角形です。辺ABを1：2に分ける点をD、辺BC、AC上の点をそれぞれE、Fとし、直線AE、EF、FDの長さの和が最も小さくなるように、AとE、EとF、FとDを直線で結びます。このとき、BE：EC、AF：FCを最も簡単な整数の比でそれぞれ求めなさい。

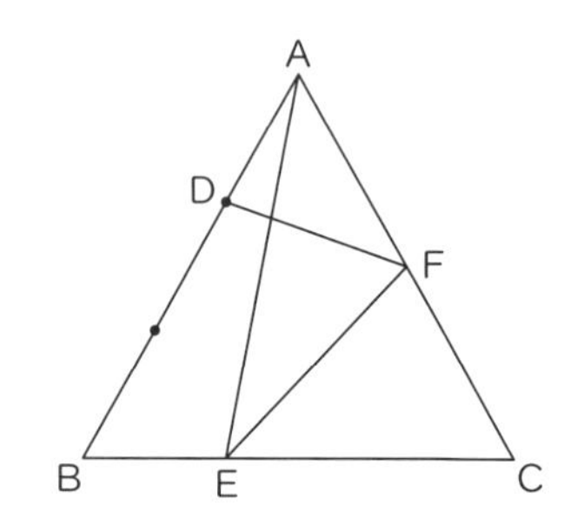

答え　（BE：EC）　　：　　、（AF：FC）　　：

（参考問題check!　甲陽学院中学校）

解答・解説

合否を分ける 練習問題 37-1　答え　20：43

図1は、直方体ABCD−EFGHを3点A、C、Fを通る平面で切った図です。また、図2は切る前の直方体ABCD−EFGHの4つの側面だけの展開図で、糸は赤い線のように表せます。

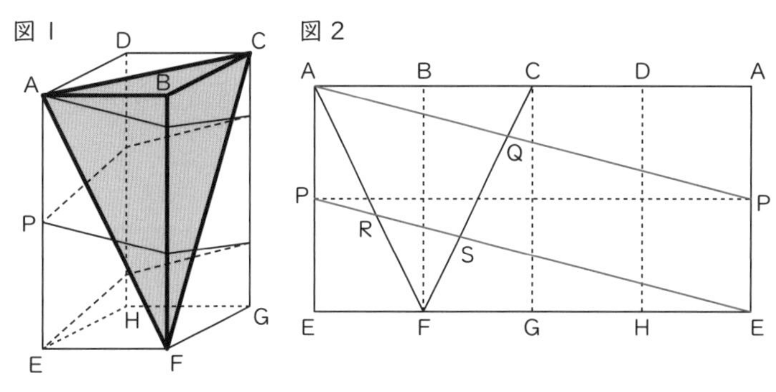

図2にある3組の三角形の相似比は下のようになっています。

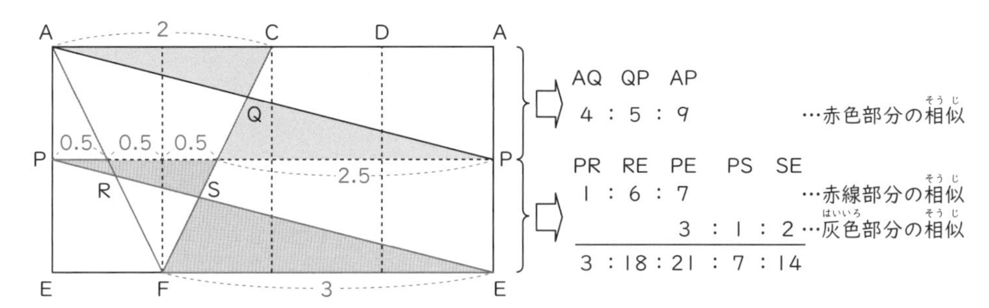

AQはAPの$\frac{4}{9}$、RSはPEの$\frac{7-3}{21}=\frac{4}{21}$ですから、(AQ＋RS)：(AP＋PE)＝$\left(\frac{4}{9}+\frac{4}{21}\right)$：(1＋1)＝20：63です。

(頂点Bを含む立体の糸の長さ)：(頂点Dを含む立体の糸の長さ)＝20：(63−20)＝20：43

合否を分ける 練習問題 37-2　答え（BE：EC）2：1、（AF：FC）1：1

「反射問題」と同じように、はじめにBC、次にA′Cを線対称の軸として順に正三角形ABCを2つかき加えます。

すると、右の図のように、点Aと点Dを直線で結んだときに直線AE、EF、FDの長さの和が最も小さくなることがわかります。

三角形AEC（赤線）と三角形ADB′（赤線）の相似比は、AC：AB′＝1：2ですから、EC：DB′＝1：2です。

従って、BE：EC＝（3−1）：1＝2：1です。

また、三角形A′DF（灰色）と三角形CEFの相似比は、A′D：CE＝1：1ですから、A′F：FC＝AF：FC＝1：1です。

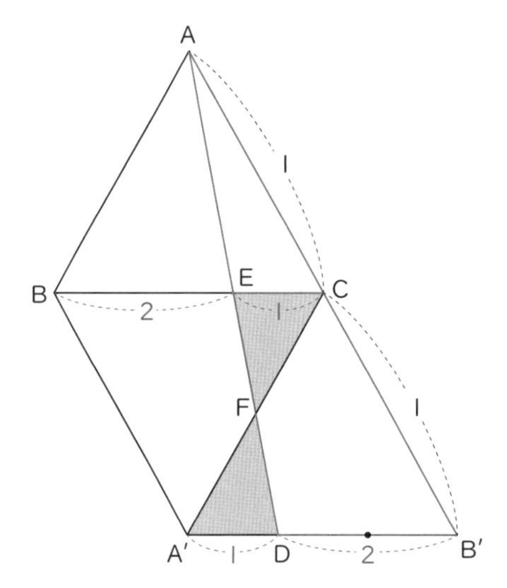

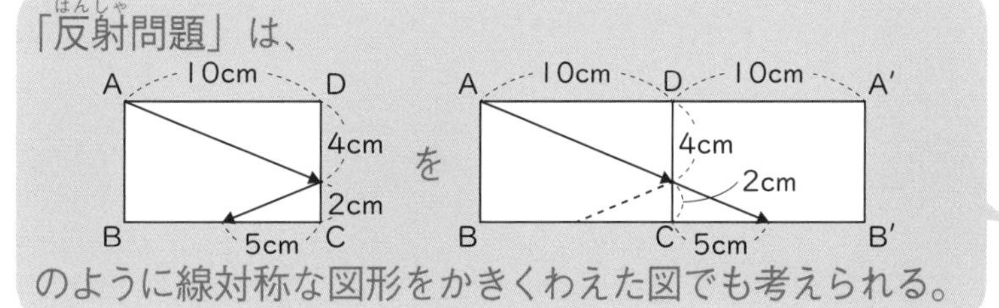

Chapter 7

場合の数

38 すごろく問題 ～「正方形」「一直線」～

合否を分ける例題 38 図のように、正六角形の頂点にコマを置く6つの場所A、B、C、D、E、Fを作ります。コマをAに置き、さいころをふって出た目の数だけ、コマを時計回りに移動させます。例えば、さいころをふって1回目に2、2回目に5の目が出たときは、コマをA→C→Bの順に移動させます。次の問いに答えなさい。

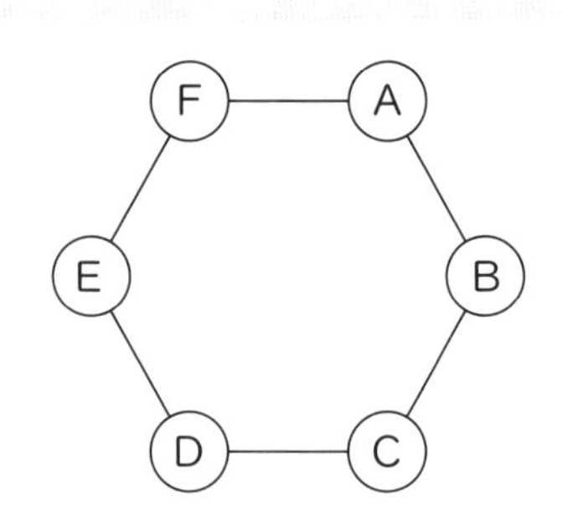

(1)　さいころを2回ふってコマを移動させたあと、コマがBにあるような目の出方は何通りありますか。

(2)　さいころを3回ふってコマを移動させたあと、コマがEにあるような目の出方は何通りありますか。

(3)　さいころを3回ふったとき、コマが1回目と2回目ではCには止まらず、3回目に初めてCに止まるような目の出方は、何通りありますか。

参考問題 check!　広尾学園中学校

：さいころを1回ふってコマを移動させることができる場所は1つだけです。

考え方と答え

(1)　さいころを2回ふったときの目の 和 とコマが止まる位置の関係は、上の表のようになります。

コマの位置	A	B	C	D	E	F
さいころの目の和	6、12	7	2、8	3、9	4、10	5、11

ですから、さいころを2回ふったあとにコマがBにあるような目の出方は、

(1回目、2回目)＝(1、6)、(2 、 5)、(3 、 4)、(4 、 3)、(5 、 2)、(6 、 1) の 6 通りです。

答え　6　通り

(2) さいころを2回ふったあと、コマがAにあるときは3回目に [4] の目が出ればコマはEに移動し、コマがBにあるときは3回目に [3] の目が出ればコマはEに移動し、コマがCにあるときは3回目に [2] の目が出ればコマはEに移動し、コマがDにあるときは3回目に [1] の目が出ればコマはEに移動し、コマがEにあるときは3回目に [6] の目が出ればコマはEに移動し、コマがFにあるときは3回目に [5] の目が出ればコマはEに移動しますから、さいころを2回ふったあとコマがどの位置にあっても、3回目にさいころをふってコマがEに移動する目の出方は [1] 通りだけです。

1回目の目の出方 [6] 通り×2回目の目の出方 [6] 通り×3回目の目の出方 [1] 通り＝ [36] 通り

答え 36 通り

(3) 1回目の目が [2] 以外であれば、コマはCに止まらず、A、B、D、E、Fのいずれかにあります。コマがAにあるときは2回目に [2] の目が出なければコマはCに止まらず、コマがBにあるときは2回目に [1] の目が出なければコマはCに止まらず、コマがDにあるときは2回目に [5] の目が出なければコマはCに止まらず、コマがEにあるときは2回目に [4] の目が出なければコマはCに止まらず、コマがFにあるときは2回目に [3] の目が出なければコマはCに止まらず、A、B、D、E、Fのいずれかに移動します。

(2)と同じように、2回目に移動したあとさいころをふってCに移動する目の出方は、コマがA、B、D、E、Fのいずれにあってもそれぞれ [1] 通りだけです。

1回目の目の出方 [5] 通り×2回目の目の出方 [5] 通り×3回目の目の出方 [1] 通り＝ [25] 通り

答え 25 通り

すごろく問題の「魔法ワザ」

1回前の位置からの目の出方を考える。

合否を分ける
練習問題 38-1

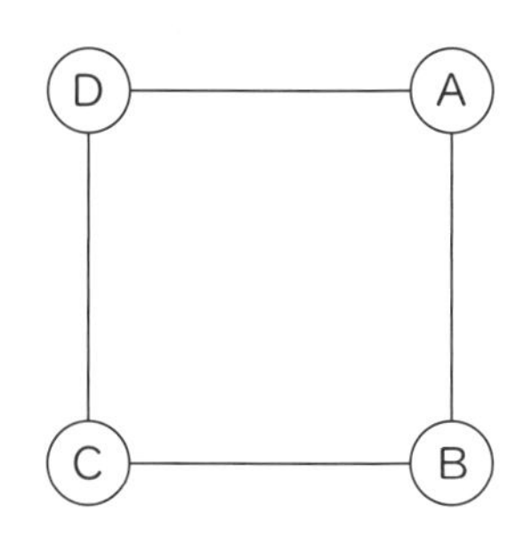

図のように、正方形の頂点にコマを置く4つの場所A、B、C、Dを作ります。コマをAに置き、赤色のさいころ1個と白色のさいころ1個を使って決められた数だけ、時計回りにコマを進めていきます。例えば、3だけ進めるときコマはDに止まり、6だけ進めるときコマはCに止まります。このとき、次の問いに答えなさい。

(1) 赤、白2個のさいころの出た目の和だけコマを進めるとき、コマがBに止まる目の出方は何通りありますか。

答え　　　　通り

(2) 赤、白2個のさいころの出た目の積だけコマを進めるとき、コマがAまたはCに止まる目の出方は何通りありますか。

答え　　　　通り

(参考問題 check!　海城中学校)

合否を分ける
練習問題 38-2

図のように、1つの線上にコマを置く7つの場所A、B、C、D、E、F、Gを作り、コマをDに置いてさいころをふり、奇数の目が出たら右へ、偶数の目が出たら左へコマを進めます。ただし、出た目でAやGをこえるときは、こえた分だけ逆にコマを進めます。例えば、さいころを2回ふり、1回目に5の目が出たときはD→E→F→G→F→Eのようにコマを進め、2回目に2の目が出たときはE→D→Cのようにコマを進めます。さいころを3回ふったあと、コマがAにあるようなさいころの目の出方は何通りありますか。

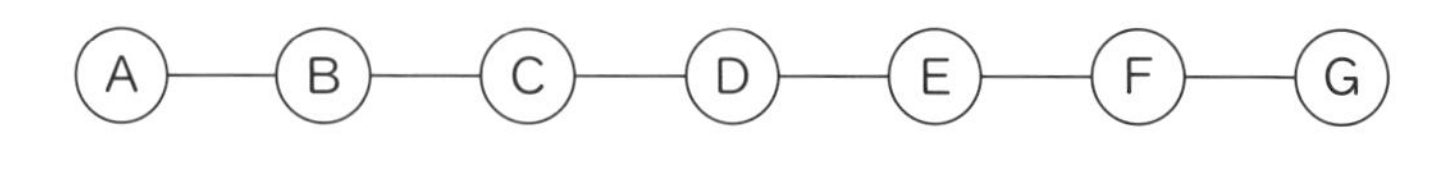

答え　　　　通り

(参考問題 check!　慶應義塾普通部)

解答・解説

合否を分ける 練習問題 38-1　答え　(1)　8通り　　(2)　27通り

(1)　さいころ2個の目の和は2以上12以下ですから、目の和が5または9になるとき、コマはBに止まります。

和が5のとき　…(赤、白)＝(1、4)、(2、3)、(3、2)、(1、4)　→　4通り

和が9のとき　…(赤、白)＝(3、6)、(4、5)、(5、4)、(6、3)　→　4通り

4通り＋4通り＝8通り

(2)　コマを2、4、6、8、10、…のように「偶数」だけ進めると、AまたはCに止まります。

2つのさいころの目の積は、2つのさいころの目がどちらも奇数(1、3、5)のときだけ奇数になります。

6通り×6通り＝36通り　…　2つのさいころの目の出方

3通り×3通り＝9通り　…　2つのさいころの目の積が奇数になる目の出方

36通り－9通り＝27通り

「全ての場合の数」から「答え以外の場合の数」を引く考え方を「余事象」といいます。

合否を分ける 練習問題 38-2　答え　15通り

3回目にさいころをふってAでコマが止まる場合の2回目のコマの位置と目の出方は、図1のようになり、その位置からAに進む目の出方はそれぞれ1通りです。

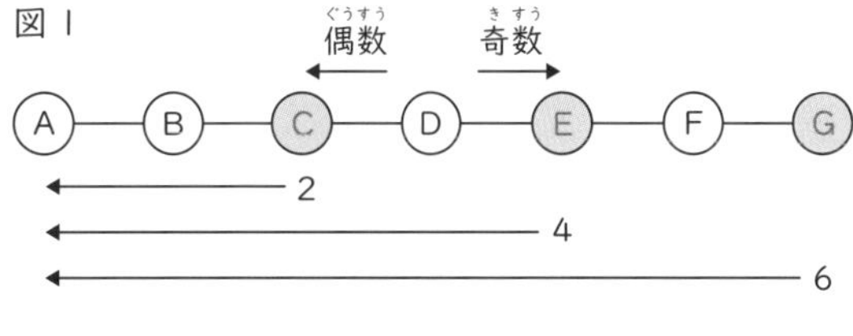

また、さいころを1回ふったあとのコマの位置は、図2の通りです。

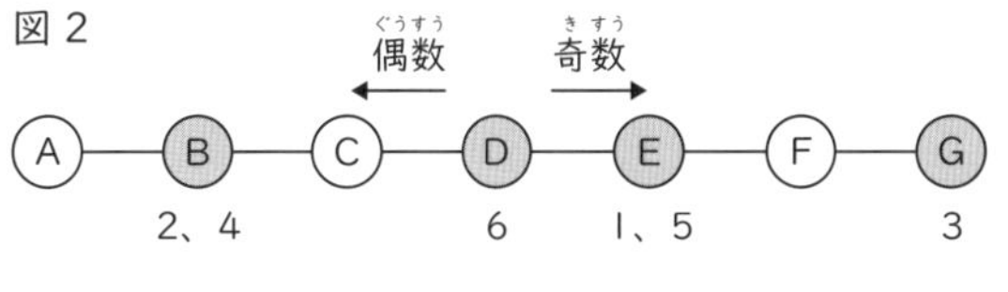

図2のコマの位置から図1のコマの位置に進むさいころの目の出方は、図3のようになります。

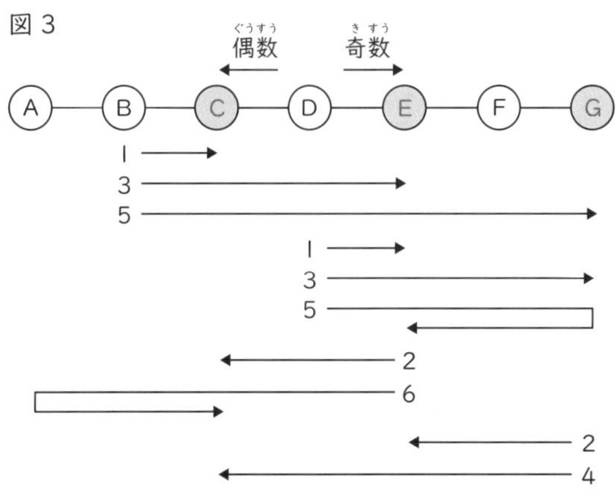

2通り×3通り＝6通り　…　1回目にBに進み、2回目にC、E、Gに進む場合

1通り×3通り＝3通り　…　1回目にDに進み、2回目にE、Gに進む場合

2通り×2通り＝4通り　…　1回目にEに進み、2回目にCに進む場合

1通り×2通り＝2通り　…　1回目にGに進み、2回目にC、Eに進む場合

(6通り＋3通り＋4通り＋2通り)×1通り＝15通り

39 当選確実 ～「途中開票」「2 回の途中開票」～

合否を分ける例題 39 6 人の候補者 A、B、C、D、E、F の中から 3 人の委員を決める選挙を行います。投票者数は 420 人で、無記名や棄権などの無効投票はないものとします。また、同じ得票数の候補者がいて 3 人だけを決めることができない場合は、同じ得票者について再選挙を行います。

(例) 1 位が 120 票、2 位が 100 票、3 位が 80 票で 2 名のときは、3 位の 2 名についてのみ再選挙を行って残りの 1 名を決める。

次の問いに答えなさい。

(1) A が 1 回目の選挙で確実に当選するためには、最低何票をとればよいですか。

(2) 400 票まで開票したところ、6 人の得票数は下のようになりました。C が 1 回目の選挙で確実に当選するためには、残りの 20 票のうち、最低何票をとればよいですか。

候補者	A	B	C	D	E	F
得票数（票）	84	78	76	72	55	35

参考問題 check!　学習院女子中等科

：(1) 5 位と 6 位の候補者が 0 票のときでも 3 位以内になる得票数です。

考え方と答え

(1) 5 位と 6 位の候補者が 0 票のときでも、ぎりぎり 4 位にならなければ当選できます。

420 票÷(3 人＋ 1 人)＝ 105 票 … 上位の 4 人全員が同じ得票数のとき

105 票＋ 1 票＝ 106 票

答え 106 票

(2)　400 票まで開票したときの得票状況を、図 1 のように「水槽」で表します。

残りの票数が 20 票ですから、これを全て現在 5 位の E が得票しても 3 位になることはありませんから、C は現在 [4] 位の [D] に負けなければ当選します。

図 1

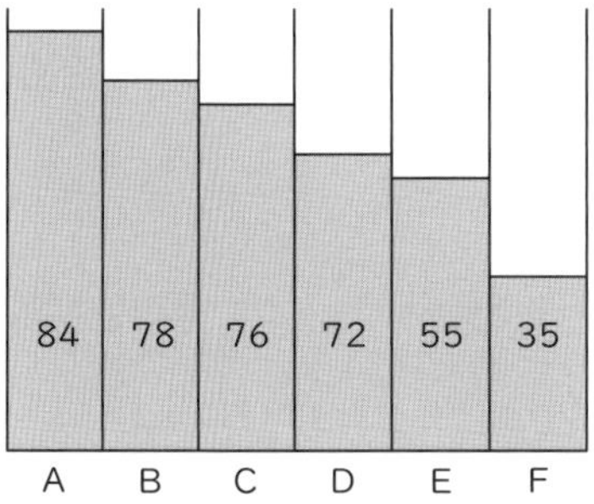

84
78
76
72
55
35
A
B
C
D
E
F

図 2

4 票
84
78
76
76
55
35
A
B
C
D
E
F

図 3

4 票
84
78
78
78
55
35
A
B
C
D
E
F

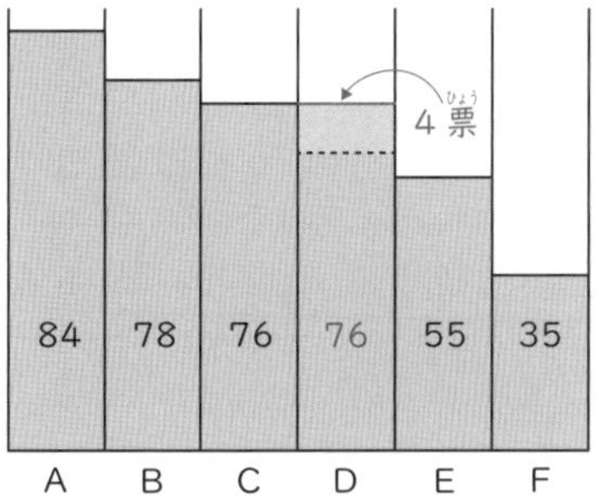

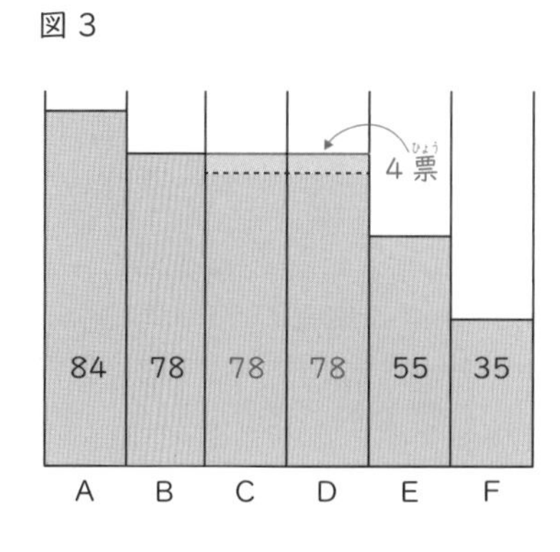

もし現在 [4] 位の [D] がこのあと [4] 票を得票すると、C と D は同じ得票数になります。(図 2)

その後、C と D が [2] 票ずつを得票すると、B と C と D は同じ得票数になります。(図 3)

20 票 −([4] 票 + [2] 票 × 2) = [12] 票　…　図 3 時点での残りの票数

この [12] 票を、B、C、D の 3 人が [4] 票ずつ得票すると、それぞれ 82 票となり同じ得票数のままですから、再選挙が行われることになります。

12 票 ÷ [3] 人 = [4] 票

ですから、C がもう [1] 票多くとると、当選が確実になります。(図 4)

図 4

4 票
5 票
3 票
84
82
83
81
55
35
A
B
C
D
E
F

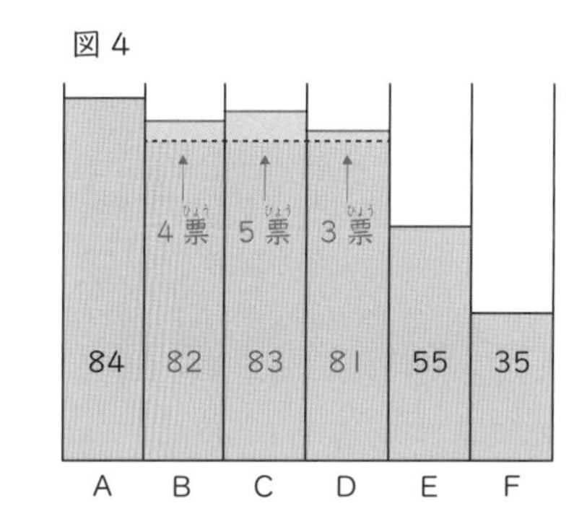

[2] 票 + [4] 票 + [1] 票 = [7] 票　…　図 2 のあと C が確実に当選するための得票数

答え　7　票

当選確実の「魔法ワザ」

「当選するために最も少ない得票数」は、自分と競争相手の「水槽」に「水を入れる」ように票を加えて求める「水槽解法」が使える。

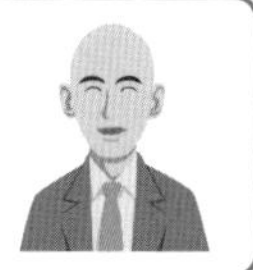

□ □ 合否を分ける
練習問題 39-1

6人の候補者A、B、C、D、E、Fの中から3人の委員を決める選挙を行いました。投票者数は100人で、無記名や棄権などの無効投票はなく、同じ得票数の候補者もいませんでした。次の問いに答えなさい。

(1) 85票まで開票したとき、6人の得票数は下のようになっていました。この時点ですでに当選、または落選が決まっている候補者は誰ですか。全て答えなさい。

候補者	A	B	C	D	E	F
得票数（票）	26	20	18	10	9	2

答え　当選　　　　　、落選

(2) (1)の時点でBが確実に当選するためには、少なくともあと何票をとればよいですか。

答え　　　　票

（参考問題 check!　頌栄女子学院中学校）

□ □ 合否を分ける
練習問題 39-2

6人の候補者A、B、C、D、E、Fの中から3人の委員を決める選挙を行いました。投票者数は100人で、無記名や棄権などの無効投票はなく、同じ得票数の候補者がいて3人だけを決めることができない場合は、同じ得票者について再選挙を行います。次の問いに答えなさい。

(1) 80票まで開票したとき、6人の得票数は下のようになっていました。この時点でCが確実に当選するためには、少なくともあと何票をとればよいですか。

候補者	A	B	C	D	E	F
得票数（票）	20	16	14	12	10	8

答え　　　　票

(2) さらに90票まで開票したとき、6人の得票数は下のようになっていました。この時点でCが確実に当選するためには、少なくともあと何票をとればよいですか。

候補者	A	B	C	D	E	F
得票数（票）	21	19	15	13	12	10

答え　　　　票

（参考問題 check!　城北中学校）

解答・解説

合否を分ける 練習問題 39-1　答え　(1)　当選　A、落選 F　(2)　2 票

(1)　100 票÷(3人＋1人)＝25 票　…　開票前の時点で当選が確実になるためには 26 票が必要。A はすでに 26 票獲得していますから、当選が確実です。

100 票－85 票＝15 票　…　残りの票数

F は残りの 15 票を全て獲得しても、2 票＋15 票＝17 票なので、現時点で 3 位の C を上回ることができませんから、落選が確実です。

開票前における当選確実な得票数は、「全投票数÷(当選者数＋1 人)の商」より多い票数です。

(2)　すでに当選が決まっている A がさらに得票しても、委員になれる残り人数（2 人）に変わりがありません。

また、委員になれる残りの人数は 2 人ですから、残りの投票数の 100 票－(26 票＋9 票＋2 票)＝63 票 を B、C、D で取り合うときが、B が最も少ない票数で当選するときです。

63 票÷ 3 人＝21 票　→　22 票で当選が確実　22 票－20 票＝2 票

「水槽解法」を使うと、右のようになります。

2 票　1 票　2 票　10 票

A	B	C	D	E	F
26	20	18	10	9	2

合否を分ける 練習問題 39-2　(1)　7 票　(2)　5 票

(1)　開票前の時点で当選が確実になるためには、100 票÷(3 人＋1 人)＝25 票より、26 票が必要ですから、80 票を開票した時点で当選確実な候補者はいません。

委員になれる人数は 3 人ですから、下位 2 人の得票を除いた残りの投票数の 100 票－(10 票＋8 票)＝82 票を A、B、C、D で取り合うときが、C が最も少ない票数で当選するときです。

82 票÷ 4 人＝20.5 票　→　21 票で当選が確実　21 票－14 票＝7 票

(2)　80 票を開票した時点で当選が確実になるためには 21 票が必要でしたから、90 票を開票した時点で A は当選確実です。

また、委員になれる残りの人数は 2 人ですから、残りの投票数の 100 票－(21 票＋12 票＋10 票)＝57 票を B、C、D で取り合うときが、C が最も少ない票数で当選するときです。

57 票÷ 3 人＝19 票　→　20 票で当選が確実

20 票－15 票＝5 票

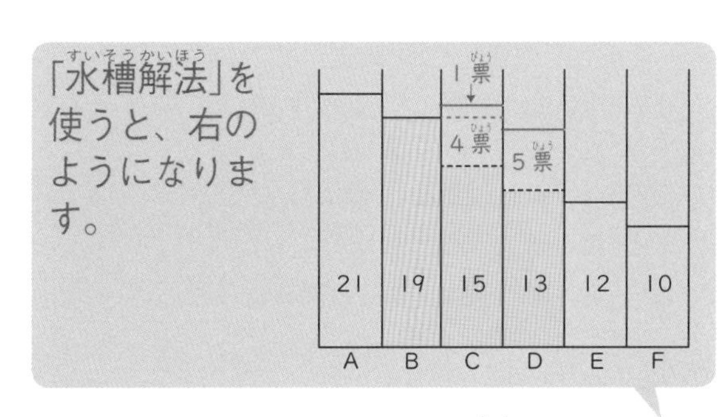

40 組み合わせ ～「区別なし」「区別あり」～

合否を分ける例題40 A、B、C、Dの4人でジャンケンを1回します。次の問いに答えなさい。

(1) 2人だけが勝つ場合、4人の手の出し方は何通りありますか。

(2) パーを出した人が勝つ場合、4人の手の出し方は何通りありますか。

(3) あいこになる場合、4人の手の出し方は何通りありますか。

参考問題check! 浅野中学校

：どんな手で勝つか、誰が勝つかの順に考えましょう。

考え方と答え

(1) どんな手で勝つか、誰が勝つかの順に考えます。

勝ち方には、(勝ち、負け)=(グー 、 チョキ)、(チョキ 、 パー)、(パー 、 グー)の 3 つの場合があります。

勝つ人はA、B、C、Dの4人のうちの2人ですから、 $_4C_2$ $=\frac{4\times3}{2\times1}$ $=$ 6 通りです。

勝ち方 3 通り×勝つ人 6 通り= 18 通り

※「$_4C_2$」は「4つから2つを選ぶ」ということを表します。

答え 18 通り

(2) (1)と同じように、どんな手で勝つか、誰が勝つかの順に考えます。

勝ち方は、(勝ち、負け)=(パー 、 グー)の 1 つの場合だけです。

勝つ人は、

1人の場合 … $_4C_1$ = 4 通り

2人の場合 … $_4C_2$ $=\frac{4\times3}{2\times1}=$ 6 通り

3人の場合 … $_4C_3$ ＝ $_4C_1$ ＝ 4 通り

4 通り＋ 6 通り＋ 4 通り＝ 14 通りがあります。

勝ち方 1 通り×勝つ人 14 通り＝ 14 通り

答え 14 通り

(3) あいこになるときは、4人全員が 同じ 手を出したとき、4人の手に グー 、チョキ 、パー の 3 種類全てがそろっていたときの、2 つの場合があります。

4人全員が 同じ 手を出したときは、グー または チョキ または パー の 3 通りです。

4人の手に グー 、チョキ 、パー の 3 種類全てがそろっていたときは、どれか1つの手を 4 人のうちの 2 人が出していることになります。

グー が2人のとき、チョキ （またはパー）の人は4人のうちの1人ですから 4 通り、パー （またはチョキ）の人は残りの3人のうちの1人ですから 3 通り、グー の人は残りの2人ですから 1 通りです。

チョキ 4 通り×パー 3 通り×グー 1 通り＝ 12 通り … グー が2人のとき

チョキ が2人のとき、パー が2人のときも、それぞれ 12 通りあります。

3 通り＋ 12 通り× 3 ＝ 39 通り

答え 39 通り

組み合わせの「魔法ワザ」

「勝ち方 → 誰が勝つか」の順に、2段階で考える。

合否を分ける
練習問題 40-1

袋の中に、数字の1から3が1つずつ書いてある赤玉が3個、数字の1から3が1つずつ書いてある白玉が3個、数字の1から3が1つずつ書いてある青玉が3個入っています。次の問いに答えなさい。ただし、取り出した玉は袋に戻しません。

(1) 袋から同時に2個の玉を取り出すとき、2個の玉の色が同じになる取り出し方は何通りですか。ただし、同じ色の2個でも数字が違うときは別の取り出し方として数えます。

答え　　　　通り

(2) 袋から玉を1個ずつ取り出していき、玉に書かれている数字またはその和が3以上になったら、玉を取り出すのをやめます。玉の取り出し方は何通りですか。

答え　　　　通り

(参考問題 check!　法政大学中学校)

合否を分ける
練習問題 40-2

A、B、C、Dの4つの箱があります。これらの箱に白玉1個と赤玉3個を入れます。ただし、玉が入っていない箱があってもよく、また1つの箱に玉は2個までしか入りません。次の問いに答えなさい。

(1) Aの箱だけが空になる玉の入れ方は何通りですか。

答え　　　　通り

(2) 空の箱が2つになる玉の入れ方は何通りですか。

答え　　　　通り

(3) 赤玉に1から3の数字を1つずつ書いて3個の赤玉を区別するとき、空の箱が2つになる玉の入れ方は何通りですか。

答え　　　　通り

(参考問題 check!　大阪星光学院中学校)

解答・解説

合否を分ける 練習問題 40-1　答え　(1)　9通り　　(2)　87通り

(1)　2個が同じ色になるのは、赤、白、青の3通り、2個の玉が（赤、赤）の場合、数字は（1、2）、（1、3）、（2、3）の3通りがありますから、3通り×3通り＝9通り

(2)　個数で場合分けをします。

①　1個の場合　3が書かれた玉1個のときなので、3通り

②　2個の場合

（1→2）、（1→3）、（2→1）、（2→3）のとき、それぞれ1個目は赤、白、青の3通り×2個目は赤、白、青の3通り＝9通りありますから、全部で9通り×4通り＝36通り

（2→2）のとき、1個目は赤、白、青の3通り×2個目は1個目の色以外の2通り＝6通り

③　3個の場合

（1→1→1）のとき、1個目は赤、白、青の3通り×2個目は1個目の色以外の2通り×3個目は残りの1通り＝6通り

（1→1→2）、（1→1→3）のとき、それぞれ1個目は赤、白、青の3通り×2個目は1個目の色以外の2通り×3個目は赤、白、青の3通り＝18通りありますから、全部で18通り×2通り＝36通り

3通り＋(36通り＋6通り)＋(6通り＋36通り)＝87通り

合否を分ける 練習問題 40-2　(1)　9通り　　(2)　12通り　　(3)　36通り

(1)　3つの箱に玉を入れるときの玉の個数は、（1個、1個、2個）の場合だけです。

Bの箱の中に玉を2個入れる場合

Bの箱の玉の色が（白、赤）のとき　…　(C、D)＝(赤、赤）の1通り

Bの箱の玉の色が（赤、赤）のとき　…　(C、D)＝(赤、白)、(白、赤）の2通り

C、Dの箱の中に2個入れるときもそれぞれ同じだけありますから、全部で（1通り＋2通り)×3通り＝9通りです。

(2)　2つの箱に玉を入れるときの玉の個数は、（2個、2個）の場合だけです。

A、Bの箱の中に玉を入れる場合

(A、B)＝(赤2個、白1個と赤1個)、(白1個と赤1個、赤2個）の2通り

2箱だけに玉を入れる場合、$_4C_2 = \dfrac{4通り \times 3通り}{2通り \times 1通り}$ ＝6通りですから、全部で2通り×6通り＝12通りです。

(3)　A、Bの箱の中に玉を入れる場合

Aの箱に白1個と赤1個を入れるとき　…　(白、赤1)、(白、赤2)、(白、赤3）の3通り

Bの箱に白玉を入れるときも同じだけありますから、A、Bの箱の中に玉を入れる場合は、3通り×2通り＝6通り

2箱だけに玉を入れる場合は6通りありますから、全部で6通り×6通り＝36通りです。

西村則康（にしむら　のりやす）

名門指導会代表　塾ソムリエ

教育・学習指導に35年以上の経験を持つ。現在は難関私立中学・高校受験のカリスマ家庭教師であり、プロ家庭教師集団である名門指導会を主宰。「鉛筆の持ち方で成績が上がる」「勉強は勉強部屋でなくリビングで」「リビングはいつも適度に散らかしておけ」などユニークな教育法を書籍・テレビ・ラジオなどで発信中。フジテレビをはじめ、テレビ出演多数。

著書に、「つまずきをなくす算数　計算」シリーズ（全7冊）、「つまずきをなくす算数　図形」シリーズ（全3冊）、「つまずきをなくす算数　文章題」シリーズ（全6冊）のほか、『自分から勉強する子の育て方』『勉強ができる子になる「1日10分」家庭の習慣』『中学受験の常識 ウソ？ホント？』（以上、実務教育出版）などがある。

前田昌宏（まえだ　まさひろ）

1960年神戸市生まれ。神戸大学卒。大学在学中より学習塾講師のアルバイトをはじめ、地方中堅進学塾の中学受験主任担当講師に抜擢。

独自の指導法で、当時地方塾からは合格の難しかった灘中、麻布中、開成中、神戸女学院中など最難関中学に4年間で52名合格させた。

その後、中学受験専門塾最大手の浜学園の講師となる。1年目より灘中コースを担当。これまでに指導した灘中合格者数は500名を超え、難関中学合格者数は6,000名を数える。

現在、中学受験大手塾に通う子どもの成績向上サポートを行う中学受験専門のプロ個別指導教室SS-1で顧問として活躍中。「中学受験情報局　かしこい塾の使い方」主任相談員として、執筆、講演活動なども行っている。

独自の風貌（スキンヘッド）がトレードマーク。

著書に『中学受験　すらすら解ける魔法ワザ　算数・図形問題』『中学受験　すらすら解ける魔法ワザ　算数・計算問題』『中学受験　すらすら解ける魔法ワザ　算数・文章題』（以上、実務教育出版）がある。

装丁／西垂水敦・市川さつき（krran）
カバーイラスト／佐藤おどり
本文デザイン・DTP／明昌堂
本文イラスト／広川達也
制作協力／加藤彩

中学受験
すらすら解ける魔法ワザ　算数・合否を分ける120問

2020年7月10日　初版第1刷発行

監修者　西村則康
著　者　前田昌宏
発行者　小山隆之
発行所　株式会社 実務教育出版
163-8671　東京都新宿区新宿1-1-12
電話　03-3355-1812（編集）　03-3355-1951（販売）
振替　00160-0-78270

印刷／精興社　　製本／東京美術紙工

ISBN978-4-7889-1963-1　C6041　Printed in Japan